김정은의 통치전략,
빅데이터로 풀다

김정은의 통치전략,
빅데이터로 풀다

2023년 8월 20일 초판 인쇄
2023년 8월 25일 초판 발행

지은이 | 송유계
펴낸이 | 이찬규
펴낸곳 | 북코리아
등록번호 | 제03-01240호
전화 | 02-704-7840
팩스 | 02-704-7848
이메일 | ibookorea@naver.com
홈페이지 | www.북코리아.kr
주소 | 13209 경기도 성남시 중원구 사기막골로 45번길 14
      우림2차 A동 1007호
ISBN | 978-89-6324-804-2 (93390)

값 23,000원

송유계 지음

김정은의 통치전략, 빅데이터로 풀다

김정은의 현지지도와 통치전략의 요체

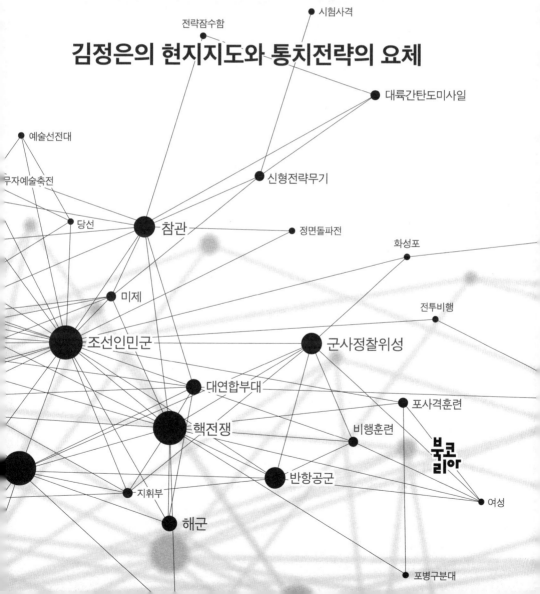

북코리아

추천사

이 책은 '빅데이터'(Big Data)를 활용해 북한체제 및 북한 최고 정치 지도자의 통치전략의 요체를 과학적으로 분석한 세계 최초의 연구라 할 수 있습니다. 특히 빅데이터 분석과 같은 과학적 기법을 통해 김정은 현지지도의 특징과 패턴을 분석, 그 통치전략의 요체가 무엇인지를 식별해낸 것은 북한 연구에 있어 한 획을 긋는 엄청난 학문적 성과로 생각합니다.

이와 더불어 김정은 현지지도의 '패턴', '추이', '특징' 등에 대한 범주화를 통해 저자가 제시하는 구체적인 대북정책 제언 내용은 우리의 대북정책 당국자들이 중·장기적 대북전략 및 정책을 수립·집행해나가는 데 크게 기여할 것으로 생각합니다.

김종하
한남대학교 국방전략대학원장

추천사

북한은 21세기 국제사회에서 김일성, 김정일, 김정은으로 이어지는 세계 유일의 3대 세습 독재체제이다. 1945년 분단 이후 북한의 대남적화전략은 단 한 번도 변한 적이 없다. 김일성은 6·25 기습남침을 통해, 김정일은 핵·미사일 역량을 고도화함으로써 대남전략목표 달성을 위해 매진했고, 김정은도 김정일을 따라 핵·미사일 역량을 발전시키고 있다. 그들에게 북한 주민의 인권이나 삶은 주 관심의 대상이 될 수 없다. 이런 북한 정권과 마주하고 있는 대한민국으로서 북한 정권의 속내와 실체를 보다 정확하게 파악하고 대응책을 수립하는 것이 매우 중요하다. 이런 상황에서 나온 이 책은 북한 정권과 그들의 전략 전술을 보다 객관적이고 과학적으로 연구하는 데 획기적인 장을 열게 된 산물이라고 생각한다.

이 책은 다음 두 가지 측면에서 독보적인 가치가 있다. 첫째, 연구방법의 독창성이다. 기존의 북한 연구들은 주로 문헌연구나 주관적인 접근과 판단으로 객관성을 확보하는 데 분명 제한이 있었다. 하지만 본 저서는 기존의 문헌조사 및 역사적 연구 방법과 함께 텍스트 마이닝(Text Mining)과 SNA(Social Network Analysis) 등 과학적 기법을 도입해 분석을 시도했다. 둘째, 연구주제와 대상이다. 북한 최고 권력자의 현지 지도 특징과 패턴 분석을 바탕으로 그들의 통치전략을 정확하게 도출했다는 점이다. 이런 연구결과로서 김일성, 김정일, 김정은으로 이어지는 3대 세습

체제의 통치전략 특징과 핵심을 정확하게 도출하고 우리의 대응 방향을
제시하고 있다.

따라서 이 책은 앞으로 북한을 보다 체계적, 과학적으로 연구하고
자 하는 학생이나 연구자에게는 소중한 학문적 길잡이가 될 것이고, 정
부의 합리적인 통일 · 대북정책을 수립하는 데 있어서도 매우 의미 있는
방향타가 될 것으로 확신한다.

문성묵
한국국가전략연구원 통일전략센터장

책을 펴내며

　북한은 '수령'이라는 일인 절대권력자가 조선로동당을 통해 군과 국가기구, 근로단체 등을 통제하는 '전체주의적인 독재체제'다. 그렇다면 "북한의 최고 권력자는 어떻게 3대 세습 독재와 유일 지배체제를 구축할 수 있었는가? 또한 독재체제를 유지하기 위한 김정은의 통치전략은 무엇인가?"

　이 책은 이러한 질문에서 출발하여 김정은 '현지지도'(On-The-Spot Guidance)의 특징과 패턴을 텍스트 마이닝(Text Mining)과 SNA(Social Network Analysis)를 적용해 분석함으로써 김정은 '통치전략의 요체'를 찾고자 하는 데 목적이 있다. 이를 위해 김일성, 김정일, 김정은의 현지지도와 통치행위를 기능별로 유형화하고 혼합연구설계 방법을 적용해 분석함으로써 통치전략을 과학적으로 설명하고자 했다.

　즉 김정은이 현지지도를 "누구(수행 인물)와 무엇을(강조 쟁점), 어떻게(기능) 했느냐?"에 따라 김정은의 통치전략과 정책 기조의 변화를 전망해내고, 이를 지배와 통치구조로 설명하면서 현지지도와 경제발전전략, 대중동원 방식과의 연계성을 규명하고자 했다.

　그동안 북한 연구는 문헌연구 중심의 질적연구가 주를 이룸으로써 연구자의 간주관적 요소가 개입되는 것이 일정한 한계로 지적돼온 것도 사실이다. 이 책은 이러한 한계를 극복하기 위해 빅데이터와 혼합 연구 방법을 통해 과학적인 방법으로 북한 체제와 김정은 통치전략의 요체를 바라보고자 노력했다.

따라서 텍스트 마이닝과 SNA 기법을 활용하고 구조적인 분석의 틀을 적용하여 북한 권력과 통치전략의 향방을 깊이 있게 조망하고자 시도한 이 책이 북한 체제 분석을 위한 학문적 후속연구의 이정표이자 향후 대북정책 수립을 위한 기초자료로 활용되기를 기대해본다.

책을 완성하기까지 많은 열정과 노력을 기울였지만, 은사이신 한남대학교 김종하 교수님의 각별한 배려가 없었다면 이 책의 출간은 불가능했을 것이다. 명예로운 30년 군 복무에 이어 지천명이 훨씬 넘은 나이에 학문 탐구 과정에서 지치고 힘든 적이 없지 않았으나, 그때마다 깊은 통찰력으로 지혜와 용기를 주신 김종하 교수님의 지도와 격려가 큰 힘이자 자양분이 되었다.

또한 이 책이 세상에 나오기까지 도움을 주신 북코리아 이찬규 대표님과 편집에 심혈을 기울여 주신 김지윤 님, 오유경 님을 비롯한 관계자분들께도 감사의 마음을 전한다.

마지막으로, 인생의 질곡마다 동반자로서 격려하고 버팀목이 되어주는 지혜로운 아내 김수진 님과 늘 마음 든든하고 사랑하는 아들 송승헌 군에게도 고마움을 표하며 이 책을 바친다.

"오늘의 이 성과는 계속되는 여정의 끝이 아니라 새로운 도전을 위한 계단이었음을 믿고 이를 발판으로 삼아 아직 못다 한 인연과 기적을 향해 나아가고자 한다."

2023년 8월

황산벌 국방대학교 연구실에서

송유계

CONTENTS

표 차례

그림 차례

제1부

서론

제1절 연구 배경 및 목적

1. 연구 배경

북한 체제의 가장 뚜렷한 특징은 최고 권력자 개인에게 모든 권력이 집중된 독재자 중심 개인 독재체제(Personalist Dictatorship)를 3대가 부자세습으로 고착화시켰다는 점이다.[1] 북한은 3대에 걸쳐 유일 지배체제를 구축하고 권력의 안정화를 정치 분야의 핵심정책으로 추진해왔지만, 여전히 불안정하고 예측할 수 없다. 그동안 수차례 이어진 김정은의 건강 이상설, 공식 석상에서 김정은의 장기간 잠복의 반복[2] 등은 한국 사회에서 북한 체제 안정화에 대한 혼란과 의구심을 초래하는 원인이 되었다. 또한, 북한은 국제사회의 제재와 경제난 악화, 코로나19 확산 등의 어려

---

[1] Samuel P. Huntington, *The Third Wave: Democratization in the Late Twentieth Century* (Norman: University of Oklahoma Press, 1991), pp. 110~121; Barbara Geddes, *Paradigms and Sand Castles: Theory Building and Research Designing Comparative Politics* (Ann Arbor: University of Michigan Press, 2003), pp. 50~69; Barbara Geddes, Joseph G. Wright, and Erica Frantz, *How Dictatorships Work: Power, Personalization and Collapse* (New York: Cambridge University Press, 2018), pp. 79~88.

[2] "김정은, 또 건강 이상설? … 뒷통수에 하얀 테이프 자국", 『세계일보』, 2022년 1월 6일; "김정은 위원장 두문불출 … 평양 수상한 움직임 포착", 『YTN』, 2019년 10월 26일.

움 속에서도 핵무기와 미사일 능력을 고도화하면서 한반도에 긴장과 안보위기를 고조시키고 있다.[3]

그렇다면 "북한의 최고 권력자는 어떻게 3대 세습 독재와 유일 지배체제를 구축할 수 있었는가? 독재체제를 유지하기 위한 김정은의 통치전략은 무엇인가?" 한반도의 평화와 번영을 위해 지금 우리에게 주어진 가장 중요한 과업 가운데 하나는 북한 체제를 더욱 정확히 진단해 체제변화에 탄력적으로 대비하는 것이다. 왜냐하면, 그것은 한국의 국가이익과 생존에 직결되는 문제이기 때문이다.

그렇기 때문에 "정치는 지도(leadership)와 추종(followership)의 관계 위에서 성립된다"라는 명제가 말해주듯 정치 지도자에 관한 연구는 정치체제 연구의 중요한 부분인 것이다. 정치 현상은 그것을 둘러싼 다양한 대내외 요인들의 상호작용 결과이긴 하지만 그것은 또한 정치 지도자의 생각, 특성, 그리고 행위에 크게 영향을 받기 때문이다. 특히 독재정치 체제에서 '정치 지도자 행태 연구'는 어찌 보면 정치체제 분석의 핵심이라고 할 수 있을 것이다. 북한은 최고 권력자의 정치적 의지 때문에 획일적으로 움직이는 특이한 사회라는 점을 고려할 때, 북한 체제에 관한 연구는 필연적으로 최고 권력자인 김정은의 생각과 행동 궤적, 발언 내용으로 귀결될 수밖에 없는 것이다.

또한, 북한 체제를 과학적으로 분석하고 전망하는 것은 정책적으로 매우 중요한 과제라 할 수 있다. 북한 연구는 한국의 안보와 한국 정부의 대북정책, 남북관계에 직접적 영향을 미치는 정책 주제이기 때문이다. 그러나 지금까지 북한 정보와 자료 수집의 제한성, 북한 연구의 객관성 문제 등으로 인해 북한의 체제변화에 대한 방향을 정확하게 예측

---

3 "전술핵 공언한 北 김정은 … 한반도 긴장 더욱 격화", 『이데일리』, 2022년 4월 26일.

하는 데 어려움을 겪어왔다.[4] 이런 어려움 때문에 한국은 대북정책 수립에 있어 일관되고 종합적인 분석을 제공하지 못하게 된 것이다. 그러므로 북한 체제를 주관적 인식이나 편견, 감정적으로 이해하기보다 객관적이고 포괄적인 접근과 과학적 연구 방법이 절실히 필요할 것이다. 그래야만 북한 체제변화와 향후 정책 방향에 대한 한국의 합리적인 대응이 가능하고 정책의 효율성을 높일 수 있기 때문이다.

이런 점을 염두에 두고 이 책은 김정은의 통치전략 메커니즘과 그 특징을 현지지도(On-The-Spot Guidance)[5]를 중심으로 분석함으로써 북한의 통치전략과 정책 방향의 변화를 살펴보고자 하는 것이다. 즉 북한 정치체제의 변화를 가늠하는 중요한 변수 가운데 하나인 '현지지도'에 주목하는 것이다.

사실 북한에서 최고 권력자의 현지지도는 단순한 '현장지도' 이상의 함의가 있다고 할 수 있다. 우선, 현지지도는 '수령의 통치행위이자 정치 양태'이며 '국정운영의 독특한 전통을 가진 행위'인 것이다.[6] 북한은 이런 현지지도에 대해 "정력적인 현지지도로 천만 군을 불러일으키시여 사회주의 건설의 새로운 앙양을 일으켜 나가시는 것은 위대한 김일성·김정일 동지의 독특한 령도방식"이라고 설명하고 있다.[7] 즉 그 뇌수인 수령이 일반 인민과 가장 밀접하게 접하는 방식이 현지지도이고

---

4   그동안 북한 현지지도 연구는 문헌연구를 중심으로 내용 분석과 단순 계량 분석을 적용한 정성적 연구가 주를 이루어왔으며 연구 방법의 타당성, 객관성, 과학적 분석 등이 한계로 지적됐다. 이계성, "북한 미디어 보도분석을 통한 김정일 현지지도 연구", 경기대학교 박사학위 논문, 2008, pp. 4~5.

5   현지지도는 최고 통치자가 군대, 공장, 기업소, 협동농장, 학교 등의 현장에 직접 찾아가서 하는 특유의 정책지도 방법이자 통치방식을 의미한다. 통일부 통일교육원,『북한지식사전』(서울: 통일부, 2013), p. 678.

6   이관세,『현지지도를 통해 본 김정일의 리더십』(서울: 전략과 문화, 2009), p. 5.

7   "위대한 김정일 동지의 현지 말씀을 빛나게 관철하여 강성대국 건설을 힘있게 다그치자",『로동신문』, 2002년 2월 20일.

수령은 이 현지지도를 통해 국정 전반 운영과 수령-당-대중의 전일적 체계 중심의 인민대중 중심의 정치체제를 강화해나간다고 할 수 있다.

둘째, 북한에서 '현지지도' 용어는 김일성-김정일-김정은 삼부자의 '정책 지도 활동'에 한정해 지칭하며, 그것은 '혁명 활동'이나 '령도예술'로 주로 소개된다. '혁명'은 북한 체제의 존재 근거이자 정당성의 원천이다. 김일성은 '항일무장투쟁 신화화'를 통해 북한 정권을 수립해 정치 지배자가 될 수 있었고, 김정일은 김일성의 '사회주의 건설 혁명을 계승하는 후계자'로서 지배자가 되었던 것이다. 김정은 또한 '선대 수령들의 혁명 위업을 이어가는 지도자'로서 최고 권력자 계승의 정당성을 확보하고자 했다. 김일성의 '항일무장투쟁 신화화'에 대한 구체적인 내용은 다음과 같다.

> "당 창건을 위한 투쟁은 항일무장투쟁이 전개되면서부터 더욱 본격적으로 추진되었습니다. 항일무장투쟁은 나라의 민족을 구원하기 위한 성스러운 해방전쟁인 동시에 숭고한 공산주의적 리념의 승리를 위한 가장 적극적인 투쟁이였으며 로동계급의 혁명적 당을 창건하기 위한 영광스러운 투쟁이였습니다. 항일무장투쟁은 당 창건을 위한 투쟁에서 결정적인 새 국면을 열어놓았습니다. 항일무장투쟁의 불길 속에서 당 창건의 조직적 골간을 대대적으로 키워낼 수 있게 되였으며 공산주의 대열의 통일단결을 확고히 실현하고 당 창건의 대중적 지반을 튼튼히 꾸려나갈 수 있게 되였습니다."[8]

위의 내용에 따르면, 김일성의 '혁명활동'은 '항일빨치산투쟁'에서 시작해 '조국해방전쟁'으로 이어지고, 김정일은 '고난의 행군'을 극복한

---

8 김일성, "건설의 력사적경험", 『김일성 저작집 40』(평양: 로동당출판사, 1994), p. 6; 서재진, "김일성 항일무장투쟁의 신화화 연구", 『통일연구원 연구총서』, 2006년 12월, p. 235.

'선군정치'를 행한 주역으로 묘사되고 있는 것이다. 이 때문에 김정은에게 '혁명 활동'의 보여주기는 '현지지도'가 주요한 수단으로 활용되고 있다고 할 수 있다. 실례로 김정은은 핵실험이나 평양의 새 거리 건설 등 주요 성과물마다 '현지지도'를 통해 최고 권력자의 모습을 드러내고자 한 것을 들 수 있을 것이다.[9]

그리고 '령도예술'은 인민대중을 혁명과 건설에 어떻게 조직하고 동원하는지에 대한 지도방법이라고 할 수 있다.[10] 북한은 주체사상을 창시한 김일성이 '주체의 령도예술'을 독창적으로 창시하고 김정일이 발전시켰다고 다음과 같이 설명하고 있다.

"건설의 매개 부문, 단위, 전국의 매개, 지방의 생동한 현실 속에서 혁명 발전혁명과의 현실적 및 전망적 요구와 인민대중의 지향과 염원을 통찰하고 대중의 풍부한 투쟁 경험을 포착하며 그것을 일반화하여 현명한 로선과 정책으로 집대성하는 혁명의 위대한 수령의 탁월한 령도방법이다. 당의 정책을 대중 자신의 것으로 철저히 만들고 그 관철에로 인민대중의 힘을 능숙히 조직 동원하는 위력한 사업방법이다."[11]

즉 '령도예술'은 '령도원칙과 령도체계'에 따라 최고 권력자가 발휘하는 방법적 이론이며, '현지지도'는 최고령도자의 령도예술을 보여주는 구체적인 현장인 것이다.

셋째, 북한에서 최고 권력자의 '현지지도'는 노동당의 정책을 인민대중에게 설명하고 이를 관철하기 위한 수단으로써 '수령-당-대중단

---

9   "김정은, 평양 송화거리 준공식 참석해 직접 테이프 커팅", 『경향신문』, 2022년 4월 13일.

10   손영규, 『위대한 주체사상 총서10 령도예술』(평양: 사회과학출판사, 1985), pp. 1~3.

11   리근모, "경애하는 수령님의 현지지도 방법은 공산주의적 령도방법의 위대한 모범", 『근로자』 제4호, 1978, p. 37; 『조선중앙통신』, 2002년 4월 13일.

체-인민대중'으로 이어지는 '통치 메커니즘'으로 활용되고 있다. '현지
지도'를 통해 당의 정책과 대중의 생활을 밀접하게 결합하고 '인민'을
동원하여 당의 노선과 정책을 관철하는 지도방법으로 제도화하고 정형
화하는 것이다. 즉 '현지지도'가 각 분야의 정책집행 실태를 확인하고,
제기되는 문제점을 포착함으로써 새로운 정책 방향을 제시하는 도구로
기능하고 있는 것이다.

실제 『2016년 북한 신년사』를 보면 "모든 부문, 모든 단위에서 국
가적 리익, 당과 혁명의 리익을 우선시하고 앞선 단위의 성과와 경험을
널리 일반화하여 집단주의적 경쟁 열풍 속에 더 높이, 더 빨리 비약하여
야 합니다"라고 강조하고 있다.[12]

넷째, '현지지도'는 특정 유형의 '정치적 합리성'을 강화하고 재생산
하는 행위를 위한 수단이다. '현지지도' 과정에서 정책과제가 제시되거
나, 혹은 선전을 위한 모범활동이 창출되면 이것을 전국적인 대중운동
으로 일반화시킨다.[13] 현지지도가 끝난 뒤에는 현지에서 내린 지시나 방
침에 대한 관철을 다짐하는 '충성결의 모임'을 진행하고 '현지지도 사적
비'[14]와 '현지지도 말씀판' 건립으로 혁명사적지를 조성해 정치적 합리
성을 강화하는 것이다. 즉, '현지지도' → '충성결의 모임' → '현지지도

---

12   조선중앙통신사, 앞의 책, p. 49.

13   "온실을 건설하기 위한 사업을 당적으로 틀어쥐고 그 집행을 밀고 나가며 앞선 단위들의
     경험을 소개하고 긍정을 널리 일반화하여야 한다. 중앙에서 도, 시, 군들에 건설할 표준화
     된 온실설계를 내려 보내주며 도, 시, 군들 사이의 경쟁을 조직하고 총화대책도 따라 세워
     야 한다." 『로동신문』, 2014년 6월 20일.

14   북한은 '현지지도 표식비'에 대해 "김일성과 김정일의 현지지도 사적 내용을 글로 돌에 새
     겨 세운 기념비"라고 말한다. 『조선대백과사전』 제24권(평양: 백과사전출판사, 2001), p.
     189.

표식비 건립'[15] → '북한 매체를 통한 선전 · 선동'[16] → '현지말씀 관철' 등으로 연결되는 일련의 과정은 현지지도가 통치전략의 주요한 수단으로 활용되고 있음을 보여주는 특징이라고 할 수 있을 것이다.[17]

이 때문에 북한의 최고 권력자는 중요한 정치적 변곡점마다 '현지지도'를 통해 국면전환을 모색했고, 주요 목표 달성을 위한 정책 방향을 제시하고 추진했던 것이다. 실제로 '김일성'은 1950~1960년대 생산현장에 대한 '현지지도'를 통해 천리마 운동 등 사회적 동원을 위한 정치적 기제를 확보하고, '청산리 방법', '대안의 사업체계' 등의 경제관리 방식을 제도화함으로써 '유일 지배체제'를 확립해나갈 수 있었다. 그리고 '김정일'은 2008년 12월 24일 '천리마제강기업소' 현지지도[18]와 2009년 1월 황해제철소 현지지도 이후 '혁명의 대고조'를 강조했으며, 2012년 '강성대국의 문을 여는 해'라는 목표 달성을 위한 전환의 계기를 마련하고자 했다.

'김정은' 또한 세습으로 얻은 권력의 정당성을 확보하고 권력체계를 확고히 하기 위해 선대와는 다른 자신만의 정책을 수립해야 할 필요성을 절감했을 것이다.[19] 이러한 새로운 정책 수립에 대한 열망은 『로동

---

15 "1998년 8월 3일과 11월 10일 한 해에 두 차례나 오성산에 오르시였던 어버이장군님의 선군령도 업적을 길이 전하기 위하여 건립한 현지지도 표식비를 돌아보시고 전방지휘소에 들리시였다." 『로동신문』, 2014년 6월 4일.

16 "과학자살림집건설은 당에서 대단히 중시하는 대상인 것 만큼 화선선전, 화선선동을 힘 있게 벌려 방송선전이 건설장을 들썩이게 하고 전투적인 속보들을 발간하여 건설자들을 불러일으켜야 한다." 『로동신문』, 2014년 7월 2일.

17 정창현, "현지지도", 『통일경제』 제36호, 1997, pp. 51~52.

18 "위대한 령도자 김정일 동지께서 천리마제강련합기업소를 현지지도 하시면서 새로운 혁명적 대고조의 봉화를 지펴주시였다." 『로동신문』, 2008년 12월 25일.

19 "경애하는 최고사령관 동지께서는 공장구내를 거르니 무려 네 차례나 이곳에 찾아오시여 우리 군인들을 위해 마음 쓰신 어버이장군님의 로고가 가슴에 마쳐오고 곳곳에 장군님의 체취가 그대로 안겨 온다고 말씀하시였다. 여러 차례나 찾아오시여 귀중한 가르치심을 주신 어버이장군님의 불멸의 령도업적을 감회 깊이 회고하시였다." 『로동신문』, 2014년 5월 26일.

신문』 사설에서 주장하는 것처럼 북한 고유의 정치수단인 '현지지도'를 통해 발현되었다.

> "김정은 장군님께서는 군력 강화를 국사 중의 국사로 내세우시였습니다. 60년 전 선군혁명 령도의 첫 자욱을 새긴 때로부터 생애의 마지막 시기까지 군부대들과 국방공업 부문에 대한 현지 시찰의 길을 끊임없이 이어 가시였습니다." "전군 김일성-김정일주의화의 기치 높이 인민군대를 정치사상강군, 도덕강군, 군사기술강군으로 준비시킬 데 대한 전략적 로선을 제시하고 실전형의 군대로 키운 것은 김정은 위원장의 군 건설사에 불멸할 업적입니다."[20]

이런 배경에서 김정은의 '현지지도'를 과학적 연구 방법을 적용하여 분석하고 그 결과를 김정은의 '통치전략'과 연계해 분석할 경우 향후 정책적 행보를 전망하고 대북정책에 주는 정책적 시사점을 도출하여 정책 효율성을 높일 수 있을 것이다.

2. 연구 목적

이 책은 북한 최고 권력자의 '현지지도' 특징과 패턴[21]을 분석해 김정은의 '통치전략'과 정책의 방향을 조망해보는 데 목적이 있다. 이를 위해 김일성, 김정일, 김정은으로 이어지는 현지지도와 통치행위를 기능별로 유형화하고 혼합연구설계 방법을 적용해 통치행위 이면에 숨겨

---

20 『로동신문』 사설, 2020년 2월 8일.
21 현지지도의 특징과 유형은 정량적 측면에서 부문과 횟수, 기능적 측면에서 방식, 목적, 수행자의 빈도와 규모 등으로 세분화했다.

진 통치전략을 과학적으로 설명하고자 한다. 즉 김정은의 현지지도를 "누구(수행 인물)와 무엇을(강조 쟁점), 어떻게(기능) 했느냐?"에 따라 김정은의 통치전략과 정책 기조의 변화를 전망하고, 이를 지배와 통치구조로 설명하고 현지지도와 경제발전 전략, 대중동원 방식과의 연계성을 규명하고자 한다.

이러한 연구 목적에 따라 이 책에서 제기하는 연구 문제는 크게 세 가지이며 그것은 다음과 같다. 첫째, 김정은의 현지지도 행태가 정책 기조 변화 및 통치전략에 어떠한 영향을 미치고 있는가? 즉 지배를 위한 통치와 성과를 위한 통치 중 어느 부분에 집중하고 있는가? 둘째, 어떤 메커니즘을 통해 현지지도를 대중동원 방식과 연계시키고, 체제 유지와 통치수단으로 활용하고 있는가? 셋째, 김정은의 현지지도 연결망에 나타난 당·군·정 엘리트들의 권력관계 특성은 북한의 정책변화에 어떤 영향을 미칠 것인가?

위의 연구 문제를 해결하려는 이 책은 '북한 체제'와 '현지지도' 연구가 '전문가 서술' 중심이나 '북한이탈주민' 대상 면접을 활용하는 연구에서 텍스트의 '맥락'을 연구하는 '내용분석'을 더하여 기존 연구의 확장에 이바지하고 북한의 정책적 행보와 대북정책 수립에 효용성을 높일 수 있을 것이다.

제2절 연구 방법 및 범위

1. 연구 방법

1) 연구수행체계

연구 목적 달성을 위해 이 책의 연구 방법은 문헌의 내용을 중심으로 한 전통적인 '질적 연구방법'에 '양적 연구방법'을 혼합하여 연구함으로써 현지지도 텍스트에 내재한 '맥락'을 고찰하고자 한다. 현지지도와 통치전략, 권력 엘리트 이론 등의 이론적 배경을 중심으로 '텍스트마이닝(Text Mining)'[22]과 'SNA'(Social Network Analysis)[23]를 적용해 논리적 타당성에 의한 접근방법을 도출하고, 현지지도와 김정은의 통치전략과의 상관

---

[22] 텍스트 마이닝은 비정형 데이터로부터 특정 텍스트 데이터들을 분류하고 정형화 데이터로 변환하여 텍스트 간의 연관 관계를 확인하는 분석 방법이다. 김영우, 『쉽게 배우는 R텍스트마이닝』(서울: 이지스퍼블리싱, 2021), pp. 18~35.

[23] SNA는 구성원 간 관계의 관점에서 다양한 사회적 현상을 설명하는 구조적·관계적 접근법이다. 이 방법은 비공식적인 관계의 패턴을 발견하는 데 효과적이며 중심성 분석 등을 통해 권력 관계를 파악할 수 있다. 북한의 권력 엘리트를 하나의 비공식적인 관계로 본다면 소셜 네트워크 분석을 통해 새로운 함의를 발견할 수 있다. 곽기영, 『소셜 네트워크 분석』(서울: 청람, 2017), pp. 37~40.

관계를 설명하고자 한다.

첫째, '문헌연구방법'은 연구과정에서 연구자의 축적된 지식과 경험을 바탕으로 문헌의 해석이 이루어짐으로써 내용분석 과정에서 연구자의 주관성이 필연적으로 개입되고, 이러한 연구자의 주관성은 연구결과의 편차와 오류에 빠질 수 있는 한계를 갖고 있다.[24] '문헌연구'는 북한 문헌, 국내 · 외 저서나 연구 문헌 등을 광범위하게 수집, 분석, 평가하는 학술적 문헌 조사방법(Document analysis)과 시기별로 비교하는 역사적 연구방법(Historical Approach)을 함께 활용한다. 북한 연구에서 1차 문헌의 중요성[25]을 고려하여 북한『로동신문』, 『조선중앙년감』, 통일부 발간『북한 동향』, 『북한 신년 공동사설』등 1차 자료를 활용했고, 기존 연구 보고서, 논문, 관련 서적 등의 2차 자료로 보완했다.

둘째, 문헌연구 한계를 보완하기 위해 '텍스트 마이닝'을 활용할 것이다. 이 책에서 활용하는 '텍스트 마이닝' 분석 기법에서는 분석의 전 과정을 투명하게 공개함으로써 텍스트 자료에 대한 연구자들의 정성적 연구방법과 정량적 연구방법의 결합, 분석의 투명성, 재현 가능성을 높일 수 있는 장점이 있다.[26]

2) 텍스트 마이닝(Text Mining)

'텍스트 마이닝'이란 '자연어 처리기술'(Natural Language Processing)을

---

24 이남인, 『현상학과 질적 연구: 응용현상학의 한 지평』(서울: 한길사, 2014), pp. 89~142.

25 서동만은 "북조선의 공식 문헌이 양적으로 매우 모자란 것은 연구의 가장 큰 제약요인"이라면서도 "공식 문헌은 현실을 정당화하는 목적이 있다 하더라도 거기에는 일정한 현실이 반영되어 있으며, 북조선 현실의 '내재적 논리'를 추적하는 데 빠뜨릴 수 없는 자료"라고 강조했다. 서동만, 『북조선 사회주의체제성립사(1945~1961)』(서울: 선인, 2005), p. 31.

26 박종희 · 박은정 · 조동준, "북한 신년사(1946~2015)에 대한 자동화된 텍스트 분석", 『한국정치학회보』제49권 제2호(2015), pp. 28~29.

기반으로 대규모 텍스트 데이터로부터 의미 있는 정보와 지식을 추출하는 기술을 의미한다.[27] '텍스트'(Text)는 대규모인 말뭉치(corpus)에서부터 문서, 문단, 문장 및 단어로 구분될 수 있고 각각의 형태에 따라 분석 방법이 다르게 적용될 수 있다. 기존 '텍스트 연구'의 일반적인 경향은 질적 연구 절차를 통해 '내용을 분석'하고 그 '경향'과 '특성'을 파악하는 것에 중점을 두어왔다고 할 수 있다.[28]

　'텍스트 마이닝' 연구기법을 활용할 경우 텍스트에 나타난 단어의 '빈도' 외에도 '관계성'을 중심으로 분석하는 것이 가능해 더욱 과학적이고 객관적인 방식으로 '패턴'과 '특성'을 파악할 수 있다는 장점이 있다.

　정리하자면 '텍스트 마이닝' 기반 분석은 비정형 데이터인 텍스트 중심의 대용량 자료를 수집하여 네트워크에 기반한 구조화된 의미를 분석하고 해석에 활용할 수 있는 연구방법론이라고 정의할 수 있을 것이다. 즉 이는 단순한 '빈도분석'을 통해 개념의 반복 출현 횟수를 정량적으로 제시하는 '단일한 연구 방법'에서 발전하여 단어 간의 관계를 도출하고 구조화하여 단어의 의미와 연결 특성을 찾아낼 수 있는 보다 '종합적이고 체계적인 연구 방법'이라고 할 수 있을 것이다. 이런 점에 착안하여 이 책에서는 2012년부터 2022년까지 통일부 북한 자료센터의 『북한 동향자료』를 대상으로 텍스트 마이닝 분석 방법 중 단어빈도 분석(Word Frequency Analysis), TF-IDF(Term Frequency-Inverse Document Frequency), 동시 출현단어 분석(Co-Occurrence Analysis) 등을 실시함으로써 텍스트에 내재한 맥락을 도출하고자 한다. 이러한 '텍스트 마이닝' 기반의 연구 분석과정은 〈그림 1-1〉과 같다.

27　곽기영, 『소셜네트워크 분석』(서울: 청람, 2019), pp. 6~13.

28　'텍스트 마이닝'은 비정형 텍스트를 대상으로 하며 텍스트 속에서 새로운 사실이나 유형을 찾아내는 것을 목적으로 한다. 김수현 · 이영준 · 신진영 · 박기영, "경제분석을 위한 텍스트 마이닝", 『BOK 경제연구』, 제2019-18호(2019), p. 4.

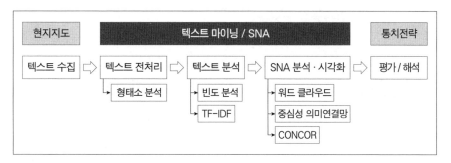

〈그림 1-1〉'텍스트 마이닝'의 분석과정

텍스트 마이닝은 통상 4단계의 분석과정을 거친다. 첫째, 분석하고
자 하는 주제에 맞는 데이터를 검색 및 수집하는 '수집단계'이다. 이 책
에서는 2012년부터 2022년까지 통일연구에서 제공하는 '김정은 공개
활동 동향'을 바탕으로 통일부 북한정보포털의 『북한동향』에 수록된 보
도내용을 바탕으로 텍스트 원문 데이터(raw data) 자료를 생성하고 『로동
신문』, 『조선중앙년감』 등을 활용하여 중복 점검함으로써 자료의 오류
를 최소화했다.

둘째, 수집한 데이터를 분석할 수 있는 형태로 가공하는 단계로 데
이터의 전처리 과정이 이루어지는 '처리단계'이다. 이를 위해서는 1차로
수집한 텍스트 원문 데이터는 불필요한 글자, 기호 등이 포함되어 있어
이를 제거하고 유의미한 '최소 단위' 단어로 정리하는 '데이터 정제과정'
인 '정제 및 형태소 분석'이 선행돼야 한다. 이 연구는 핵심어 추출을 목
적으로 하기 때문에 〈표 1-1〉과 같이 텍스톰(Textom) 솔루션에 탑재된
Espresso K 형태소 분석기를 활용해 구축된 텍스트 데이터로부터 형용
사와 동사 등을 제외하고 명사만을 추출 · 정제했고, 정제과정에서 의미
내용을 판별하는 것이 불가능하거나 유사한 의미의 단어를 통일하고 불
용어(Stop words)를 제거했다. 1차 정제 작업을 마친 데이터 중에서 '강성
국가', '인민' 등 북한에서만 사용하는 특정 단어에 대한 2차 정제 작업

을 거쳐 최종 결과를 도출했다.

〈표 1-1〉 데이터 정제의 예

같은 뜻을 가진 단어의 예(통합)	분석에 불필요한 단어 예(삭제)
인민군/조선인민군/군(조선인민군), 보위일 군대회/일꾼대회(일군대회), 시험발사 성공/ 시험발사(시험발사)	첫째, 둘째, 일회, 진행, 중장, 거리, 직속, 경기, 진행, 전당, 강 등 단일단어로서의 의미파악이 어려운 단어들

셋째, 수학적 모델이나 알고리즘을 통해 앞서 전처리를 통해 가공된 데이터로부터 연구에 필요한 정보를 추출하는 '추출단계'이다. 본 연구의 데이터 분석은 텍스트의 빈도와 TF-IDF 값, 네트워크 중심성 분석, CONCOR 군집분석을 바탕으로 수행했다. 'TF-IDF'(Term Frequency-Inverse Document Frequency) 분석은 어떤 문서가 특정 주제를 다룰 때 해당 주제와 관련된 단어가 자주 등장할 때 이를 TF(Term Frequency)라고 하며 IDF(Inverse Document Frequency)는 빈도가 높은 단어라도 모든 문서에서 흔히 등장하는 경우에는 낮은 가중치를 부여하는 것이다.[29] 'TF-IDF'는 주로 문서에서 핵심어를 추출하기 위한 목적으로 특정 단어가 포함된 문서 간의 가중치를 계산하여 높은 값을 가지는 '가중치'를 정렬함으로써 단어의 '중요도'가 결정되는 방식[30]이다. 이는 한 문서에서 특정 단어가 얼마나 중요한지를 측정하는 방법으로 유용하다.[31]

'단순 빈도'를 통해 핵심단어를 파악하는 한계를 개선하기 위해 통상 문서빈도(document frequency)를 고려한 TF-IDF 방법론이 사용된다.

---

29 김수현 · 이영준 · 신진영 · 박기영, 앞의 논문, p. 204.

30 TF-IDF는 단순 빈도에는 비례하고 문서빈도에는 반비례하는 특성을 사용하여 특정 문서에서 개별 단어에 대한 중요도를 표현하는 방법이다. 높은 TF-IDF를 갖는 단어는 포함된 문서에서 단순 빈도(TF)는 높고 다른 문서에서는 적게 등장하여 문서빈도(DF)가 낮다.

31 이정락 · 정재훈 · 유호웅 · 이윤경 · 김지인, 앞의 책, pp. 204~205.

단어빈도 TF는 $tf(t, d)$로 정의할 수 있는데, 어느 특정 문서 d에서 사용된 단어 t의 빈도이다. 특정 문서 d에 사용된 단어 t의 빈도를 $tf(t, d)$로 나타낸다면 DF는 $f(t, d) = tf(t, d)$로 나타낼 수 있다. IDF는 전체 문서의 수를 해당 단어 DF로 나눈 뒤 log를 취한 값이다. log를 취하는 이유는 역수값을 취하기 때문에 값이 무한대로 커질 수 있는 것을 피하기 위해서이다. IDF 값이 클수록 단어가 생소하다는 의미이며 N은 총 문서의 수이며, $\{d \in D : t \in d\}$는 단어 t가 나타난 문서의 수이다.

$$df(t,D) = \log \frac{N}{|\{d \in D : t \in d\}|}$$

TF-IDF 전체 수식은 다음과 같이 나타낼 수 있다.

$$tfidf(t, d, D) = tf(t, d) \cdot \frac{N}{|\{d \in D : t \in d\}|}$$

'키워드 분석용 데이터' 생성 경로는 텍스톰 프로그램에서 매트릭스 → 보유데이터(선택) → 매트릭스 단어 선택(1-mode): 바로선택 → 분석단어 선택: TF-IDF → 선택단어 50개 → 다운로드의 과정으로 분석했으며, '의미연결망 분석용 데이터'는 매트릭스 → 보유데이터(선택) → 매트릭스 단어선택(1-mode): 바로 선택 → 분석단어 선택: TF-IDF → 선택 단어 50개 → 적용 → 매트릭스 결과: 매트릭스 → 다운로드의 과정으로 분석을 수행했다.

넷째, 추출한 정보의 의미를 분석하고 워드 클라우드(word cloud), 군집(clustering), 분류(classification) 등의 방법을 통해 시각화하는 '분석단계'이다.[32] 이 책에서는 Ucinet 6 프로그램과 NetDraw를 활용하여 워드 클

---

32 이정민, "무용학의 지적 구조 분석 연구", 성균관대학교 박사학위 논문, 2017, p. 6.

라우드와 중심성을 도식했다.

3) 사회연결망 분석(Social Network Analysis)

'사회연결망 분석'은 엘리트들의 신분, 직위, 연고와 같은 속성뿐만 아니라 상호 접촉을 통해 형성된 사회적 관계망 속에서 상호 간의 '영향력'을 측정하여 행위자의 '권력 값'을 계량화하는 것이다. 이는 개별 속성에서 더 나아가 이들이 상호 연결되어 표출하는 관계성을 파악하려는 데 목적이 있다. 예컨대 학력이라는 변수를 사용할 경우 학력분포의 단순한 기술에 그치는 것이 아니라, 특정 학교 출신 엘리트들이 어떤 공고한 관계망을 형성하고 있고 또 그것이 어떤 영역에 존재하는지, 그리고 이런 관계망들 사이의 관계는 어떠한지를 규명하려는 것이다. 이런 것들이 제대로 조명되어야 엘리트들의 실질적인 상호작용과 권력구조를 파악하는 것이 가능하게 될 것으로 생각하기 때문이다.

이 분석의 핵심이 되는 '중심성'(centrality)은 연결망에서 '중앙에 있는 정도'를 측정하는 것으로 '권력 관계와 영향력'을 판단하는 지표로 활용되고 있다. 예컨대 복잡한 연결선을 가진 네트워크에서 노드(node)가 얼마나 중앙에 집중되는 구조인지 어느 노드를 중심으로 결속되어 있는지를 측정하는 것이다. 통상 '빈도'는 텍스트 내 연결이나 위치와 관계없이 측정되는 데 반해 '중심성 분석'은 노드 상호 간의 연결구조와 관계를 심도 있게 탐색할 수 있는 장점이 있다.[33]

---

33   S. Wasserman and K. Faust, *Social Network Analysis: Methods and Applications.* (New York: Cambridge, 1994).

구분	핵심 개념
연결 중심성 (degree centrality)	한 행위자가 다른 행위자들과 얼마나 연결되어 있는지를 나타낸다.
근접 중심성 (closeness centrality)	경로 거리의 합이 가장 작은 결점이 전체 중심성이 가장 높은 네트워크 전체의 중심을 차지한다.
매개 중심성 (betweenness centrality)	한 행위자가 다른 행위자들과의 최단 경로에 위치할수록 사이 중심성이 높아진다. 사이 중심성이 높으면 네트워크에서 브로커 역할을 활발히 한다.
위세 중심성 (eigenvector centrality)	한 행위자가 힘 있는 다른 행위자와 연결될수록 가중치를 부여해 계산한다. 즉 권력의 핵심과 가까이 있는 정도를 나타내는 것으로 위세 중심성이 높은 행위자는 영향이 크다고 할 수 있다.

출처: 김용학, 『사회연결망 분석』(서울: 박영사, 2003)을 기준으로 정리했으며, 연구자에 따라 '중앙성'과 '중심성'을 혼용 사용하는데, 여기서는 '중심성'으로 통일하여 정의한다.

일반적으로 SNA에서 이루어지는 '중심성 분석'은 〈표 1-2〉와 같이 '연결 중심성'(degree centrality), '매개 중심성'(betweenness centrality), '근접 중심성'(closeness centrality), '위세 중심성'(eigen-vector centrality)이 있다.[34] 이를 보다 더 구체적으로 설명해보면 다음과 같다.

'연결 중심성'은 중심이 되는 단어가 다른 단어들과 얼마나 관계를 맺고 있는지를 측정하는 것으로, 연결된 단어 수가 '많을수록' 값이 높아진다. 노드에 직접 연결된 노드 개수와 링크 개수로 표현되며 특정 노드의 영향력이나 활동력을 인식하는 지표다. 연결 거리가 짧은 것은 두 노드가 가깝게 연결되어 있고 연결성이 높다고 해석될 수 있다. '매개 중심성'은 노드와 노드 간에 직접 연결되지 않은 특정 노드가 이웃한 노드를 매개로 다른 노드와 연결되는 짧은 경로를 측정한 값으로 통상 매

---

34 이유정, "텍스트 마이닝 기반 한·중 관객의 영화 수용 특성 연구", 고려대학교대학원 박사학위 논문, 2022, pp. 17~18.

개 중심성이 높은 노드일수록 네트워크 내에서 다른 노드에 대한 매개 기능이 강하다고 본다.

'근접 중심성'은 전체 네트워크에서 다른 모든 노드 간의 거리를 기반으로 특정한 노드가 얼마나 가까이 있는지를 측정하는 지표로 높은 근접 중심성을 가진 노드일수록 다른 노드에 가까이 위치하며 전달 측면에서 다른 노드들과의 관계성이 신속하게 이루어진다고 볼 수 있다.

'위세 중심성'은 특정 키워드와 연결된 키워드들의 '중심성'을 고려하여 가중치를 부여함으로써 '중심성'을 파악하는 방법이다. '위세 중심성'은 권력 서열을 보기 위해 많이 쓰는 척도인데 네트워크 내에서 본인의 영향력뿐 아니라 권력이 있는 사람과의 친한 정도가 가중치로 고려되기 때문이다.[35] 예를 들어 '호랑이를 쫓는 여우에게 호랑이의 위엄이 전이'되듯이 '강자와의 연결'이 다른 여러 행위자와의 연계보다 영향력 증가에 큰 역할을 한다는 것이다. 연결 관계 중심성이 낮더라도 '위세 중심성'이 높은 경우 영향력이 높다고 할 수 있으며, 반대로 '연결 중심성'은 높지만 '위세 중심성'이 낮은 경우는 네트워크 내에서 실질적 영향력이 낮은 것으로 해석할 수 있다.[36]

'연결 중심성' 분석의 'UCINET 분석 경로'는 Network → Centrality → Degree의 과정을 거쳤으며, '위세 중심성' 분석은 Network → Centrality → Eigenvector Centrality의 과정으로 분석을 수행했다.

또한, 군집 분석(Cluster Analysis)은 네트워크에서 노드 간의 '상호 연관성'을 토대로 '동질적인 집단'끼리 묶어주는 통계기법이라 할 수 있다. 군집 분석을 하면 다른 노드들과 유사한 관계 패턴을 갖는 노드들이 동

---

35 김준현, "네트워크 텍스트 분석결과 해석에 관한 소고", 『인문사회과학연구』(2015), pp. 247~280.

36 이정락 · 정재훈 · 유호용 · 이윤경 · 김지은, 『빅데이터와 텍스트 네트워크 분석』(영남대학교 출판부, 2022), pp. 120~123.

일한 군집으로 분류되며 구조적 등위성 값에 따라 계층적 군집화 과정을 통해 모든 노드가 군집으로 묶이게 된다. 여기에서 '구조적 등위성'이란 어떤 두 노드가 정확히 동일한 다른 노드들과 동일한 연결 관계를 맺는 것을 말한다.

텍스트 마이닝에서는 단어 유사성(word similarity)에 근거하여 군집화하는 것이 일반적이다. 예컨대 단어-문서 행렬을 만들어 동시 출현(co-occurrence)하는 정도를 이용하여 단어 간 거리(distance)를 계산하고 가장 가까운 쌍을 묶어 최종적으로 하나의 클러스터가 되도록 군집을 구성하는 방법이다. 통상 텍스트 분석에서는 의미 연결이 밀접할수록 거리가 짧은 것으로 보고 밀집되어 형성된 군집을 같은 주제군으로 묶인 것으로 평가한다. 이러한 '군집 분석' 중에서 상관계수를 토대로 구조적 등위성을 반복 수렴하는 'CONCOR 분석'이 있다. 'CONCOR'는 CONvergent CORrelation을 줄여 만든 것으로 상관관계가 수렴할 때까지 반복 실행하여 블록을 만든다는 절차를 함축하고 있다.[37]

'CONCOR 분석' 수행절차는 UCINET에서 Network 〉 Role&Position 〉 Structural 〉 CONCOR 〉 Standard 〉 input database에 데이터 입력 순으로 분석한다. 여기서 군집화된 도표를 확인할 수 있으며, 만들어진 파일을 NetDraw로 군집화된 모습을 확인할 수 있다.[38] 또한 'CONCOR 분석' 수행 및 시각화 절차는 Dataset 생성, 네트워크 그래프 도식, 보조 파일 업로드, 분석결과 시각화의 4단계로 수행했다. 'Dataset 생성'은 Ucinet 프로그램의 Network → Role & Position → Structural → Standard → input dataset 선택, Include transpose: No, Max depth of splits: 3, CONCOR dataset 생성의 과정으로 수행했다.

---

37   김용학, 『사회연결망 분석』(서울: 박영사, 2014), pp. 125~127.

38   김성환, "텍스트 마이닝과 네트워크 분석 기반의 트렌드 분석 아키텍쳐에 관한 연구", 서울시립대학교 박사학위 논문, 2021, p. 63.

'네트워크 그래프 도식'은 NetDraw → File → Open → Ucinet dataset → Network의 과정으로 도식했다. 생성된 3개의 보조파일은 1단계: Open Ucinet attribute dataset → Concor1stCorr.##h → OK, 2단계: Open Ucinet attribute dataset → ConcorCCpart.##h → OK, 3단계: Open Ucinet attribute dataset → ConcorCCperm.##h → OK의 과정으로 업로드했다. 분석결과에 대한 '시각화 단계'는 Layout → Group by Attribute → Categorical Attribute → Attribute to group by: 3, Scrunch Factor: 4 → Go의 과정으로 분석을 수행했다.

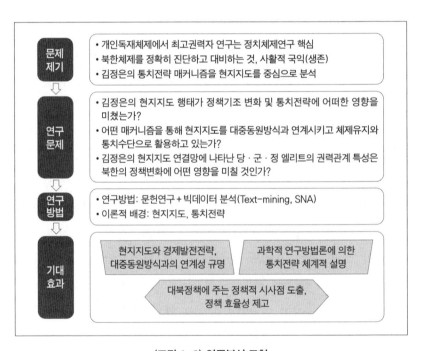

〈그림 1-2〉 연구분석 모형

마지막으로 이러한 산출결과에 대해 의미를 부여하고 해석하고 평가하는 과정이 '범주화'(categorization)다. 추출된 단어에 대해 분석 목적에 맞는 '범주화'와 체계를 구성하고 그에 대한 해석과 평가를 실시한다. 위에서 제시한 문제 제기와 연구 문제, 연구 방법과 기대효과는 〈그림 1-2〉와 같은 '연구분석 모형'을 적용하여 도출한다.

2. 연구 범위

책의 '시간적 범위'는 김정은 시대가 본격적으로 시작된 2012년부터 2022년 사이를 대상으로 중점적으로 연구하되, 김일성·김정일 시대와 현지지도의 비교분석을 통해 어떤 특징적 차이가 있는지 살펴본다. 김정은 시대는 크게 두 개 시기(권력 과도기, 권력 공고화기)로 구분해 분석한다. '김정은 권력 과도기'는 2012년부터 2016년 5월 6일 조선로동당(이하 노동당) 제7차 대회까지다. 이 시기는 2011년 12월 17일 김정일 사망 이후 단시간에 권력을 승계한 김정은의 권력적 기반이 불안정한 상태[39]로서 장성택 당 행정부장 처형 등의 숙청과정을 통해 '권력을 강화하는 시기'다.

'김정은 권력 공고화기'는 2016년 6월부터 2022년까지다. 김정은은 노동당 제7차 대회에서 노동당 '제1비서'에서 '노동당 위원장'으로 추대[40]됨으로써 권력승계를 완료했고 이 시기 이후에는 처형 등 극단적

---

39 "김정은 3년상 치르며 유훈통치로 권력 다질 듯", 『서울신문』, 2011년 12월 20일.

40 "조선로동당 제7차당대회는 전체 당원들과 인민군 장병들, 인민들의 한결같은 의사와 념원을 반영하여 경애하는 김정은 동지를 우리 당의 최고수위에 높이 추대할 데 대한 의정을 토의했으며 조선로동당 위원장으로 높이 추대할 것을 결정한다. 근로자 특간호, 『조선로동당 제7차 대회 결정서』, "경애하는 김정은 동지를 우리 당의 최고수위에 높이 추대할 데 대하여"(평양: 근로자사, 2016), p. 56.

인 엘리트 변동이 보이지 않은 점 등을 고려할 때 김정은의 권력이 '공고화된 시기'로 판단된다.

'내용적 범위'는 '배경 이론' 검토로부터 김정은의 '행동 궤적'(문헌 분석)[41], '발언 내용'(텍스트 마이닝), '수행 인물'(SNA)까지를 대상으로 한다. '배경 이론'은 '현지지도', '지배와 통치', '주민동원전략', '권력엘리트 이론' 등의 개념을 정의한다. 현지지도의 '행태와 특징'을 파악하기 위한 변수로는 현지지도 '횟수', '부문', '장소', '방식', '목적', '수행 인물' 등으로 설정했다. 구체적인 분석 대상의 범위는 〈표 1-3〉과 같다.

〈표 1-3〉 분석 대상의 범위

구분	행동 궤적 (문헌 분석)	발언 내용 (텍스트 마이닝)	수행 인물 (SNA)
수집문서	북한동향(주간, 월간)		김정은 공개활동 동향
대상기간	2012~2022		
건수	1,408건		1,331건
	과도기 816건, 공고화기 592건		
수록내용	보도일, 보도주제	보도일, 보도주제, 발언 내용	보도일, 보도주제, 수행 인물
발행처	통일부 북한정보포털		

'발언 내용' 분석을 위한 자료는 통일부 발간 『북한 동향』[42]을 대상으로 한다. 『북한 동향』은 김정은의 현지지도 발언 내용은 물론 「김정은

---

41 문헌 분석 대상은 통일부 『북한 동향』의 현지지도 통계를 바탕으로 통일연구원에서 제공하는 『김정은 공개활동 보도분석 DB』, 조선중앙년감, 북한 신년사 등의 자료를 중첩적으로 활용했다.

42 통일부 공공데이터포털에서는 『월간 북한동향』, 『주간 북한동향』을 제공하고 있으며, 북한동향, 북한 관영매체 주요 내용 등에 대한 데이터가 포함된다.

말씀내용」,[43] 「김정은 로작」,[44] 「김정은 시정연설」[45] 등을 인용한 북한 매체의 논설과 사설을 포함하고 있어 보다 폭넓은 분석자료로 판단하여 연구 대상에 포함한다.

'수행 인물' 분석은 '현지지도 수행자 네트워크' 분석을 대상으로 한다.[46] '현지지도 수행 인물'을 대상으로 한 '네트워크 분석'은 개별 행위자 각각의 특징보다는 그들 사이에 구조화된 관계를 중시하며 각 행위자가 맺는 관계 네트워크를 통해 그들의 행위나 과정을 해석하는 것이다.[47] 북한의 '권력 엘리트'는 넓은 의미에서 조선노동당·조선인민군·내각에 속한 핵심간부를 통칭하며, 핵심간부는 정책을 결정하고 집행·감독하는 임무를 수행하는 간부를 말한다. 이 책에서는 김정은으로부터 신임을 받는 인물이 현지지도를 수행하는 빈도가 높을 것이라는 점과 현지지도 수행을 통해 김정은을 자주 대면하면 측근이 될 가능성

43 로동신문에는 김정은의 발언내용을 인용하여 사설과 논설을 게재하고 있다. 김정은 위원장은 다음과 같이 말했다. "농업생산을 획기적으로 높이기 위하여서는 당의 농업정책과 주체농법의 요구대로 농사를 과학 기술적으로 지어야 합니다." 『로동신문』, 2019년 2월 6일.

44 북한의 지도자가 발표하는 말과 글을 로작이라고 할 수 있는데, 북한의 조선말대사전은 로작을 "로동계급의 혁명리론발전에서 커다란 리론실천적 의의를 가지는 저서를 이르는 말"로 정의하고 있다. 『조선말대사전 1권』(평양: 사회과학출판사, 1992), p. 972. 로작을 통해 통치방식의 특징을 볼 수 있으며 정책과 노선을 확인할 수 있다. 정책 면에서는 경제정책에 대한 언급이 중심을 이루고 통치를 위해서는 로작을 통해 대중의 단결을 촉구하고 있다. 진희관, "북한의 로작 용어 등장 과정과 김정은 로작 분석", 『북한연구학회보』 제21권 제2호(2016), pp. 27~30.

45 김정은 위원장은 "공화국 정부는 온 사회를 김일성-김정일주의화하기 위한 투쟁을 더욱 힘있게 벌려 사회주의 위업 수행에서 결정적 승리를 이룩해나갈 것"이라고 말했음. 「최고인민회의 제14기 제1차 회의 김정은 시정연설」, 『로동신문』, 2019년 4월 12일.

46 수행 인물 분석은 자료 접근의 제한 등을 고려하여 1994년 이후 시기만을 대상으로 한다.

47 Mark S. Granovetter, "The Strength of Weak Ties," *American Journal of Sociology* Vol. 78, No. 6 (May 1973); John Skvorets and David. Willer, "Exclusion and Power," *American Sociological Review* Vol. 58, No. 6 (Dec. 1993); Mustafa Emitbayer and Jeff Goodwin, "Network Analysis, Culture, and the Problem of Agency," *American Journal of Sociology* Vol. 99, No. 6 (May 1994), pp. 201~233.

이 크다는 점,[48] 현지지도 수행 인물 자료가 북한의 관영매체를 통해 보도되고 있어 공신력이 있다는 점 등을 고려하여 '현지지도 수행 인물'을 권력 엘리트 기준으로 보았다. 다만 김정은과 동행하는 행사 중 군중대회나 기념촬영 같은 대규모 인원이 동행하는 '일회성 행사'는 상호 접촉 가능성이 작아 제외했다. 또한, 북한의 정책지표와 통치전략을 살펴보기 위해 『신년사설』[49]과 2019년 이후 『당 중앙위원회 전원회의 결정문』, 『로동당 회의 전문』을 연구 대상으로 포함한다.[50]

이 책에서 'SNA'는 2012년부터 2022년까지 통일부 『북한 정보 포털』에서 제공하는 '김정은 공개활동 동향' 1,300여 건을 분석한다. 이를 시기별(권력 과도기, 권력 공고화기), 부문별(군부대, 행정·경제 분야), 수행 인물 특성(당, 군, 정, 기타)으로 분류해 현지지도 연결망에서 당·군·정 엘리트의 사회적 관계특성과 정책변화와의 상관관계를 분석한다.

3. 연구 구성

이 책은 총 6개의 부로 구성한다. 우선 제1부에서는 배경 및 목적, 연구 범위 및 방법을 제시하고 기존 연구들을 검토했다. 특히 선행연구

---

48 현지지도 동행 여부를 네트워크 밀접도로 본 이유는 일반적으로 북한 최고 권력자가 지방기관이나 산업시설, 군부대 등을 현지지도 하면 하루 이상, 때로는 한 지역에 장기간 머물거나 지역을 이동하면서 현지지도를 하기 때문에 수행 인물 간에 활발한 상호 접촉의 기회가 발생할 수 있기 때문이다.

49 북한 『신년사』는 한 해 동안 북한이 진행해야 할 분야별 과업과 수행방법을 제시한 연설문으로 북한 사회에서 큰 영향을 미치고 있는 교시문건이다. 이성춘, "김정은 체제하의 북한 신년사에 관한 연구", 『인문사회21』 제12권 제2호(2020. 12.), p. 2922.

50 김정은은 2019년부터 신년사를 생략하고 당 중앙위 전원회의 결정문으로 대체하고 있다. 이승열, "북한 당 중앙위 제7기 제5차 전원회의 주요 내용과 2020년 남북관계 전망", 『이슈와 논점』, 국회입법조사처, 2020. 1. 13.

검토과정을 통해 북한 최고 권력자의 현지지도에 대한 연구와 본 연구가 어떤 유사성과 차별성을 가졌는지를 세밀하게 분석했다.

제2부에서는 연구의 이론적 배경이 되는 북한 체제의 특성, 현지지도에 대한 이론적 고찰, 그리고 통치전략에 관한 이론적 고찰을 시도했다.

제3부에서는 '김정은 이전 권력자'인 김일성과 김정일 시대 현지지도 특징을 분석하고 도출함으로써 북한의 최고 권력자가 행하는 현지지도에 대한 시계열적 변화의 특징과 추세를 도출하고자 했다. 제3부의 결과는 제4부 '김정은의 현지지도와 통치전략'의 특징을 도출하는 평가의 기준으로 활용했다. 김일성과 김정일의 현지지도 실태와 특징은 해당 시기에 '대내외 환경'과 '경제발전전략'을 살펴보고 이에 따른 '대중동원'의 방식과 '현지지도' 및 '통치전략'의 특징을 도출한다. 최고 권력자 현지지도의 '행동 궤적', '수행 인물' 등의 기준을 중심으로 비교하여 평가하고 김일성과 김정일의 현지지도 '특징'을 도출한다.

제4부에서는 김정은의 현지지도 실태와 특징을 분석했다. 김정은 시대를 '권력 과도기'와 '권력 공고화기'로 구분하고 대내외 정세의 변화, 경제발전 전략, 대중동원 방식을 살펴보았다. 특히 현지지도는 '행동 궤적', '발언 내용', '수행 인물' 등의 기준을 중심으로 문헌 분석과 텍스트 마이닝, SNA 등을 활용한 혼합연구 방법을 통해 현지지도의 특징을 비교·분석함으로써 현지지도 이면의 '맥락과 의미'에 대해 논의했다.

제5부에서는 김정은의 현지지도 행태분석에서 도출된 내용을 기반으로 '통치전략'과 '정책변화 기조'를 분석하여 전망했다. 마지막으로 제6부에서는 연구결과 요약, 연구의 의의, 정책적 제언 및 연구의 한계에 대해 논의하고 후속연구의 필요성을 제시했다.

제3절 선행연구 검토

　　오늘날 북한 사회는 최고 권력자 1인에게 모든 권력이 집중되어 불안정성과 예측 불가능성을 증폭시키고 있다고 해도 과언이 아니다. 특히 최근 북한은 대내외적 어려움 속에서도 핵무기와 미사일 능력을 고도화하면서 한반도의 긴장과 위기를 고조시키고 있다. 따라서 북한 체제를 더욱 정확히 진단하고 대비하는 것이야말로 한반도의 평화와 번영을 지켜내는 시급한 일일 것이다. 이런 측면에서 북한 최고 권력자의 '통치전략 요체'를 파악하기 위한 수단으로 '현지지도'를 고찰하는 것은 한국의 국가 이익과 생존과도 직결되는 문제일 수 있다.

　　그러나 북한 체제를 조망하는 수단으로서 북한 최고 권력자의 '현지지도'에 관한 다양한 학문적 성과에도 불구하고 과학적인 연구 방법을 적용해 연구한 사례는 매우 드물다고 할 수 있다. 북한 최고 권력자의 현지지도와 관련한 기존의 연구 경향은 〈표 1-4〉와 같이 정리할 수 있다. 이 책과의 유사성과 차별성을 구체적으로 논의해보면 다음과 같다.

　　북한 최고 권력자에 대한 '현지지도' 연구는 크게 네 가지 경향으로 범주화하여 구분하고 제시해볼 수 있다.

연구 경향	대표적인 연구(연도)	분석방법
현지지도의 시기별 · 분야별 유형화 연구	유호열(1994), 홍민(2001), 김연천(1996), 이교덕(2002), 이기동(2002), 백학순(2015), 박정하(2021)	문헌 연구
현지지도가 갖는 북한 통치방식의 의미 연구	정창현(1997), 이계성(2008), 최준택(2008), 송유계(2023), 정유석 · 곽은경(2015), 박정진(2018)	
현지지도의 특정 부문에 초점을 맞춘 연구	서동만(1997), 김상기(2001), 고재홍(2007), 배영애(2015), 신광수(2017), 안진희(2020)	
현지지도 수행 인물에 집중한 연구	김인수(2017), 박종윤 · 임도빈(2020), 표윤신 · 허재영(2019)	빅데이터 분석

1. 현지지도의 시기별 · 분야별 유형화 연구

김일성, 김정일의 현지지도를 시기별, 분야별로 유형화하고 '내용 분석'을 시도한 연구다. 유호열의 「김일성 현지지도 연구: 1980~1990 년대를 중심으로」(1994)[51]와 홍민의 「북한 현지지도 기원에 관한 이론적 검토」(2001)[52]에서 김일성 현지지도의 '정치 · 경제 부문별 특징'과 '현지 지도 기원'에 관해 고찰했다. 1980~1990년대 초반 김일성의 현지지도 내용과 그 역할에 대한 분석을 통해 김일성 통치력의 특징을 '정치 · 경 제 분야'를 중심으로 분석했고, 북한에서 '현지지도'가 경제적 요구와 권 력투쟁 등의 정치 · 경제적 상황의 유용한 수단이라고 주장하고 있다. 또한, 김연천은 「북한의 산업화 과정과 공장관리의 정치(1953~1970)」

---

51 유호열, "김일성 현지지도 연구: 1980~1990년대를 중심으로", 『통일연구논총』 제3권 제1 호(1994).

52 홍민, "북한 현지지도 기원에 관한 이론적 검토", 『東院論集』 14권(2001), p. 104.

(1996)[53]에서 최고 권력자의 현지지도를 수령제 '정치체제의 하위구성
요소'로 보고, 현지지도가 생산관리의 주요 형태로 등장한 배경을 수령
제의 태동 배경과 연관하여 설명하고 있다.

이러한 연구는 최고 권력자의 통치수단의 하나로서 '현지지도'를
최초로 연구했다는 점에서 의미가 있지만 단지 '현지지도'와 특징과 의
미를 해석하는 데 방점을 두고 있다. 반면에 이 책은 이러한 선행연구의
이론적 배경을 바탕으로 현지지도가 '통치전략'에 미치는 영향과 상관
관계를 깊이 있게 연구하고 해석함으로써 '맥락적 타당도'를 높였다는
점에서 차별성을 갖는다.

이교덕의 「김정일 현지지도의 특성」(2002)[54]과 이기동의 「김정일 현
지지도에 관한 계량 분석」(2002)[55]에서 '김정일의 현지지도'를 계량화하
여 그 특징을 분석했다. 이교덕은 현지지도 연구가 "일반적으로 공개되
지 않는 북한의 정책적 내용을 간접적으로 엿볼 수 있는 수단이 될 수
있으며 최고지도자의 활동궤적과 통치 스타일, 관심 사항 등을 이해하
는 데 이바지할 수 있다"라고 평가했고, 이기동은 '김정일의 현지지도'
가 대내외 환경변화에 민감하게 작용하여 '경제 부문'과 '군사 부문'을
'엄격하게 분리'하는 특징을 보인다고 주장했다.

위 연구는 현지지도의 '다양한 변수'를 기준으로 '빈도를 분석'하여
그 특징을 도출하는 데 중점을 두었을 뿐 '대중동원'이나 '통치전략' 등
에 대한 정치적 의미와 맥락에 대한 논의에 대해서는 간과하고 있다. 그
러므로 북한 최고 권력자의 통치전략을 '현지지도'를 통해 분석하면서
'빈도분석'과 '텍스트 마이닝' 등 양적 분석을 통해 그 맥락을 도출한다

---

53 김연천, "북한의 산업화 과정과 공장관리의 정치(1953~1970)", 성균관대학교 대학원 박
    사학위 논문, 1996.

54 이교덕, 『김정일 현지지도의 특성』, 통일연구원 연구총서(통일연구원, 2002).

55 이기동, "김정일 현지지도에 관한 계량 분석", 『신진연구논문집 IV』(서울: 통일부, 2002).

는 점에서 본 연구가 이교덕과 이기동의 연구와 차별성을 갖는다.

백학순은 「김정은 시대의 북한정치(2012~2014)」(2015)[56]에서 김정은이 '현지지도'를 통해 자기중심적 사상과 수령의 정체성 및 자신의 선호와 요구대로 '정책 결정'이 이루어지도록 하고 있다고 주장한다. 즉 김정은은 공개성과 투명성, 전문성 중시, 실용주의를 표방하는 가운데 '세계적 추세' 따르기와 체육 중시, 강온방법의 조합과 공포정치, 조선 속도와 마식령 속도, 단숨에 정신 등의 특성으로 표출하고 있다고 주장했다. 이 연구는 김정은 체제를 '현지지도'를 중심으로 분석하고 이를 김정은 정책 결정 과정과 연계하여 설명하고 있다는 점에서 가치가 있다고 평가할 수 있다. 이는 북한 최고 권력자의 현지지도가 정책 기조 변화와 통치전략에 미치는 영향을 구체적으로 제시하려는 본 연구와 유사성을 갖는다고 할 수 있다. 그러나 백학순의 연구는 김정은 집권 초기(2012~2014)에 국한하여 현지지도를 설명하고 있다는 점에서 이 책이 김정은 시대를 '권력 과도기'와 '권력 공고화기'로 구조화하고 비교평가의 기준을 설정하여 그 차이점을 비교·평가하려는 분석과는 차이가 있다.

박정하는 「북한 역대 최고지도자의 현지지도 특성 연구: 김정은 시대를 중심으로」(2021)[57]에서 선대 지도자의 현지지도와 김정은의 현지지도 비교를 통해 김정은 현지지도의 특성은 '실용주의적 접근 경향'을 드러내고 있다고 밝혔다. 또한, 김정은의 현지지도를 권력 과도기와 권력 공고화기로 구분하고 시기별 현지지도 '횟수', '주요 단위', '동행 인물'을 중심으로 분석하여 김정은의 현지지도는 '이미지 정치'와 '공포정치'를 구현의 수단으로 활용하는 특성이 있음을 제시했다.

---

56 백학순, 『김정은 시대의 북한정치(2012~2014): 사상·정체성·구조』(세종연구소: 성남, 2015).

57 박정하, "북한 역대 최고지도자의 현지지도 특성 연구: 김정은 시대를 중심으로", 고려대학교 일반대학원 박사학위 논문, 2021.

이러한 연구는 북한에서 발표한 『조선중앙연감』, 『로동신문』 등의 데이터를 통해 김정은 현지지도의 특징을 분석하는 데 초점을 두고 있다. 하지만 현지지도의 원인과 요인에 대한 종합적 분석이나 그 결과로서 정책 기조의 변화나 통치전략에 미치는 영향에 대해서는 자세한 설명이 부족하다. 반면에 이 책은 합리적인 준거와 이에 따른 책의 전개 및 최근 사회과학 분야 연구에서 주목을 받는 텍스트 마이닝 기법 등의 공신력 있는 연구 방법 등을 통해 북한 연구 방법의 확장을 꾀하면서 통치전략의 수단으로서 현지지도를 평가하려는 것으로 위의 연구와는 차별성이 있다.

2. 현지지도가 갖는 북한 통치방식의 의미 연구

현지지도라는 북한 특유의 통치방식이 가지는 '의미에 주목'한 연구도 있다. "최고 권력자가 현지지도를 어떻게 하는가?"에 집중하여 현지지도의 '빈도, 주제, 수행 인물' 등에 초점을 맞춘 연구다.

정창현은 「현지지도」(1997)[58]에서 '귀순자의 경험담'과 '공식 문헌'을 통해 현지지도의 유형과 과정에 대해 비교적 상세히 설명하고 있다. 그는 현지지도를 수령제 정치체제를 운영하는 독특한 통치방법의 하나로 보면서 향후 북한의 '정책을 전망하는 지표'로 현지지도가 유용한 수단이 될 것이라고 보고 있다. 그러나 이 주장은 몇 가지 부분에서 연구가 필요할 것으로 판단된다. 현지지도를 북한의 정책을 전망하는 지표이자 통치방법의 하나로 평가하고 현지지도를 분석하는 점은 본 연구와 유사하나 공식 문헌과 귀순자의 경험담을 중심으로 연구한 점은 현지지

---

58 정창현, "현지지도", 『통일경제』(1997, 12월호), pp. 17~20.

도의 현상에 대한 분석보다 그 이면에 대한 의미를 깊이 있게 고찰하려는 본 연구와의 차별점이 있으며, 귀순자의 경험담을 통한 분석은 다소 연구의 일반성에 의문을 갖게 하며 이러한 점을 극복하기 위해 본 연구에서는 연구 대상을 2012년부터 2022년까지 김정은 시대로 확대함으로써 '데이터의 일반화'를 추구하면서 특징을 도출하고 이를 통치전략 및 정책 기조 변화와 연계시키고 있다는 점에서 차별성을 갖는다.

이계성은 「북한 미디어 보도분석을 통한 김정일 현지지도 연구」(2008)[59]에서 김정일의 현지지도와 정치 리더십의 관계를 토대로 '김정일의 현지지도'를 분석했다. 그는 북한의 미디어 보도에 비친 김정일의 현지지도를 여러 변수로 분류하여 현지지도 횟수와 변화를 추적하고 변화 원인을 설명함으로써 대내외 환경변화에 따라 김정일의 현지지도 기능과 정책이 어떻게 변화되었는지를 고찰했다. 박소혜는 「김정은 시대 현지지도 특징 연구: 영상자료 분석을 중심으로」(2020)[60]에서 김정은의 현지지도 특징을 영상자료의 '이미지를 중심'으로 김정은의 리더십을 파악하고자 했다. 북한의 '수령형상 창조의 원칙'에 착안하여 선대 수령과 김정은과의 차별화된 리더십 특징을 고찰했다. 현장 일군과 수행원들에게는 지도자의 권위를 보여주고자 했으나 인민과의 관계에서는 친화적인 모습의 연출을 통해 '이민위천'의 지도자 이미지를 구현하고 있다고 분석했다. 이를 통해 김정은이 역동적인 현대적 지도자의 모습을 추구하고 있다고 주장했다.

위 연구는 김정일의 정치 리더십을 현지지도와 연계하여 분석했다는 점에서 현지지도와 통치전략에 관한 연구 활동에 시사하는 바가 크며, 본 연구와 맥을 같이하고 있다고 할 수 있다. 다시 말해 본 연구에서

---

59 이계성, 앞의 논문, p. 81.

60 박소혜, "김정은 시대 현지지도 특징 연구: 영상자료 분석을 중심으로", 통일부 신진연구자 정책연구과제, 2020.

도 이계성의 연구처럼 북한 최고 권력자의 현지지도와 체제 유지를 위한 정책 기조와 통치전략에 대한 영향요인을 설명하고자 한다. 다만 이 책은 연구의 범위를 김일성, 김정일, 김정은 시대로 확대하여 '충분성'과 '대표성'을 충족하고자 했으며, 질적 연구의 '신뢰도'를 높이기 위해 '혼합적 연구방법'을 활용한 점이 차별점이다.

최준택은 「김정일의 정치리더십 연구: 현지지도를 중심으로」(2008)[61]에서 1995년부터 2005년까지 '김정일의 현지지도'를 유형화했다. 연도별 현지지도 횟수와 『로동신문』에서 사용되는 김정일의 호칭, 부문별 현지지도 횟수 등에 대한 조사 결과를 기초로 김정일의 현지지도를 '유훈 통치기', '제도 정비기', '체제 안정기' 등 세 가지 시기로 나누어서 설명했다. 이 연구는 김정일의 현지지도를 시기별로 구분하여 '유형화'하고 특징을 분석하는 데 방점을 두고 있는데, 북한 최고 권력자의 현지지도를 분석하는 데 있어 시기별로 구조화하여 분석한 점은 본 연구와 맥을 같이하고 있다고 평가할 수 있다. 이 책은 최준택의 시기별 구조화 연구방법을 준용하여 김정은의 권력 시기를 '권력 과도기'와 '권력 공고화기'로 구분하고, 이에 더 나아가 현지지도를 '행동 궤적', '발언 내용', '수행 인물' 등의 변수를 구조화하여 '과학적인 연구방법'을 적용한 점이 차별성을 갖는다.

송유계는 「텍스트 마이닝을 활용한 김정은의 정책기조 변화분석」(2023)[62]에서 북한 김정은 연설문과 정책 기조 및 통치전략과의 상관성을 빅데이터 기법인 텍스트 마이닝을 통해 분석했다. 이 연구는 북한 김

---

61 최준택, "김정일의 정치리더십 연구: 현지지도를 중심으로", 건국대학교 대학원 박사학위 논문, 2008.

62 송유계, "텍스트 마이닝을 활용한 김정은의 정책기조 변화 분석: 로즈노(J. Rosenau)의 연계이론(Linkage Theory)을 중심으로", 『한국콘텐츠학회』 제23권 제3호(2023), pp. 98~106.

정은의 연설문을 대상으로 내용 분석과 텍스트 마이닝 기법을 활용한 혼합연구를 통해 김정은은 체제 안정을 위해 내부 불안정에 대한 요소를 외부 갈등과 도발로 연결하고 있음을 확인했다. 특히 김정은은 권력이 공고화될수록 유일 지배체제에 대한 자신감이 표출되고 대중동원과 사상통제에 집중하고 있는 점도 분석했다. 이 책은 문헌 분석과 텍스트 마이닝을 활용하여 북한 최고 권력자의 정책 기조 변화의 이면을 살펴보았고 김정은 집권 시기를 권력 과도기와 권력 공고화기로 구분하여 변화 추세를 비교 분석했다는 점에서 이 책과 유사성을 갖고 있다. 다만 이 책은 조선노동당 대회와 중앙위원회 전원회의 발표문, 신년사 등 제한된 정보를 대상으로 분석했다는 점에서 김정은 집권 시기 현지지도 발언 내용의 방대한 내용을 망라하면서 김정은 이전 지도자와의 특징을 비교한 점이 차별성을 갖는다.

정유석·곽은경은 「김정은 현지지도에 나타난 북한의 상징정치」(2015)[63]에서 '김정은의 현지지도'는 '정치적 상징성'을 만들기 위한 도구임을 분석했다. 김정은 시기 현지지도의 2012년부터 2015년까지 총횟수, 연도·공간별 특징 등을 연구했다. 이를 통해 나타난 상징성을 푸코의 대담을 토대로 권력 정당성 확보, 관광산업 정책과 속도전, 엘리트 충성 유도, 애민적 지도자 이미지로 구분 정리했다. 또한, 박정진은 「김정은 국무위원장의 현지지도 분석을 통한 지배와 통치, 병진 노선의 구현과 전망」(2018)[64]에서 김정은 시대 통치 방향성을 '통치와 지배'의 개념을 사용해 분석을 시도했다. 통치(governing)와 지배(ruling)는 국가지도자가 설정한 국가 목표에 따라 구성원을 이끌고 방향성을 설정하는 정

63   정유석·곽은경, "김정은 현지지도에 나타난 북한의 상징정치, 『현대북한연구』 제18권 제3호, 북한대학원대학교 북한미시연구소(2015. 12), pp. 156~224.

64   박정진, "김정은 국무위원장의 현지지도 분석을 통한 지배와 통치, 병진 노선의 구현과 전망", 『북한연구학회보』 제22권 제2호(2018. 12.), pp. 51~85.

치의 핵심 부분이라는 점에 착안하여 김정은의 현지지도 성격을 '통치 1', '통치 2', '지배'로 나누어 분석했다.

분석결과, 시간이 지날수록 지배를 위한 통치보다 성과를 위한 '통치 2'의 비중이 높아지고 있음을 제시하면서 김정은이 보다 높은 수준의 지배를 위한 실리적 성과에 집착하고 있음을 강조했다. 이 연구는 현지지도를 '통치와 지배'의 개념을 적용한 최초연구로서 의의가 있으며, 현지지도와 통치, 지배의 상관성을 더욱 깊이 있고 과학적 접근법으로 탐구할 수 있는 방향성을 제시해주고 있다는 점에서 이 책과 유사성을 갖는다. 다만 김정은 현지지도가 미치는 영향을 '통치와 지배'의 구조 내에서 그 유용성을 밝히려 함으로써 현지지도가 미치는 '다양한 영향 요인'을 확대할 기회를 배제하는 한계를 내포했다. 현지지도가 미치는 영향을 '대중동원 방식', '정책 기조 변화', '통치전략' 등으로 확대하여 상정하고 연구를 시도한 본 연구와의 차이점이라 할 수 있다.

3. 현지지도의 '특정 부문'에 초점을 맞춘 연구

북한 최고 권력자의 현지지도를 '경제', '군사', '사찰 부문', '경관 활용 부문' 등에 집중하여 연구했다. 서동만은 「김정일의 경제지도에 관한 연구」(1997)[65]에서 김정일의 '경제 분야'에 대한 현지지도의 내용과 특징을 분석하고 이를 공개된 북한 공식 문헌의 설명과 비교함으로써 분석적이고 설득력 있게 설명하고 있다. 경제 분야에 대한 김정일의 현지지도 내용과 특징에 관한 연구는 김정일의 경제 분야에 대한 발언의 진위를 파악할 수 있고 개혁·개방과 관련된 전망을 하는 데 필수요소가 된

---

65   서동만, "김정일의 경제지도에 관한 연구", 『통일경제』(1997. 11.), pp. 18~29.

다고 지적하고 있다.

김상기는「김정일 경제부문 현지지도 분석」(2001)[66]에서 1997년 김정일이 당 총비서에 추대된 이후 실시한 현지지도의 부문별, 지역별 통계를 바탕으로 경제정책의 방향과 내용을 연구했다. 특히 김정일의 경제 부문에 대한 현지지도가 본격화한 시기를 1988년 1월 이후로 설정하고 이 시기 현지지도에 대해 상세히 분석했다. 고재홍은「김정일의 북한 군부대 시찰 동선(動線)분석」(2007)[67]에서 김정일의 '군부대 시찰 동선'을 파악하고 북한의 주요 '군사행동과의 연관성'을 분석했다. 그 결과 김정일의 현지지도는 남북관계에 관련된 군사행동 시에는 큰 연관성이 없는 반면, 미사일 발사나 핵실험과는 밀접히 연관되어 있음을 밝혀냈다. 이를 토대로 김정일이 국가의 주요 사안을 직접 주도하고 있으며 북한군은 김정일이 지시하는 범위 내에서 행동하는 집단이라는 결론을 도출했다.

배영애는「김정은 현지지도의 특성 연구」(2015)[68]에서 2012년부터 2015년 9월까지 '김정은의 현지지도' 내용을 분석했다. 그 결과 김정일보다 김정은의 현지지도 대상은 주민들의 지지 확보를 위해 먹는 문제와 직결된 농업·축산업·수산업 등과 관련된 '경제 부문'이 많이 증가했다고 분석했다. 또한, 사전 예고가 없는 현지지도가 증가했고 4~6명의 소수 수행 인원으로 구성된 '실무형 스타일'로 변화하고 있다는 점 등을 제시했다.

신광수는「사찰방문에서 나타난 북한 현지지도사업의 특성과 종교

66 김상기, "김정일 경제부문 현지지도 분석",『KDI 북한경제리뷰』(2001. 10.), pp. 45~70.
67 고재홍, "김정일의 북한 군부대 시찰 동선(動線)분석",『군사논단』겨울호(2007), pp. 93~117.
68 배영애, "김정은 현지지도의 특성 연구",『통일전략』제15권 제4호(2015), pp. 129~166.

정책의 변화」(2017)[69]에서 '불교적 입장'에서 김정일의 사찰방문 현지지도의 특징을 관찰했다. 김일성과 김정일 시기 종교정책의 변화를 대외이미지 개선과 사찰에서의 현지지도 횟수 사이의 유의미성 등을 통해 해석했다.

안진희는 「북한 통치수단으로서 경관의 활용방식 연구: 노동신문 현지지도 보도를 중심으로」(2020)[70]에서 북한이 통치수단으로서 경관을 활용하는 방식을 탐구했다. 김정일과 김정은의 현지지도 비교를 통해 '경관의 활용 양상'을 분석하고 김정은 집권 시기의 경관 변화를 진단했다. 그 결과 김정일 시대에서 배경 막은 접견장에 고정된 풍경화이지만 김정은 시대는『로동신문』의 현지지도 사진에서 통치자의 배경에 있는 경관이 '배경 막을 대체한다'라고 분석했다.

위의 연구들은 북한 최고 권력자의 현지지도를 다양한 '분야'에 집중하여 그 특징과 의미를 고찰함으로써, 북한에서 최고 권력자의 현지지도가 갖는 의미를 연구하는 측면에서 시사하는 바가 크다고 할 수 있다. 그러나 '김정은의 현지지도 행태가 정책 기조 변화 및 통치전략에 어떤 영향을 미치는가?', '어떤 메커니즘을 통해 현지지도를 대중동원 방식과 연계시키고 체제 유지와 통치수단으로 활용하고 있는가?', '김정은의 현지지도 연결망에 나타난 당·군·정 엘리트의 사회적 관계특성은 북한의 정책변화에 어떤 영향을 미칠 것인가?'와 같은 연구 문제에 대한 답과 이유를 구체적으로 제시하지 못하고 있다고 할 수 있다. 따라서 북한 체제를 더욱 정확히 진단하고 이를 대비하는 것이 한국의 국익과 생존의 문제와 직결된다는 측면에서 본 연구는 '과학적 연구방법론'

---

69 신광수, "사찰방문에서 나타난 북한 현지지도 사업의 특성과 종교정책의 변화", 『북한학 연구』 제13권 제1호(2017), pp. 5~39.

70 안진희, "북한 통치수단으로서 경관의 활용방식 연구: 노동신문 현지지도 보도를 중심으로", 『국토연구』 제104권(2020. 3.), pp. 151~170.

에 기초하여 북한 최고 권력자의 통치전략을 현지지도를 통해 고찰해내고 연구결과가 학문적·정책적으로 어떠한 결과를 가져다주는지 보여주는다는 점에서 차별성을 갖는다고 할 수 있다.

4. 북한 최고 권력자의 '현지지도 수행 인물'에 집중한 연구

이런 연구는 독재국가 지도자의 현지지도를 수행한다는 것은 '수행 인물이 독재자와 가까운 관계를 갖게 되거나 독재자가 해당 수행 인물에게 권위를 부여했다'라는 것을 전제한다. 또한, 북한 최고 권력자가 현지지도를 "왜 하는가?"보다 "어떻게 하느냐?"에 초점을 맞추고 있다.

이러한 전제를 바탕으로 김인수는 「북한 권력 엘리트의 김정은 친화성 지수 개발: 장성택 숙청 이후 현지지도 수행 인원의 변화를 중심으로」(2017)[71]에서 김정은의 현지지도 '수행 인물'을 분석하여 북한 권력 엘리트와 김정은과의 '친화성 지수'를 고안한다. 김정은 친화성 지수를 토대로 과대평가된 장성택의 정치 영향력, 군을 중심으로 한 김정은의 공고한 권력구조 등을 결과로 제시하면서 북한 권력 엘리트 및 권력구조 연구의 유용성과 한계를 언급하고 있다.

박종윤·임도빈은 「승자연합 네트워크 분석을 통해 본 김정은 정권의 안정성 평가」(2020)[72]에서 북한의 승자연합이자 김정은의 최측근이라고 할 수 있는 현지지도 수행 인물의 네트워크를 선출인단 이론(Selectorate theory)을 적용하고 소셜 네트워크 분석(Social Network Analysis)을 통해

---

71 김인수, "북한 권력엘리트의 김정은 친화성 지수 개발: 장성택 숙청 이후 현지지도 수행 인원의 변화를 중심으로", 『통일과 평화』 제9집 제1호(2017), p. 155.

72 박종윤·임도빈, "승자연합 네트워크 분석을 통해 본 김정은 정권의 안정성 평가", 『국방정책연구』 Vol. 36, No. 3(2020), pp. 173~207.

특성과 변동을 분석했다. 북한의 권력 엘리트는 독자적인 집단화가 되지 않았으며 김정은의 정권이 대체로 안정적이라고 주장했다. 이 연구는 북한의 현지지도를 개인의 특성이 아닌 승자연합 네트워크의 특성을 통해 분석했다는 점에서 논리적 정당성을 가질 것으로 판단된다. 그러나 폐쇄적인 북한의 정치체제, 북한 자료의 신뢰도 문제 등을 고려할 때 단일 연구방법의 적용보다는 포괄적인 접근방법의 제시가 필요할 것으로 판단된다.

표윤신 · 허재영은 「김정은 시대 북한의 국가 성격은 변화하고 있는가?: 당 · 정 · 군 현지지도 네트워크 분석」(2019)[73]에서 김정은 시대 '현지지도 수행 인물'을 탐색하여 당 · 군 · 정 엘리트들 간의 네트워크를 분석하고 북한의 권력구조를 해석하고 있다. 현지지도 네트워크를 분석하여 제7차 당 대회 이전에는 군 엘리트들의 영향력이 강해졌다가, 제7차 당 대회를 기점으로 당 엘리트들을 중심으로 권력이 재편되고 있음을 밝혀냈다. 위 연구는 최근 사회과학 연구에서 연구되는 SNA를 활용하여 최고 권력자를 중심으로 형성된 권력 엘리트를 분석하고 그 함의를 도출해낸다는 점에서 본 연구와 맥을 같이하고 있다고 평가할 수 있다. 반면에 이 책은 이러한 권력 엘리트의 분석을 네트워크 연구에서 학자들에 의해 널리 활용되고 있는 '지위 분석'과 '관계 분석'으로 구조화하고 이를 근접성, 중심성, 범주화 지수를 활용하여 더욱 과학적인 연구방법을 적용한 연구로 차별성을 갖는다.

끝으로 '분석 대상' 선정에 대한 '명확성' 문제다. '무엇을 대상으로 분석할 것인지'에 대한 '대상 선정'의 문제는 연구결과에 큰 영향을 준다고 할 수 있다. 따라서 분석의 대상은 '일반성'과 '보편성'을 갖추어야

---

[73] 표윤신 · 허재영, "김정은 시대 북한의 국가 성격은 변화하고 있는가?: 당 · 정 · 군 현지지도 네트워크 분석", 『한국과 국제정치』 통권 106호, 경남대극동문제연구소(2019), pp. 97~122.

한다.

위에서 살펴본 바와 같이 북한 최고 권력자의 '현지지도'는 북한 체제를 조망하고 최고 권력자의 정책 기조와 통치전략을 살피는 데 매우 유용한 지표가 될 수 있음을 잘 알 수 있다. 그러나 북한 최고 권력자의 '현지지도'에 관한 기존 연구는 김일성, 김정일에 관한 연구에 주로 집중되어 있고, 또 대부분 현지지도의 특징과 현지지도 빈도 등에 초점을 둔 '단순 계량 분석'이 주를 이루고 있다. 또한, 현지지도를 북한의 정치, 경제, 사회 분야의 부차적인 현상으로 다루었을 뿐 '통치행위'와 '통치전략'의 주요 기제로서 전면에 부각하여 제시하지는 못하고 있는 실정이다.

이런 점을 고려하여 이 책에서는 김정은의 현지지도를 빅데이터 기법인 '텍스트 마이닝'과 'SNA'를 활용하고 분석 대상을 '구조화'하여 더욱 '과학적인 방법'으로 고찰했다. 또한, 단순히 '현지지도'의 특징이나 성격 변화 고찰에 그치지 않고 '현지지도가 통치전략에 미치는 영향', '현지지도와 권력 엘리트의 연결망'을 분석하여 북한 권력과 통치전략의 향방을 깊이 있게 조망했다.

제2부

이론적 배경 고찰

북한은 혈연을 통한 3대 '세습 독재'와 수령이 '유일 지배'하는 체제이면서 조선노동당의 '일당 독재체제'라 할 수 있다. 또한, 북한 체제는 사회주의가 갖는 '보편성'과 북한만이 지닌 '특수성'을 동시에 갖고 있다. 즉 당이 국가권력의 핵심을 갖는 '당 국가 체제'인 동시에 김일성-김정일-김정은으로 이어지는 '권력 세습'과 '수령' 중심의 절대 권력 체제인 것이다. 이런 독특한 특성은 북한의 '정치적 실체'를 밝히는 데 있어 다양한 해석과 논쟁을 불러오는 요인으로 작용하고 있다. 게다가 북한 체제를 이해하기 위한 '보편적인 이론'도 그리 많지 않은 상황이기 때문에 대체로 권력의 '현상이나 이데올로기' 중심으로 북한 체제를 연구하는 경향이 높은 것이 현실이다.

바로 이런 이유로 북한과 같은 지구상에서 유일무이하다고 할 수 있는 특이한 '유일 지배·일당 독재체제'를 정확히 살펴보기 위해서는 '체제 자체가 가진 특성'과 '최고 권력자의 행태를 연구하는 것'이 핵심이라고 할 수 있는 것이다. 특히 북한은 최고 권력자의 '정치적 의지'에 의해 획일적으로 움직이는 사회이기 때문에 최고 권력자인 김정은의 '행동 궤적, 발언 내용, 수행 인물' 등이 담긴 '현지지도'를 분석하는 것이 김정은 '통치전략'의 단면을 보는 데 있어 가장 도움이 되는 접근이라 할 수 있을 것이다. 이런 의미에서 본 장에서는 '북한 체제의 특성'을 먼저 고찰하고, '현지지도'와 '통치전략'의 이론적 배경에 대해 살펴보고자 한다.

제1절 북한체제의 특성 고찰

1. '수령'의 유일 지배체제

북한은 '수령'(首領)이라는 특수한 존재에 의해 통치되는 독재체제라고 할 수 있다.[1] 북한에서 '수령'은 노동 계급의 위대한 혁명가로 규정함으로써 혁명과 건설에서 '수령의 절대성'을 강조하고 있다. 그러므로 수령은 "인민대중의 자주적인 요구와 이해관계를 하나로 통일시키고 인민대중의 창조적 활동을 통일적으로 지휘하는 중심이며 전당과 전체 인민의 끝없는 존경과 흠모를 받는 위대한 영도자"로 묘사되고 있다. 또한 '수령의 유일적 영도체계'는 "전당과 전체 인민을 수령의 혁명사상으로 튼튼히 무장시키며 수령을 중심으로 하는 전당과 전체 인민의 통일단결을 실현하며 수령의 명령, 지시를 무조건 접수하고 관철하는 혁명적인 사업체계와 질서를 전당과 온 사회에 확립하는 것"을 본질적 내용으로 하고 있다.[2]

---

1 통일부 통일교육원, 『북한지식사전』(서울: 늘품플러스, 2013), pp. 419~420.
2 『철학사전』(평양: 사회과학출판사, 1985), p. 462.

이처럼 북한은 당-국가-근로 단체라는 '프롤레타리아 독재체계'의 최상위에 '수령'이라는 절대권력자를 설정하고 '그가 프롤레타리아 독재체계의 총체를 유일적으로 움직이며 영도한다'라는 것을 특별히 강조하고 있다는 것이다. 한마디로 북한 체제는 '수령 중심의 유일 지배체제'라고 할 수 있으며, 이를 도식화하면 〈그림 2-1〉과 같다.

수령
(뇌수, 어버이)

당
(심장, 어머니)

국가정권
(포괄적 인전대, 호주)

근로단체
(인전대)

인민대중
(세포, 자식, 수령·당과 혈연적 연계)

〈그림 2-1〉 북한의 '수령 중심의 유일 지배체제' 구조

출처: 민병천 외, 『북한학 입문』(서울: 들녘, 2001), p. 71.

사실 북한의 '수령론'은 김일성이 권력 장악을 위해 제시되고 김일성과 김정일의 '유일 지배체제'를 확립하기 위한 과정에서 발전된 논리라고 할 수 있다. 북한 사회가 사회주의국가와 다른 차별성을 갖는 것도 신격화된 '수령', 즉 김일성의 '유일 지배체제'를 바탕으로 형성되었기 때문이다. 그 결과 '수령론'에 기초한 북한의 정치체제에서 모든 '법과 제도'는 사실상 수령의 사상을 실현하기 위한 도구일 수밖에 없는 것이다.

실례로 김정은은 2013년 6월 「당의 유일적 영도체계 확립의 10대

원칙」을 개정하여 김정은 중심의 '유일 영도체계'를 확립하는 기반을 조성했고,[3] 〈표 2-1〉과 같이 '유일 영도체계'와 관련된 규정을 정비했다.

〈표 2-1〉 북한의 '유일 영도체계' 관련 규정

구분	규정	제정일	핵심 표현
김정일 시대	당의 유일사상체계 확립의 10대 원칙	1994.4.14	(제1항) 김일성의 혁명사상으로 온 사회를 일색화 (제9항) 김일성의 유일적 영도 밑에 (제10항) 대를 이어 계승
	조선노동당 규약 (제3차 당대표자회)	2010.9	(서문) 조선로동당은 김일성 동지의 당
김정은 시대	조선노동당 규약 (제4차 당대표자회)	2012.4	(서문) 조선로동당은 김일성 동지와 김정일 동지의 당
	당의 유일사상체계 확립의 10대 원칙	2013.8.13	(제1항) 온 사회를 김일성-김정일주의화 (제6항) 영도자를 중심으로 (제9항) 당의 유일적 영도 밑에
	조선노동당 규약 (제7차 당대표자회)	2016.5	(서문) 조선로동당은 김일성-김정일주의 당
	조선노동당 규약 (제8차 당대표자회)	2021.1	(서문) 조선로동당은 김일성-김정일주의 당

출처: 「조선노동당 규약」 등을 참조하여 이해를 돕기 위해 정리.

그뿐만 아니라 2016년 개정된 「김일성·김정일 헌법」[4]에서는 김일성과 김정일을 '영원한 수령'으로 표기하고 2016년 5월 제7차 당 대회를 기점으로 김정은을 '위대한 영도자'라는 칭호를 통해 김일성·김정

---

3   곽길섭, 『김정은 대해부』(서울: 선인, 2019), pp. 77~78.
4   북한은 1948년 9월 최고인민회의 1차 회의에서 헌법을 채택한 후 2019년 8월 개정까지 15번에 걸쳐 헌법을 개정했다. 그중 1998년 개정헌법을 「김일성 헌법」으로, 2012년 개정헌법부터는 「김일성-김정일 헌법」으로 부르고 있다. 통일부 북한 정보 포털〈https://nkinfo. unikorea.go.kr〉viewNkKnwldgDicary〉(검색일: 2022. 8. 4.)

일과 동일한 '수령의 지위를 부여했다'라고 평가된다.[5] 이어 2019년 4월 개정된 「김일성·김정일 헌법」에서 국무위원장에게 '국가 대표'의 권한을 부여하고 2021년 1월 제8차 당 대회에서 김정은을 '조선노동당 총비서'로 추대함으로써 명실공히 '최고 권력자로서의 권위'를 부여받았다고 할 수 있다.[6]

여기서 주목해야 할 점은 북한 스스로 "수령영도체계는 곧 당의 유일적 영도체계이며, 당의 영도적 지위는 수령의 사상과 영도, 절대적 권위에 의해 보장된다"라고 주장하고 있다는 점이다. 이를 종합해보면 북한은 당을 영도하는 '수령'이 지배하는 국가, 즉 '수령의 유일 지배체제'로 이해하는 것이 타당하며, 그 정점에 '최고 권력자'로 김정은이 있는 것이다.

2. 일당 독재체제

북한은 공식적으로는 '당 국가 체제'로서 '조선노동당'이 최상위 권력기관이다. 북한 헌법 제11조에 "조선민주주의인민공화국은 조선노동당의 령도 밑에 모든 활동을 진행한다"라고 명시함으로써 '일당 독재체제'의 근거를 분명히 밝히고 있다. 헌법에 명시된 이러한 '독점적 당 지위 규정'은 조선노동당이 북한 권력의 산실임을 밝히는 동시에 여타 기관보다 우위에 있는 권력구조임을 확인시켜주고 있다. 그러므로 북한

---

5   "북한이 제7차 당 대회 준비와 진행 과정에서 특히 주안점을 둔 부분은 김정은 우상화를 통한 유일 영도체계의 확립이었다. 김갑식, "조선노동당 제7차 대회 분석", 통일연구원 『Online Series』 CO16-12, 2016. 5. 11.

6   2021년 10월 하순부터 『로동신문』에서는 김정은 국무위원장을 수령으로 부르는 기사가 등장한다. 2021년 10월 22일자에서는 "운명도 미래도 다 맡아 보살펴 주시는 어버이를 수령으로"라는 제목의 논설에서 김정은을 세 번이나 수령으로 지칭했고, 2021년 11월 11일자에서는 김정은을 '인민적 수령, 혁명의 수령'이라고 표현했다.

체제에 비록 다른 정당이 존재하더라도 그 정당은 헌법에서 보장되는 조선노동당과 달리 조선노동당에 예속되는 '헌법 외적 지위'밖에 가질 수 없는 것이 엄연한 현실이다.

또한, 북한 헌법 제67조를 보면 "국가는 민주주의적 정당, 사회단체의 자유로운 활동조건을 보장한다"라고 규정하고 있으나 현실을 보면 모든 정치단체나 조직은 조선노동당의 지도와 통제를 받고 있다는 점은 주지의 사실이다. 실제 조선노동당 이외에도 조선사회민주당, 천주교청우당 등이 존재하지만 실질적인 정당 조직도 없고 독자적인 후보를 내지도 않으며 조선노동당 후보를 지지하거나 대남 비난 성명을 발표할 때 등장하는 정도다.[7] 사회단체 또한 조선직업총동맹, 조선농업근로자동맹, 김일성사회주의청년동맹, 조선민주녀성동맹 등이 있으나 이같은 정당·사회단체는 독자적인 기능을 하는 조직이라기보다는 당과 대중의 인전대(引傳帶)[8]이자 조선노동당의 외곽단체로서 '대중의 사상교양과 노동당의 충실한 보조 역할'을 수행한다.

그러나 이것 또한 그 실질을 따져보면 '조선노동당'은 수령체제 내에서 수령의 영도를 받아 인민대중에게 지도적 역할을 수행하는 조직으로서 '수령의 당'일 뿐이라는 점이다.[9] 북한 정치 사전에서 "로동계급의 당은 수령의 혁명사상을 실현하기 위한 선진투사로서 조직되며 수령의 혁명사상을 지도지침으로 하고 수령의 유일적 령도 밑에 혁명과 건설을 진행한다"라고 설명하고 있고 2021년 개정된 조선노동당 규약 전문에서도 "조선로동당은 위대한 수령들을 영원히 높이 모시고 로동계급과 근로인민대중의 핵심부대, 전위부대"라고 밝히고 있다는 점 등에서도

---

7   이상우, 『북한 정치』(파주: 나남출판, 2008), p. 108.

8   북한에서 노동당과 대중을 연결하는 외곽 대중단체를 총칭하는 북한용어. 한국학중앙연구원, 『한국민족문화대백과사전』(서울: 한국학중앙연구원, 2000).

9   통일부, 『북한정보포털』, https://nkinfo.unikorea.go.kr(검색일: 2022. 8. 4.)

확인할 수 있다.

결과적으로 '조선노동당'은 북한 주민을 지도하는 '상급기관'이지만 실질적으로는 수령의 영도를 받는 '하급기관'으로서 '수령의 1인 통치'를 위한 보조적 역할과 기능을 하고 있다고 볼 수 있다.

주목할 점은 김정은 시대에 들어 〈표 2-2〉에서 제시된 바와 같이 조선노동당의 '당원 수가 급증'했다는 점이다. 통상 '중국과 같은 일당 권위주의 체제에서는 공산당원의 규모가 인구 비례 10% 정도로 제한된다'[10]는 점을 고려할 때, 이러한 '당원의 증가'는 김정은 집권 이후 주요 결정을 '당 회의체'를 통해 논의하고 공표하는 등 '당 중심'의 통치와 '당적 기반'을 강조해온 점이 작용한 결과로 보인다.[11]

〈표 2-2〉 조선노동당 '당원 현황' 변화

구분	1980년 (제6차 당대회)	2016년 (제7차 당대회)	2021년 (제8차 당대회)
당원 수	320여만 명	450여만 명	617여만 명[12]
대표 비율	1,000명당 1명	1,300명당 1명	2,000명당 1명
인구수 대비 비율(%)	12	18	24.7

출처: 조성렬, 『김정은 시대 북한의 국가전략』(서울: 백산서당, 2021), p. 34. '관련 기사' 등을 참고하여 정리.

특히 김정은은 북한 주민의 순응과 충성을 이끌어내는 '핵심 기제'로 '노동당원'을 활용하고 있고, 그 과정에서 '당원 수'가 증가하고 있는 것으로 평가해볼 수 있는데 『로동신문』 논설내용이 이를 잘 증명해주고 있다.

---

10 Mesquita, Bruce Bueno, Alastair Smith, Randolph M. Siverson and James D.Morrow, *The Logic of Political Survival* (Cambridge: MIT Press, 2003), pp. 53~54.

11 "北 노동당원 650만 명 추정 ⋯ 당 중심 통치 강화 영향", 『중앙일보』, 2021년 1월 6일.

12 『로동신문』, 2021년 1월 6일.

"**당 결정 관철**을 떠난 **당원의 참된 삶**에 대하여 말할 수 없다. 당의 사상과 노선, 정책을 드팀 없이[13] 관철하기 위한 **당 결정을 생명으로 여기고** 그것을 철저히 집행해 **당의 구상과 의도를 언제나 충직하게 받들어온 것은 노동당원들의 훌륭한 투쟁기풍**이며, 고유한 전통이다. **대중의 교양자로서의 역할**을 최대로 높여 ⋯ **집단주의의 위력으로 당 결정관철을 위한 투쟁**을 힘있게 추동하는 것이다."[14]

결국, 북한 사회에서 조선노동당의 '일당 독재체제'는 수령제를 구축·강화하는 도구로서 당을 중심으로 최고 권력자의 권력을 '유지·강화하는 역할'을 수행하고 있다고 볼 수 있다.

3. 3대 세습체제

김일성-김정일-김정은으로 이어지는 혈연을 통한 '3대 세습'은 여타의 독재국가나 사회주의국가에서도 유례를 찾기 힘든 경우이다.[15] 이 것은 단순히 최고 권력자 한 사람이 교체됐다는 의미를 뛰어넘어 '주체체제'가 통치이념으로 확립되어 혈연을 타고 계승되고 있는 것으로 봐야 할 것이다.

김일성은 '항일무장투쟁의 신화화'를 통해 군과 당을 창설하고 국가 수립을 주도함으로써 그 '정당성'을 확보하고자 꾀했다. 즉 '항일빨

---

13 틈이 생기거나 틀리는 일이 없이 또는 조금도 흔들림이 없이.

14 "당원들은 당 결정관철을 위한 실천 투쟁을 통하여 당성을 검증받자", 『로동신문』 논설, 2021. 4. 1. http://www.spnews.co.kr(검색일: 2022. 8. 4.)

15 김엘렌 외, 『김정은 체제: 변한 것과 변하지 않는 것』(서울: 한울엠플러스, 2019), pp. 232~239.

치산'을 북한 영웅의 시원으로 규정하고, 6 · 25전쟁 과정에서도 북한군과 당원 · 대중에게 '항일빨치산의 애국정신 교양'을 강조함으로써 지배체제를 공고히 하는 수단으로 활용했다.[16] 이는 아래 『조선노동당 규약(초안)』해설 내용을 보면 잘 알 수 있다.

> "우리나라에서 일제의 탄압이 가장 가혹하고 우리 민족의 운명이 가장 간고하고 암담한 시기에 전개된, **김일성 동지를 선두로 하는 우리나라의 견실한 공산주의자들에 의한 항일 빨찌산 투쟁은 우리 민족의 영예를 고수하였으며 암흑 속에 있는 조선 인민에게 광명을 보여주었으며** … 8 · 15 해방 후 우리 당은 **김일성 동지의 직접적 지도 하에 과거 장기간에 걸친 항일 민족해방투쟁의 혁명전통과 풍부한 투쟁 경험**을 계승 발전시키는 기초 우에서 창건되었다."[17]

이러한 '항일무장투쟁의 신화화'를 보면 정당성 확보 노력은 김일성 탄생 100주년 기념 열병식에서 행한 『김정은의 공개 연설』내용에서도 고스란히 드러나고 있는데, '항일무장투쟁 신화'를 '수령 결사옹위 정신'으로 연결하여 활용하고 있음을 잘 알 수 있다.

> "**항일 빨찌산들이 창조한 수령결사옹위의 숭고한 정신은 우리 군대의 절대적인 좌우명이었으며** … **세대와 세대를 이어온 고귀한 전통**으로 되었습니다. … **두자루의 권총으로부터 시작하여 제국주의 침략자들을 전율케 하는 무적강군으로 자라난 우리 군대의 역사**는 세계의 군 건설사

16　"김일성장군 항일빨찌산의 애국정신으로 더욱 과감하게 투쟁하자", 『로동신문』, 1950년 11월 6일; 류승주, "북한의 민족문화전통과 항일혁명전통 수립(1945~1967)", 한양대학교 대학원 박사학위 논문(2022), pp. 139~141.

17　「조선로동당 규약(초안) 해설」, 『로동신문』, 1956년 2월 3일, 류승주, 위의 논문, pp. 138~142.

에 전례 없는 것입니다."[18]

한편 3대 세습의 '과정'을 살펴보면 '김일성에서 김정일'로의 권력 세습은 1970년대부터 정권 차원의 중대한 문제로 인식하고 단계적으로 추진했으며, 1997년 10월 김정일이 당 '총비서'가 되고 1998년 9월 '국방위원장 체제'가 공식 출범하면서 완성되었다고 볼 수 있다.

반면 '김정일에서 김정은'으로의 권력 세습은 김정일의 건강 악화로 인해 매우 급격하게 이루어졌다. 김정은으로의 세습은 당시 특별한 대안이 없었던 북한 권력 엘리트들에게는 최선의 선택이었다고도 볼 수 있을 것이다.[19] 권력 세습 이후 김정은은 세습의 정통성 확보를 위해 '명분적 정당성'과 '절차적 정당성' 확보에 주력했다. 세습의 '명분적 정당성'은 김일성·김정일을 승계한 '백두혈통'이라는 사실에서 찾고자 했으며, 김정은이 김일성-김정일의 혁명 위업을 계승하는 데 '최적임자'임을 부각하고자 했다.[20] 실례로 김정은은 2012년 4월 15일 김일성 출생 100주년 기념 열병식 공개연설에서 "일심단결과 불패의 군력에 새 세기 산업혁명을 더하면 그것은 곧 사회주의 강성국가"라고 주장하며 "자신의 과업이 새 세기 산업혁명의 완수를 통한 사회주의 강성국가에 있다"

---

18 "김일성 탄생 100주년 기념 열병식 연설(전문)", 『뉴스1』, https://www.news1.kr.articles (검색일: 2022. 4. 5.)

19 정성장, "김정은 후계체제의 공식화와 북한 권력체계 변화", 『북한연구학회보』 제14권 제2호, 2010, p. 167.

20 "조국은 곧 수령이고 수령에 대한 충실성이야말로 최고의 애국이라는 위대한 장군님의 조국관을 그대로 체현하신 경애하는 원수님께서는 선대 수령에 대한 고결한 충정과 숭고한 도덕의리로 수령영생위업 실현의 새로운 장을 펼치시고 대원수님들의 사상과 위업을 빛나게 계승 완성해나가고 계신다." 김혜옥, "경애하는 김정은 동지는 온 나라에 김정일 애국주의 열풍을 세차게 일으켜 나가시는 절세의 애국자." 『정치법률연구』, 2014-2(제46호), 2014, pp. 5~6.

라고 밝히면서 3대 세습을 정당화하고자 했다.[21]

또한 '절차적 정당성'의 확보를 위해서는 후계자가 선대 수령으로부터 '당과 군, 국가의 전반적 사업을 계승'하는 일련의 과정으로 진행되었다. 구체적인 사례로 김정일은 군 '최고사령관' 직책을 물려받은 뒤 '당 총비서', '국방위원장'에 올랐다. 김정은도 김정일 사망 후 2011년 12월 30일 '최고사령관'으로 추대되었으며, 2012년 4월 11일 당 대표자회를 통해 조선노동당 '제1비서', 2012년 4월 13일 국방위원회 '제1국방위원장'으로 추대되는 과정을 통해 '정당성'을 확보하고자 했다. 위에서 제시한 세습의 명분적 정당성과 절차적 정당성 내용을 간략히 표로 정리해 제시해보면 〈표 2-3〉과 같다.

〈표 2-3〉 북한 3대 세습의 '정당성' 확보 과정

구분	명분적 정당성	절차적 정당성		
		군	당	국가
김일성 시대	정치사상강국 건설	조선인민 혁명군 창건 (1932.4.25)	조선공산당 북조선분국 결성 (1945.10.10)	조선민주주의 인민공화국 수립 (1948.9.9)
김정일 시대	군사강국 건설	최고사령관 (1991.12.24)	총비서 (1997.10.8)	국방위원장 (1998.9.5)
김정은 시대	경제강국 건설 → 사회주의 강성국가 완성	최고사령관 (2011.12.30)	제1비서, 당중앙 군사위원장 (2013.4.11) → 총비서 (2021.1.10)	제1국방위원장 (2013.4.13) → 국무위원장 (2016.6.29)

출처: 『북한지식사전』, 『위키백과』 등을 참조하여 정리.

---

21   『조선중앙통신』, 2012년 4월 15일.

이러한 '권력 세습'과 '정당성 확보' 과정을 통해 김정은은 명실상부 북한의 최고 권력자가 될 수 있었고, 수령을 최고 영도자로 하는 '유일 지배체제'와 '일당 독재체제'를 근간으로 '사회주의 강성대국' 건설을 주창하며 절대 권력의 안정화를 추구할 것으로 전망된다.

제2절 현지지도에 관한 이론적 고찰

1. 현지지도의 개념과 기능

북한의 『조선말대사전』(1992)은 '현지지도'(on-the-spot-guidance)를 "현지에 직접 내려가서 하는 지도로 가장 혁명적이며 인민적인 대중 지도방법의 하나"라고 정의하고 있다. 또 다른 면에서는 '현지지도'를 "당의 지도와 인민대중의 결합을 높은 형태에서 가장 훌륭히 구현하게 하는 령도방법"이라고 정의하고 있다.[22] 표면적인 의미로만 해석하면, '현지지도'는 "최고 권력자가 현장방문을 통해 인민과 직접적으로 접촉, 현지 사정을 파악하고 이에 대한 올바른 사업방향을 제시해주는 지도방법"이라고 정의할 수 있다. 본래 북한에서 '현지지도'라는 용어는 "(위대한 수령) 김일성 동지가 현지에서 지도해주셨다"라는 식으로 김일성의 활동만을 지칭했다. 이는 최고 권력자가 주민들에게 일방적으로 베푸는 '은혜'를 일컫는 의미로 북한 체제가 '온정주의적 가부장제'에 기반한 사회라는 사실을 반증하는 사례이기도 했다.

---

22 "어버이수령님께서 보여주신 정력적인 현지지도의 위대한 모범", 『근로자』 1974년 제4호, p. 8.

그러나 그 의미의 이면을 살펴보면, '현지지도'라는 행위가 수령의 영도를 위한 '우상화 수단'으로 활용되는 과정에서 용어 자체가 신성시되면서 '현지지도'는 김일성, 김정일, 김정은 등 '수령만의 영도행위'로 고착화되었다고 볼 수 있을 것이다.

이러한 '현지지도'가 공식 문헌에 등장한 것은 김일성이 1945년 9월 24일 평양 국산 공장을 현지지도한 때이며,[23] '현지지도'가 오늘날과 같은 위상으로 자리매김한 것은 1956년 12월 전원회의 이후로 보는 주장도 있다.[24] 1956년 12월 전원회의 이후 북한에서 '현지지도'는 경제건설과 권력 안정화를 달성하는 '통치수단'의 의미가 있기 때문이다. 대표적인 사례가 김일성의 현지지도가 '천리마운동'과 '청산리방법'[25] 등과 같은 대중운동으로 이어지는 것을 꼽을 수 있다.

또한, 김일성의 공개적인 정책지도 활동에 국한되어 사용되던 '현지지도'가 1988년 4월부터는 김정일의 활동에도 쓰이기 시작했다.[26] 김정일이 '현지지도'를 시작한 것은 1980년 10월 6차 당 대회에서 후계자로 공인된 이후인 1981년경부터로 알려져 있고,[27] 후계자 시절 김정일의 현지지도는 '실무지도'라는 용어가 쓰였다. 이는 김일성의 현지지도와 차별화하려는 조치로 풀이되는데 김일성 생전에 김일성의 리더십을

---

23 과학백과사전출판사, 『조선전사년표 II』(평양: 과학백과사전출판사, 1991), p. 105.

24 이관세, 앞의 책, p. 43.

25 '청산리방법'은 김일성이 1959년 12월 노동당 전원회의에서 생산 관계의 사회주의적 개조가 완성된 새 환경에 맞게 사업체계와 사업방법을 개선하도록 지시하고 1960년 2월 평안남도 강서군 청산협동조합을 15일간 지도하면서 이를 일반화하도록 재차 지시한 데서 유래한다.

26 『조선중앙년감』은 김정일의 정책지도활동을 1981년도에 시행한 활동부터 수록하고 있다. 이교덕, 『김정일 현지지도의 특성』(서울: 통일연구원, 2002), pp. 24~26.

27 1984년 8월 3일 평양경공업제품전시장을 둘러보고 '8 · 3인민소비품생산운동'을 제창한 것이 이 시기 김정일의 대표적 실무지도로 꼽힌다. 통일부 통일교육원, 『북한지식사전』(서울: 늘품플러스, 2013), pp. 678~679.

'유일 영도체계'로, 김정일의 리더십을 '유일 지도체제'로 구분했던 것과 같은 방식이라 할 것이다. 이후 김정일에 의한 실질적인 통치가 시작된 1990년부터는 김정일에게 '현지지도'라는 표현이 일반적으로 쓰이기 시작했다.[28] 한편 김정은의 경우에는 2011년 김정일의 급작스러운 사망으로 인해 2012년 최고 권력자로 등장과 동시에 '현지지도'라는 표현을 사용하고 있다.[29]

위와 같은 '현지지도'의 '기능'을 요약하면 크게 다섯 가지로 정리해볼 수 있다. 북한의 세습독재자들은 '현지지도'를 '유일 지배체제'를 공고히 하면서 '체제 안정'과 경제발전을 위한 '인민동원', '인민 통제'의 중요한 기제의 하나로 활용해왔다. 첫째, '현지지도'는 최고 권력자의 정치 권력 행사를 정당화·합리화하기 위한 '정치적 상징'이자, '통치수단'이라고 할 수 있다. '현지지도'는 최고 권력자에게만 주어지는 고유의 특권이기 때문에 정치적 상징으로 제도화되었고, 그 자체가 곧 '통치행위'인 것이다. 위에서 아래로 권력을 행사하고 아래로부터의 대중적 지지를 권력 기반으로 결합할 수 있는 좋은 수단 중의 하나인 것이다. 김일성과 김정일이 실시한 현지지도 사적을 대를 이어 영원히 전한다는 이유로 북한 전역에 세운 '현지지도 사적비'[30]가 구체적인 사례다. 또 '현지지도' 이후 현지에서 내린 지시나 방침에 대한 관철을 다짐하는 '충성결의 모임'과 '현지지도 말씀판' 등을 건립해 '혁명사적지'로 조성[31]하는 것도 이 사실을 뒷받침한다.

---

28 '김정일의 현지지도'는 1990년 1월 7일 로동신문에서 처음 '현지지도'라는 표현을 사용한 이후부터 모든 선전매체에서 현지지도라는 표현을 사용하기 시작했다.

29 2012년 2월 22일, '경제 부문'에서 처음으로 평양 총탄공장에서 현지지도를 사용하기 시작했다. 『조선중앙방송』, 2012. 2. 12.

30 "김일성과 김정일의 현지지도 사적 내용을 돌에 글로 새겨 세운 기념비", 『조선대백과사전』 제24권(평양: 백과사전출판사, 2001), p. 189.

31 이관세, 앞의 책, pp. 138~139.

둘째, '현지지도'는 당의 노선과 정책을 인민대중에게 이해시키고 정책 집행과정에서 '인민대중의 힘을 불러일으키기 위한 것'이다. 북한에서 현지지도를 "당의 지도와 인민대중의 결합을 높은 형태에서 가장 훌륭히 구현하게 하는 방법"이라고 정의[32]하는 것처럼 '현지지도'는 〈표 2-4〉와 같이 '당의 정책을 관철하도록 인민대중을 조직하고 동원하는 방법'이라고 할 수 있는 것이다. 그렇기 때문에 현지지도는 대중운동인 '천리마작업반운동', '3대 혁명 붉은기쟁취운동'이나 '희천속도', '평양속도', '만리마속도' 등과 같은 '속도전'과 불가분의 관계를 갖게 되는 것이다.

〈표 2-4〉 시대별 '현지지도'와 '대중동원' 결과물

구분	현지지도 결과물
김일성 시대	청산리정신 · 청산리방법, 대안의 사업체계, 천리마작업반운동, 3대혁명붉은기쟁취운동, 공장기계새끼치기운동, 1980년대 속도창조운동, 숨은영웅 모범따라배우기운동, 8 · 3 인민소비품생산운동, 정춘실운동
김정일 시대	성강의 봉화, 락원의 봉화, 라남의 봉화, 강계정신, 희천속도
김정은 시대	평양속도, 마식령속도(2014), 조선속도(2015), 만리마속도(2016)

셋째, '현지지도'를 통해 혁명과 건설에서 절박한 문제를 푸는 '본보기'를 창출하고 이를 '일반화'하기 위한 것이다. 특히 '경제 부문 현지지도'를 통해 노동력을 전략적 사업에 동원하여 '가시적 성과'를 보여주는 주요한 수단으로 사용되어왔다. '중심고리'를 찾아 한 단위에서 '모범화'하여 전국에 확산함으로써 사회 전반을 동원하고 효과적으로 통제하는 데 이용하고 있는 것이다.[33] '현지지도'가 모범을 창출하고 이를 '일반

---

32 한재만, 『김정일: 인간 · 사상 · 령도』(평양: 평양출판사, 1994), p. 223.

33 '청산리정신 · 청산리방법'과 '대안의 사업체계'가 모범화의 구체적인 사례들이다. 대중운

화' 하는 데 있다는 점은 김정일의 아래 교시 내용에서도 잘 나타난다.

> "자강도에서 **모범을 창조**하고 그것을 온 **나라가 일반화**하여 **사회주의 경제건설에 일대 전환적 국면**을 열어 놓을 것을 결심하고 자강도에 대한 현지지도를 다른 도(道)들보다 먼저 합니다."[34]

넷째, '현지지도' 목적은 최고 권력자의 '절대성'을 주민들에게 과시하면서 수령을 '우상화'하는 데도 활용된다. 치밀한 사전 준비 속에 이루어진 '현지지도'에서 문제에 대한 해결방법과 사업 방향을 즉시 제시한다는 점에서 '현명함'을 보여줌으로써 '어버이 수령'이라는 이미지 강화와 수령의 절대적 능력을 정당화시키는 데 활용할 수 있는 것이다. 실례로 열악한 도로조건이나 교통수단에도 불구하고 방방곡곡을 찾아 직접 지도하는 것을 부각함으로써 "인민의 생활을 친어버이 심정으로 보살피시는 자애롭고 영명하신 인민의 수령"[35]이라는 것을 자연스럽게 교화할 수 있는 좋은 수단인 셈이다.

다섯째, '현지지도'는 사업현장의 실태를 '있는 그대로' 확인하려는 목적도 있다. 현지에서 직접 실정을 조사하지 않으면 하부단위에서 허위보고나 형식주의가 많다는 점도 '현지지도'를 통한 검열의 중요성을 절감케 하는 원인일 것이다. '현지지도'가 방만한 사업추진 실태와 부진 원인 등을 점검하고, 최고 권력자가 직접 실무 차원의 구체적인 사업까지 점검하는 기능을 하는 것이다.

동으로는 '천리마 작업반운동', '숨은 영웅들의 모범따라 배우기 운동', '공장기계 새끼치기운동' 등이 있다.

34 김정일, "자강도의 모범을 따라 경제사업과 인민생활에서 새로운 전환적 국면을 일으키자", 『김일성선집 14』(평양: 조선로동출판사, 1998), p. 396.

35 함택영 외, 『북한 사회주의 건설의 정치경제』(서울: 경남대극동문제연구소, 1993), pp. 48~49.

이처럼 복합적인 목적과 기능을 가진 '현지지도'에 대해 구체적인 '행동 궤적', '발언 내용'을 고찰함으로써 최고 권력자의 '정치적 행태'와 '통치전략'을 파악할 수 있고, 현지지도 '수행 인물'에 대한 상징적 의례를 분석하여 개인과 최고 권력자와의 구조화된 관계를 살펴볼 수도 있을 것이다.[36]

2. 현지지도의 유형 및 집행과정

'현지지도'의 유형은 통상 '범위·기간·목적'을 기준으로 〈표 2-5〉와 같이 분류할 수 있다.[37] 우선 '범위' 면에서는 '지역 단위 현지지도'[38]와 '생산단위 현지지도'[39]로 세분화할 수 있고, '기간과 목적'에 따라 '정기 현지지도', '수시 현지지도', '집중관리 현지지도'로 구분할 수 있다.

'정기 현지지도'는 주로 2~3일, 길게는 15일 정도의 기간으로 도·시·군 등 '지역단위'로 이루어지며, 해당연도에 수립된 경제계획 및 당의 정책 방향을 강조하는 정책 취지에 부합하는 지역을 방문하여 지도

---

36 박지연, "김정은 위원장은 왜 현지지도를 하는가? 승리연합 관리를 위한 현지지도 활용의 가설과 검증", 『아시아연구』 제23권 제3호, 한국아시아학회(2020), pp. 262~265.

37 이관세, 앞의 책, p. 44.

38 지역단위 현지지도는 도(道)와 시(市), 군(郡) 단위의 지역을 집중적으로 지도하는 경우로 1년에 5~9개 도, 시, 군 등을 비교적 장기간에 걸쳐 포괄적으로 지도하는 방식을 취한다. 지역 내의 주요 산업 부문을 지도하고 현지 해당 당 위원회를 소집, 현지지도에서 나타난 사업의 문제점과 성과를 평가하는 경우가 일반적이다.

39 '생산단위 현지지도'는 특정 공장, 기업소, 농업협동농장, 건설장 등에 한정되며, 기간도 당일이나 2일 정도가 보통이다. 주로 특별히 관심을 두는 공장, 협동농장, 건설장에 대한 사업 수행 정도 등을 파악하기 위해 방문하는 경우로서 특정 단위에서 발생한 문제점을 시급하게 지도할 필요가 제기되었을 때 조사과정 없이 지적사항이나 해결책이 현장에서 직접 제시된다.

한다.[40] 해당 지역 내의 산업 부문 및 농업생산 부문 등을 시찰하며 여기서 제기되는 문제점 및 과업들은 도당 및 군당 확대 회의나 도내 당, 국가기관, 사회단체 일꾼들과의 연석회의에서 논의된다. 이 과정에서 해결방안과 향후 목표, 과제 등이 제시되고 '현지 교시'[41]로 각 지역으로 전파된다.

'수시 현지지도'는 통상 1~2일 정도의 기간이 소요되며, 특정 지역 내 생산단위를 수시로 검열하는 형태로 이루어진다. 이 지도는 '정기 현지지도'에서 행한 지역 및 생산단위에 수시로 방문하고, 사업의 진행 정도와 문제점 등을 검열하고 여기서 드러나는 문제점들을 해결하는 것이 주된 목적이다. 또한, 생산을 독려하며 사업 진행 속도를 다그치기 위해서도 시행되는데 지금까지 북한에서 실시된 대부분의 '현지지도'가 여기에 해당한다고 볼 수 있다.

'집중관리 현지지도'는 1~2일 정도로 이루어지며, 전체 경제 부문의 문제가 발생했거나 특정 부문의 사업이 중요하다고 판단될 때 시행된다. 특정 부문의 애로사항 해결과 주요정책이나 결정을 시행하기에 앞서 해당 단위나 부문의 현지 노동자나 주민들을 만나 '설득하거나 선전'하는 것이 주요한 목적이라 할 수 있다.[42]

40　고지수, "최고지도자의 정책지도법 현지지도", 『민족21』, 2001년 6월호, p. 13.

41　김일성, 김정일이 '현지지도'에서 지시하고 제기한 내용은 '현지 교시'로 구체화하여 다른 지역의 해당 일꾼들에게 전파된다. 북한에서 '교시'는 법과 같은 사회적 규범으로 받아들여진다.

42　집중관리 현지지도의 사례로는 1956년 12월 전원회의 직후 강선제강소 현지지도와 1998년 10월 김정일의 대홍단군 현지지도 등이 대표적이다. 이계성, 앞의 논문, pp. 12~14.

구분	정기	수시	집중관리
목적	• 해당연도 경제정책 관철 • 단위별 모범 창출	• 특정 지역 내 생산 단위 수시 검열	• 특정 부문 애로사항 해결 • 주요정책이나 결정 시행에 앞서 해당 단위 시찰
산업별	지역단위	부문별 생산단위	부문별 생산단위
기간	2~15일	1~2일	1~2일

출처: 이관세, 앞의 책, p. 45.

또한 '현지지도'의 '집행과정'은 일반적으로 노동당의 계획과 비준에 의해 추진되는 것으로 알려져 있다.[43] '현지지도'는 북한의 주요한 '통치수단'의 하나이므로 이행에 앞서 매우 치밀하고 계획적인 결정 과정을 거치는 것이다.[44] 먼저 '노동당 중앙위원회'는 경호 담당인 호위총국과 협의하여 일정을 정하고 조직지도부가 '지도계획서'를 작성한다. 작성된 '지도계획서'를 바탕으로 노동당 정치국에서 '사전 검열'을 실시한 이후에 정치국에서 최종적으로 비준한다.

'지도계획서'에는 현지지도 지역과 분야, 협동농장, 공장 등 지도단위의 방문 일정과 도당, 군당 회의소집 일정까지 상세히 작성된다. '지도계획서'가 확정되면 조직지도부 내의 검열 지도1과에서 '검열지도원'을 파견해 전반적인 사업 검열을 통해 '종합보고서'를 작성하는데 이 보고서가 '현지지도' 기초자료가 된다. 최고 권력자가 도착하면 검열지도원 '전체 회의'가 소집되어 대상 지역의 전반적인 상황이 보고되고 이 과정에서 집중적으로 시찰할 지역이나 공장, 협동농장이 결정되며 도당 상무위원회 또는 전원회의 일정이 확정된다.

---

43 이관세, 앞의 책, pp. 43~45.

44 위의 책, p. 43.

'현지지도'가 끝나면 중앙당에서 전체 성과와 문제점을 다시 한번 '총화'하고, 이를 다른 도 지역으로 확산시키는 '후속 조치'가 진행된다.[45] 이와 함께 주민들에게는 '현지지도'가 끝난 후 1일 또는 며칠 뒤에 『로동신문』과 『조선중앙방송』 등 언론매체를 통해 전파하고 있다.[46] 이처럼 현지지도는 단순한 '시찰'로 끝나는 것이 아니라 전국적으로 모든 주민에게까지 내용이 '전파되고 숙지하는 절차'를 거치게 된다.

정리해보면 북한에서 행해지는 '현지지도'는 최고 권력자의 통치전략이 담긴 매우 체계적인 '고도의 정치적 행위'임을 알 수 있다. 당과 지방이 긴밀한 사전 협의를 통해 '계획을 수립'하고, 현지지도 '현장'에서는 최고 권력자에 대한 충성심을 유도하며, '후속 조치'를 통해 현지지도 '성과를 확산'함으로써 계획과 실천이 매우 유기적으로 이루어지고 있는 것이다.

3. 현지지도가 북한 체제에 미치는 영향

북한 최고 권력자의 '현지지도'가 북한 체제에 미치는 영향은 '통치 행위의 수단', '수령의 절대적 능력 정당화', '인민대중의 조직과 동원' 등으로 축약할 수 있다. 첫째, 북한에서 '현지지도'는 최고 권력자(행위자)의 '통치수단'(행위자적 대응방식)의 하나로 북한 특유의 '정치적 합리성'을 현지지도(행위)를 통해 강화하고 재산출하는 기능을 갖고 있다.[47] 다시 말

---

45 고지수, 앞의 논문, p. 137.

46 그러나 현지지도 사실이 전부 공개되는 것은 아니며, 실제 현지지도는 공식 발표되는 건수보다 약 3배 정도 많았을 것이라고 평가한 논문도 있다. 정창현, 앞의 논문, p. 98.

47 북한 최고 권력자들이 현지지도에서 지시하고 제기한 내용은 '현지교시'로 구체화하여 다른 지역 일군들에게 전파되고 '교시'는 법과 같은 사회적 규범으로 받아들여지고 있는 실정이다.

해 '현지지도'를 북한 사회가 직면한 현실과 접합되고 융합되는 지점에서 형성된 다양한 '행위자적 대응방식'의 결과로 볼 수 있는 것이다. 최고 권력자는 현지지도를 통해 국가 주권의 가시적 영역을 중심에서 주변으로 확산시키고 추상적 국가와 구체적 개인을 연결하고자 한다. 또한, 북한 주민 개개인은 '현지지도'에서 구조화되어 있는 상징적 의례를 통해 개인과 최고 권력자와의 관계에 의미를 불어넣을 수 있게 된다.[48]

둘째, '현지지도'는 북한에서 '수령의 절대적 능력 정당화' 수단[49]으로 활용된다. 근대적 왕조 국가의 주권자가 국가영토와 국민 전체를 아우르는 국가권력과 국가적 권위를 가시적으로 보여주는 행위로 해석할 수 있는 것이다. 전국을 찾아 지도하는 수령의 자애로운 이미지와 혁명에의 열정, 인민 속에서 사랑을 펼쳐내는 '절대적 존재의 우상화'를 '현지지도'라는 수단을 통해 구축하고 강화하는 것이다.[50]

셋째, '현지지도'는 정권의 특정한 정책 방향을 결정하고 정치·경제적으로 '인민대중의 조직과 동원'을 창출하는 정치수단으로서도 매우 유용하다.[51] 북한과 같은 체제에서는 정치와 경제를 분리하여 생각할 수

---

48 정병호, "극장국가 북한의 상징과 의례", 평화문제연구소, 『통일문제연구』 제22권 제2호 (2010), pp. 8~9.

49 "사회정치적생명체론에 입각해 수령과 인민대중 사이에는 끊을 수 없는 혈연적 관계가 맺어져 있으며, 수령의 영도를 받지 못한 인민대중은 나아갈 앞길을 찾을 수도 목적 의식적이며 조직적인 투쟁도 할 수 없기 때문에 현지지도는 인민이 나아갈 방도를 구할 수 있는 유일한 길이고 이를 구사하는 수령은 절대적 존재로 자리매김하는 것이다." 황재준, "북한의 현지지도: 끝나지 않은 군중노선의 이상", 한국산업사회학회, 『경제와 사회』 제49권(2001), p. 46.

50 특히 1970년대 '김정일 후계체계' 구축 과정에서 현지지도는 우상화 수단으로 변질하기 시작했다. 전국 각지에 현지지도사적비를 집중적으로 건립하고 각 지역마다 기념보고회의를 통해 현지 교시의 관철을 독려하는 등 경제관리 및 동원 목적보다는 최고 권력자의 의지를 인민에게 주지시키고 권위를 강화하는 방향으로 역할이 바뀌어간다. 정유석, "김정은 현지지도에 나타난 북한의 상징정치", 『현대북한연구』 제18권 제3호(2015), pp. 167~168.

51 홍민, 앞의 논문, p. 87 재인용.

없다. 정치 없이는 경제가 제대로 작동할 수 없는 사회체제다. 이 때문에 모든 경제정책을 정치사상과 연관 지어 "천리마 속도로 질풍같이 내달아 6개년 계획을 당 창건 30주년까지 완수해야" 한다거나 "건설 부문에서 조선속도창조의 열풍을 고조시켜야 한다"라고 강조하고 있다. 1974년 2월 당 중앙위원회 제5기 8차 전원회의에서 김정일이 사회주의 모든 분야에서 '속도전'을 벌여나갈 것을 강조한 사례가 대표적인데, 아래 내용이 이를 뒷받침하고 있다.

"달리는 천리마에 더욱 박차를 가하여 **새로운 천리마 속도, 새로운 평양속도로 질풍같이 내달아 6개년 계획**(1971~1976)을 당 창건 30주년(1975. 10. 10.)까지 완수해야 하며, 당 조직들은 대중의 지혜와 창조적 열의를 적극 발양시켜 사회주의 건설의 모든 전선에서 **속도전을 힘 있게 벌여 대진군 운동**의 속도를 최대한으로 높여야 한다."[52]

---

52 한국학중앙연구원, 『한국민족문화대백과사전』, http://encykorea.aks.ac.kr/Contents/ SearchNavi?keyword=%EC%86%8D%EB%8F%84%EC%A0%84&ridx=0&tot=4987 (검색일: 2022. 8. 12.)

제3절 통치전략에 관한 이론적 고찰

1. 지배와 통치 담론

'통치전략' 차원에서 북한 '현지지도'를 살펴보기 위해서는 '지배와 통치'가 각 현지지도에서 어떻게 이루어지고 있는가를 구분해볼 필요가 있다. 지배(ruling)와 통치(governing)는 국가지도자가 설정한 국가 목표대로 국가 구성원들을 이끌고 방향성을 설정하는 정치의 핵심 부분이라고 할 수 있다. 베버(Marx Webber)는 지배의 속성에 대해 "정당한 또는 정당하다고 주장된 폭력수단에 의한 인간에 대한 인간의 지배"[53]라고 정의하면서 이때 폭력은 '정당한' 또는 '정당하다고 주장된' 폭력이 중요하다고 강조했다.[54]

베버의 주장에 의하면 정치 지도자들은 권력을 획득하기 위해 정당하지 않은 폭력에 의존하지만, 폭력에만 의존하는 정치 권력은 안정적으로 유지될 수 없으므로 "모든 지배는 자신의 정당성에 대한 믿음을

---

53 Weber, M. *Le savant et le politique*, translated by Freund Julien (Paris: Editions, 2002), p. 12.

54 이기라, "막스 베버 이론에서의 지배의 이중성", 『인문사회과학연구』 제17권 제4호(부경대학교 인문사회과학연구소, 2016), p. 35.

불러일으키고 유지하는 것을 추구한다"라고 말했다. 즉 베버는 '정당성에 대한 믿음'이 지배 관계의 결정적 요소라고 주장하면서, 지배자는 '전통', '카리스마', '합법성'이라는 세 가지 유형의 '정당성'을 통해 폭력을 정당화하기 위해 노력한다고 설명한다.[55] 따라서 국가 목표와 지도자의 행위 사이에는 어떤 식으로든 강제와 정당성의 '양면성'이 존재하며 승인과 의무가 포함된다는 것이다.[56]

특히 베버가 고찰한 '지배'의 핵심은 '지배자와 피지배자'와의 관계가 아니라, '최고지도자'와 그의 권력과 대중 사이를 '매개하는 사람 간'의 관계라는 점이다.[57] 따라서 이 책에서도 이러한 점에 착안하여 현지지도 '수행 인물'에 대한 SNA 분석을 통해 김정은과 파워 엘리트 간의 관계를 더욱 세밀하게 고찰해보고자 한다.

한편 지배(ruling)를 중심으로 한 연구에서 쿡(Steven A. Cook)은 '통치'에는 군대와 정치의 개입과의 상관관계가 중요한 부분이라고 보면서 "통치는 지배의 개념의 범주를 벗어나지 않는 범위 내에서 허용된다"라고 주장했다.[58] 통치를 지배의 연장선일 뿐이라고 해석하면서 독재 정치 체제에서 '통치는 지배를 위한 부산물' 이상이 될 수는 없다고 했다.

그러나 각각의 통치 행동에서의 개별 성격은 각자 다를 수 있다. 특히 북한처럼 '수령의 과업'이 절대적인 상황에서 과업은 정책의 평가와 연결되며 지배를 더 공고히 하거나 혹은 목표를 수정해야 할 수도 있다는 점에서 '통치'의 성격을 개별적으로 구분해서 관찰할 필요가 있을 것으로 보인다.

따라서 '통치'와 '지배' 행위를 구별해서 분석하는 것은 김정은의

---

55 안희창, 『북한의 통치체제』(서울: 명인문화사, 2016), pp. 17~18.

56 이기라, 앞의 논문, pp. 31~55.

57 위의 논문, p. 45.

58 위의 논문, p. 56.

통치전략을 가늠하는 데 매우 유의미한 것으로 생각된다. 정치와 경제가 발전의 산물이라는 점을 고려할 때, 아무리 독재체제가 경직성을 갖고 있다 하더라도 '발전과 성과'는 체제를 운영하는 권력 엘리트들에게 '체제와 권력 유지'를 위한 필수조건일 것이기 때문이다. 그러므로 김정은 또한 '선대의 공적'과 '자신의 업적'에 대한 성과분을 차별화하여 챙기는 것을 '체제 유지'의 핵심과제로 여기고 있음을 『2012년 열병식 연설』에서 충분히 엿볼 수 있다.

> "세상에서 제일 좋은 우리 인민 만난 시련을 이겨내며 당을 충직하게 받들어온 우리 인민이 다시는 허리띠를 조이지 않게 하며 **사회주의 부귀영화를 마음껏 누리게 하자는 것이 우리 당의 확고한 결심**입니다. 우리는 새 세기 산업혁명의 불길, 함남의 불길을 더욱 세차게 지펴 올려 경제강국을 전면적으로 건설하는 길에 들어서야 할 것입니다."[59]

그런 의미에서 김정은의 '현지지도' 활동을 '지배', '통치 1', '통치 2'로 나누어 분석해보고자 한다. 〈표 2-6〉에 제시한 것처럼 '지배'는 김정은의 지배구조를 보여줄 수 있거나 전략적 차원에서 철저한 위계를 보여주기 위해 최고 권력자의 위용 등을 보여주는 이른바 '이미지 구현 활동'이며, '통치 1'은 지배를 정당화하기 위한 수단으로서의 '선전 활동'이다. '통치 2'는 지배를 위한 연장선에 있는 행동이면서도 동시에 과업으로 지정되는 것에 대한 '평가에서 자유로울 수 없는 활동'으로 분류했다.[60] 그 성과나 내용이 확실한 평가를 받을 수 있거나, 김정은이 직접

---

59 "김일성 탄생 100주년 기념 열병식 연설(전문)", 『뉴스1』, https://www.news1.krarticles (검색일: 2022. 4. 5.)

60 박정진, "김정은 국무위원장 현지지도 분석을 통한 지배와 통치, 병진 노선의 구현과 전망", 『북한연구학회보』, 제22권 제2호(2018. 12.), pp. 57~59.

과업을 제시하고 수행성과를 독려하기 위해 행하는 반복적 형태의 현지지도가 이에 해당한다.

<표 2-6> '지배와 통치' 개념 분류

구분	지배	통치 1	통치 2
개념	수령 우상화 과정	지배를 공고화하기 위한 활동	성과가 업적으로서 지배와 연결되는 성격
내용	최고 권력자의 이미지 구현활동	선전활동	과업평가에서 자유로울 수 없는 활동, 실무적 현지지도
기능	수령제 작동의 중요한 정치적 자원	인민을 동원하고 통제하는 가장 효율적 기제, 대중동원 수단	경제발전전략, 정책 창출/확장 기능

출처: 이관세, 앞의 책을 참조하여 작성.

'통치'와 '지배'가 각 카테고리별로 '어떻게 연결되는가'를 통해 김정은의 '현지지도'에서 시기별로 통치와 지배가 '어떤 상호관계'를 가지며 '어떤 영향력'을 미치는가를 살펴보고자 한다. 또한 통치와 지배의 '횟수 비교'를 통해 통치와 지배의 '수치적 차이'가 실제 '통치전략에 어떤 영향을 미치고 있는가'를 추론해보고자 한다.

2. 김정은 통치전략: '우리 국가제일주의'와 '인민대중제일주의'

김정은의 '통치이념'이 '김일성-김정일주의'라면 실천 담론은 '김정일 애국주의'이고 통치전략은 '우리 국가제일주의'와 '인민대중제일주의'라고 할 수 있다.[61] 김정은은 제4차 당 대표자회(2012. 4. 11.)에 앞서

---

61 통일부 국립통일교육원, 앞의 책, pp. 41~42.

'4 · 6 담화'[62]를 통해 "김일성-김정일주의는 주체의 사상, 이론, 방법의 전일적인 체계이며 주체 시대를 대표하는 위대한 혁명사상"이라고 밝힌 바 있다.[63] '김일성-김정일주의'가 주체사상에 뿌리를 둔 통치이념이라는 점을 분명히 밝힌 것이라고 할 수 있다.[64]

북한은 '김일성-김정일주의'에 대해 "인민대중의 자주성을 실현하기 위한 혁명사상으로서, 사회변혁을 위한 구성 체계와 내용을 포함하는 동시에 사회변혁의 주체인 인민대중의 이익을 옹호하려는 지도방법을 내포하고 있다"라고 주장하고 있다.[65] 특히 김정은 체제 '공고화 과정'에서 새로운 통치이념이 필요했던 북한 정권으로서는 노동당 규약 개정을 통해 '김일성-김정일주의'를 체계화함으로써 사상적 · 혁명적 연속성을 확보하고자 했던 것으로 보인다.

---

62 2012년 4월 권력승계 시점에 발표한 김정은의 최초 노작으로 "위대한 김정일 동지를 우리 당의 영원한 총비서로 높이 모시고 주체혁명 위업을 빛나게 완성해나가자: 조선로동당 중앙위원회 책임 일군들과 한 담화(2012. 4. 6.)"를 발표했다.

63 "김일성-김정일주의는 주체사상을 진수로 하는 혁명사상이며 인민대중 중심의 혁명이론과 영도방법을 포괄하고 그 사상이론들이 하나의 전일적인 체계를 이루고 있는 혁명사상이다"라는 『로동신문』 보도(2014. 4. 24.)를 통해서도 재확인할 수 있다.

64 2012년 4월 헌법 개정을 통해 김일성을 '영원한 주석'으로, 김정일을 '영원한 국방위원장'으로 헌법 서문에 명문화하고 노동당 규약 개정을 통해 '김일성-김정일주의'를 노동당의 지도적 지침으로 내세웠다. 2019년 4월 헌법 개정에서 '김일성-김정일주의'를 명문화했다.

65 "온 사회의 김일성-김정일주의화는 우리 당의 최고강령", 『로동신문』, 2016년 5월 17일. "김일성-김정일주의는 당 대회의 기본정신이며 영원한 지도사상", 『로동신문』, 2016년 5월 13일. "조선노동당은 온 사회의 김일성-김정일주의화를 당의 최고강령으로 한다"라고 2021년 당규약에 명시했다.

<표 2-7> '김정일 애국주의' 형성과정

구분	'김정일 애국주의' 표현
당중앙위원회 담화 (2012.7.26)	'김정일 애국주의'를 구현하여 부강조국 건설을 다그치자 (김정일 애국주의 공식화)
2015년 신년사	'김정일 애국주의'를 '5대 사상교양'의 하나로 제시
『로동신문』(2016.3.10)	'김정일 애국주의'는 조국번영의 위력한 사상·정신적 무기
『로동신문』(2017.10.1)	'김정일 애국주의'는 조국에 대한 사랑의 최고정화
제8차 당 대회(2021)	5대 교양을 혁명전통 교양, 충실성, 교양, 애국주의 교양, 반제 계급 교양, 도덕 교양으로 제시

출처: 통일부 국립통일교육원, 앞의 책을 참조하여 작성.

한편 2017년 11월 20일 『로동신문』 정론[66]에 처음 등장한 김정은의 통치전략인 '우리 국가제일주의'는 크게 두 가지 내용을 담고 있다. 첫째, 국가의 강대성과 우월성에 대한 자부심을 고조시키고 국가와 수령을 동일화함으로써 수령의 위대성을 국가의 위대성으로 연결하고자 했다.[67] 결국 '우리 국가제일주의'에서 강조하는 국가의 위대성은 '수령결사옹위 정신'으로 연결되고 '우리 국가제일주의'라는 통치전략을 통해 김정은은 '권력 세습'과 '1인 지배체제의 정당성'을 확보하고자 하는 것이다.

"**우리 국가제일주의**는 본질에 있어서 위대한 수령을 당과 국가, 군대의 최고수위에 높이 모신 긍지와 자부심이며 우리 수령제일주의는 **우리 국**

---

66 "이 땅에 주렁지는 창조와 행복의 모든 열매들은 다 우리 민족제일주의, 우리 국가제일주의를 눈부신 실천으로 구현해오신 그이의 위대한 손길에서 마련된 것들이다." 『로동신문』, 2017년 11월 20일.

67 "조국의 위대성은 곧 수령의 위대성이다. 수령이 위대하면 작고 뒤떨어진 나라도 발전된 나라로, 권위있는 강국으로 될 수 있다." "우리 국가제일주의는 위대한 김일성, 김정일 조선제일주의이다." 『민주조선』, 2019년 5월 4일.

가제일주의의 근본 핵이다. 경애하는 최고령도자 동지는 우리 공화국의 강대성과 존엄의 상징이시다. 경애하는 **최고령도자 동지의 탁월한 사상과 령도는** 국력 강화의 결정적 요인이다."[68]

둘째, '우리 국가제일주의'에서는 사회주의 강국 건설을 위해 '자강력제일주의'를 내세웠다. '자강력제일주의'에 대해 김정은은 2016년 제7차 당 대회 사업총화 보고에서 "자체의 힘과 기술, 자원에 의거하여 주체적 력량을 강화하고 자기의 앞길을 개척해나가는 혁명정신"이라고 규정했다.[69] 김정은은 이러한 '자강력제일주의'의 구현을 위해 자력갱생과 간고분투를 언급[70]하면서 자력갱생을 앞세워 '사회주의 강국 건설'을 독려하고 인민을 동원하고자 한 것이다.

김정은의 또 다른 통치전략인 '인민대중제일주의'는 2012년 김정은이 집권 후 아래와 같이 첫 공개 연설에서 "인민이 다시는 허리띠를 졸라매야 할 일이 없도록 할 것"이라며 '인민대중제일주의'를 '통치전략'의 하나로 제시했다.

"세상에서 제일 좋은 우리 인민, 만난 시련을 이겨내며 당을 충직하게 받들어온 우리 인민이 다시는 허리띠를 조이지 않게 하며 사회주의 부귀영화를 마음껏 누리게 하자는 것이 우리 당의 확고한 결심입니다."[71]

---

68 장동국, "우리 국가제일주의를 높이 들고 나가는 데서 나서는 중요 요구", 『철학, 사회정치학 연구』, 동국대북한학연구소 제154호(2018), pp. 19~21.

69 "조선로동당 제7차 대회에서 한 당중앙위원회 사업총화보고", 『로동신문』, 2016년 5월 8일.

70 "자강력 제일주의의 기반은 자기 나라 혁명은 자체의 힘으로 해야 한다는 위대한 수령님들의 혁명사상이며 자강력 제일주의를 구현하기 위한 투쟁방식은 자력갱생, 간고분투입니다." 『로동신문』, 2016년 5월 8일.

71 "김일성대원수님 탄생 100돐 경축 열병식에서 한 연설", 『로동신문』, 2012년 4월 16일.

2013년 1월 제4차 당 세포 비서대회에서 김정은은 "김일성-김정일주의는 본질에 있어서 인민대중제일주의"라고 주장하면서 "인민을 하늘처럼 숭배하고 인민을 위하여 헌신적으로 복무하는 사람이 참다운 김일성-김정일주의자"라고 강조했다.[72] 2015년 10월 10일 연설에서도 "위대한 김일성-김정일주의는 본질에 있어서 인민대중제일주의이며, 우리 당의 존재 방식은 인민을 위하여 복무하는 것"이라고 거듭 강조했다. 또한 〈표 2-8〉과 같이 2013년부터 2016년까지 발표한 신년사에도 '인민대중제일주의'가 잘 나타나 있다.

〈표 2-8〉 2013~2016년 북한 신년사 '인민대중제일주의' 표현

구분	'인민대중제일주의' 표현
2013년 신년사	모든 것을 인민을 위하여, 모든 것을 인민대중에게 의거하여.
2014년 신년사	일군을 위하여 인민이 있는 것이 아니라 인민을 위하여 일군이 있다.
2015년 신년사	당사업 전반을 인민대중제일주의로 일관해 인민생활향상에 힘쓰라.
2016년 신년사	인민중시, 인민존중, 인민사랑의 정치를 구현해야 한다.

출처: 북한 「신년사(2013~2016)」를 참조하여 요약.

'인민대중제일주의'는 "인민 생활을 향상시켜 사회주의 만복을 누리는 데 중요한 내용의 하나"이고 "인민대중제일주의를 구현하는 것은 인민대중을 위하여 투쟁하며 인민대중에게 의거하여 활동하는 본성적 요구"[73]가 된다는 것이다. 이러한 '인민대중제일주의'는 2016년 5월 제7차 당 대회를 계기로 '김정은식 친인민담론'으로 공식화됨과 동시에 '통

---

72 "경애하는 김정은 동지께서 조선로동당 제4차 세포 비서대회에서 하신 연설", 『로동신문』, 2013년 1월 30일.

73 백명일, 『인민대중제일주의의의 성스러운 력사를 펼쳐가시는 위대한 령도』(평양: 과학백과사전출판사, 2018), pp. 11~12.

치전략'이자 '사회통합전략'으로 자리매김한다. 이후 2021년 1월 제8차 당 대회에서 노동당 규약을 개정하여 '김일성-김정일주의'를 당의 최고 강령으로, '인민대중제일주의'를 사회주의 기본정치방식으로 정식화했다.[74] 바야흐로 '인민대중제일주의'가 국가운영 전 영역에 적용되는 '통치전략'이자 '사회운영 원리'로 작용하게 되는데 노동당 규약 서문[75]에 그 내용을 다음과 같이 밝히고 있다.

> **"김일성-김정일주의**는 주체사상에 기초하여 전일적으로 체계화된 혁명과 건설의 백과전서이며 인민대중의 자주성을 실현하기 위한 실천투쟁 속에서 그 진리성과 생활력이 검증된 혁명적이며 과학적인 사상이다. 조선로동당은 **위대한 김일성-김정일주의를 유일한 지도사상**으로 하는 **주체형의 혁명적 당**이다."

또한 '인민대중제일주의'를 구현하는 것은 정권기관 일군들의 중요과업[76]이라고 강조하고 있다. '인민대중제일주의'를 "인민 생활 향상을 위해 인민의 이익을 최우선하며 멸사복무하는 기풍을 확립"해야 하는 '정권기관 일군들의 의무'로 연결시킨 것이다.

이처럼 '인민대중제일주의'는 첫째, 정치적으로는 김정은 권력의 '정당성 확보'와 '통치기반 공고화'를 위한 '통치전략'으로 작동했다고 할 수 있다. 김정은은 권력승계 과정에서 '김일성-김정일주의'를 정통성의 기반으로 하고 '인민대중제일주의'를 정책목표와 추진방식으로 내

---

74 김일기, "북한의 개정 당규약 분석과 시사점", 『INSS 전략보고』 국가안보전략연구원. NO. 12(2021), p. 2.

75 조선노동당 규약(2021. 1.) 전문, https://peacemaker.seoul.co.kr 〉 WPK_reg_full(검색일: 2022. 8. 1.)

76 "인민대중제일주의를 구현해나가는 것은 정권기관 일군들의 중요과업", 『민주조선』, 2016년 3월 30일.

세우며 지지를 확보하고 권력을 강화해나갔다.[77] 김정은이 국가 활동과 사회생활 전반에서 '인민대중제일주의'를 철저히 구현할 것을 강조하고 있는 『민주조선』 기사에서 잘 알 수 있다.

> **"당과 국가 활동과 사회생활 전반에 인민대중제일주의를 철저히 구현**
> 해야 일심단결의 위력으로 사회주의 위업을 힘차게 전진시켜 나갈 수 있
> 다. 당과 국가는 인민을 위하여 멸사복무하고 인민은 당과 국가에 자기의
> 운명과 미래를 전적으로 의탁하며 진정을 다해 받는 바로 여기에 **인민대**
> **중제일주의가 구현된 우리 국가의 참모습**이다."[78]

둘째, 경제적인 면에서 '인민대중제일주의'는 김정은식 '경제발전 전략'의 목표이자 방식으로 추진되었다. 과학기술의 중요성을 강조하면서 경공업 생산력 증대와 생산현장에서의 자강력 제일주의를 강조했다. 그 결과 자력갱생을 통해 단기간에 가시적인 성과를 얻을 수 있는 '경공업에 대한 강조'와 '현지지도'가 증가했다. 실례로 김정은은 2013년 3월 18일 전국경공업대회 연설에서 "경공업발전에 힘을 넣어 인민소비품 문제를 풀어야 한다. 원료보장대책을 철저히 세워 경공업 공장들에서 생산을 정상화하며 인민소비품 생산을 늘리고 그 질을 높일 것"을 지시했다.[79] 이후 평양 양말공장, 평양 어린이 식료품 공장, 김정숙 방직공장, 원산 구두공장, 류원 신발공장, 류경 김치공장 등에 잇따라 현지지도를 실시했다.[80]

---

77 김우영·안경모, "김정은 시대 북한 사회통제 유형에 관한 연구", 『현대북한연구』 제21권 3호(2018), p. 77.

78 "우리 국가 활동과 인민대중제일주의", 『민주조선』, 2019년 5월 3일.

79 "경애하는 김정은 동지께서 전국 경공업 대회에서 하신 연설", 『로동신문』, 2013년 3월 19일.

80 백명일, 앞의 책, pp. 163~174.

셋째, 사회적으로 '인민대중제일주의'는 정권 안정화와 정책추진을 위해 인민과 관료를 통제하는 '통제전략'의 기제로 사용되었다고 할 수 있다.[81] 김정은은 문화 · 예술 · 체육 · 교육 · 보건 등의 분야에서 삶의 질 향상을 독려하고 활발한 '현지지도'를 통해 선대와 다른 역동적인 모습을 표출하고자 했다. 실례로 김정은은 2012년 신년사에서 '사회주의 문명국 건설'을 표방했고 각종 유희장과 편의시설, 건설사업 등 단기간에 가시적 성과를 내고 주민들이 만족도를 높일 수 있는 정책을 제시하면서 활발한 '현지지도'에 나섰다. 〈표 2-9〉와 같이 2012년 창전거리, 2013년 은하과학자거리, 2015년 미래과학자거리, 2016년 대규모 아파트단지를 조성하는 여명거리 건설, 2021년 평양 살림집 1만 세대 건설장 착공식 등에 김정은이 지속해서 '현지지도'를 하며 성과를 독려한 것이 대표적인 사례라고 할 수 있다.

〈표 2-9〉 '인민 생활' 관련 김정은 현지지도

구분	현지지도	준공식
류경원 · 인민야외빙상장	2012.5.7 / 5.26 / 7.27 / 11.4 (4회)	2012.11.9.
능라인민유원지	2012. 4월 말 / 7.2 / 7.22 / 7.25 (4회)	2012.7.26.
문수지구 물놀이장, 유선종양연구소, 아동병원	2012.3.24 / 2013.8.10 / 9.23 / 10.22 (4회)	2013.10.15.

출처: 『로동신문』, 『민족일보』 등을 참조하여 작성.

---

81   김효은, "북한의 사상과 인민대중제일주의 연구", 『통일정책연구』 제30권 1호(2021), p. 33.

3. 권력 엘리트 이론

한 사회 내에서 권력은 한정되어 있어서 '권력 엘리트'들도 같은 정치 권력을 행사하지 못하며 내부의 역학관계, 직위 중요도, 세력과 영향력 등에 따라 권력 엘리트와 직무 엘리트, 핵심엘리트와 주변 엘리트 등으로 구분한다.[82] 또한, 법과 제도상의 지위와 실질 정치적 영향력이 반드시 일치하지도 않는데 정치 행위가 수량화되기 어렵고 행위자 관계가 중요하기 때문에 지위와 그 영향력이 서로 다른 경우도 상당하다 할 것이다.[83] 이 같은 제도와 현실의 차이는 특히 권력 엘리트의 관계가 위계적이며 권력 집중성이 높은 체제에서 많이 드러난다. 특히 북한은 절대권력자를 중심으로 한 수직적 네트워크로 이루어져 있어 '강한 대인관계적 연계(strong interpersonal ties)'에 기초해 있다고 할 수 있다.[84] 따라서 최고 권력자와 '관계의 정도'에 따라 권력 엘리트의 영향력 또한 크게 좌우된다고 할 것이다.

일반적으로 권력 엘리트를 선정하는 방법은 '지위 방법'(positional method), '명망적 접근방법'(reputational method), '의사결정 접근방법'(decisional approach)이 있다.[85] 위의 방법 중 북한의 '권력 엘리트'를 선정하는데 가장 적절한 방법은 '지위 방법'으로 판단되는데, 그 이유는 '당-국가

---

82   Richard Lachmann, "Class Formation Without Class Struggle: An Elite Conflict Theory of the Transition to Capitalism," *American Sociological Review* 55 (1990), pp. 402~404.

83   Ursula Hoffmann-Lange, "Surveying National Elites in the Federal Republic of Germany," in Moyser and Wagstaffe (eds), *Research Methods for Elite Studies* (London: Allen & Unwin, 1987).

84   일반적으로 수직적(위계적) 네트워크는 강한 개인적 연계 때문에 집단 간 유대가 모자라 신뢰와 협력이 증진되지 못한다고 한다. Mark S. Granovetter, "The Strength of Weak Ties," p. 1380.

85   민경희 외, "청주 지역사회의 권력 구조에 관한 연구", 『한국사회학』 제30집(1996), pp. 187~224.

체제'인 북한의 특성과 북한 사회의 폐쇄성으로 인한 '권력자 집단의 접근제한' 등 때문이다. 따라서 북한의 권력 엘리트를 분석하는 '지위 방법'은 최고 권력자의 현지지도를 수행하는 인물을 중심으로 '당, 군, 정'의 지위와 분포에 따라 분석해보고자 한다.

한편 권력 엘리트의 '네트워크 분석'은 '관계 분석'(relational analysis)과 '지위 분석'(positional analysis)으로 분류할 수 있다. '관계 분석'은 혈연, 학연, 지연 등 연고와 관련된 엘리트 간의 결합력을 중시하며 그들의 네트워크 구조를 해석하여 결합력의 정도에 따라 '강한 연계'(strong ties)와 '약한 연결'(weak ties)로 구분하기도 한다.[86] 또한 '지위 분석'은 권력 엘리트들의 지위를 기초로 하여 엘리트 행위의 구조적 유사성을 밝히는 것이다.[87]

주요정책 결정에 영향력을 행사하는 '권력 엘리트'를 구별하는 '판단 기준'으로 절대권력자와의 관계 속에서 근접(近接)과 존속(存續), 직위 중요도, 네트워크 및 권력의 중첩성(重疊性)과 지속성(持續性)을 활용하기도 한다.[88] 이 중에서 이 책에서는 북한의 권력 엘리트를 '중첩성'과 '지속성'을 중심으로 살펴보고자 한다. '중첩성'이란 권력 엘리트와 집단이 다른 권력 엘리트나 집단과 맺는 관계의 중복성을 의미하는 것으로 권력 엘리트 간에 친척, 같은 대학, 같은 지역 출신 등이라면 아주 높은 중첩성을 갖고 있다고 볼 수 있다. 이는 곧 행위자와 네트워크 간에 결합의 강도나 거리를 보여주는 관계 분석에 해당하고 이를 통해 한 체제

86 Mark S. Granovetter, "The Strength of Weak Ties," *American Journal of Sociology* 78, No. 6 (1973), p. 1360.

87 John F. Padgett and Christopher K. Ansell, "Robust Action and Rise of the Medici, 1400-1434," *American Journal of Sociology* 98, No. 6 (1993), p. 1275.

88 표윤신 · 허재영, "김정은 시대 북한의 국가 성격은 변화하고 있는가?", 『한국과 국제정치』 제35권 제3호(2019), pp. 34~36.

내 권력구조의 기초적 지형을 확인할 수 있게 된다.[89]

'지속성'은 권력 엘리트들이 권력을 행사하는 '시간의 정도', 다시 말해 영향력을 행사하는 정도를 개념화한 것인데 재임 기간이나 경력 기간 등이다. 고위직 권력 엘리트의 지속성이 강한 네트워크일수록 권력이 불균등하게 배분되고 소수의 엘리트가 더 많은 권력을 보유하는 것으로 볼 수 있을 것이다.[90]

'중첩성'은 '혈연', '학연', '세대연'을 중심으로 살펴보고,[91] '혈연'은 김일성, 김정일, 김정은과 연계되는 혈족이며, '학연'은 '만경대학원 인맥', '김일성종합대학 인맥', '소련 모스크바 유학 인맥', '김일성종합대학 인맥' 등으로 구분한다.[92] '세대연'은 '혁명 1세대'부터 '혁명 4세대'까지로 구분하여 살펴본다.[93]

최고 권력자를 중심으로 한 북한 '권력 엘리트'의 네트워크를 분석하기 위한 효과적인 방법이 현지지도 '수행 인물'에 대한 분석이라 할 수 있다. 북한의 '권력 엘리트 변화'는 최고 권력자의 현지지도 수행 인

---

89 Emirbayer and Goodwin, "Network Analysis, Culture, and the Problem of Agency," *American Journal of Sociology* 99. No. 6 (1994), pp. 1429~1424.

90 John Skvorets and David Willer, "Exclusion and Power: A Test of Four Theories of Power in Exchange Networks," *American Sociological Review* 58 (1993), pp. 801~803.

91 일반적인 '관계 분석'에서는 '혈연 · 학연 · 지연'을 고려할 수 있는데, 북한은 1960년대 이후 종파주의를 배격하며 지역화를 엄벌하고 고위직 권력 엘리트들은 시기적으로 단행된 검열을 통과하여 평양에 거주하고 있으므로 지역적 연고를 바탕으로 한 네트워크는 영향력이 없다고 판단하고 제외했다.

92 '만경대학원'은 김정일 가계 친위대 양성소이며, '김일성 군사종합대학'은 김정은이 후계 수업을 받은 것으로 알려진 군사 엘리트 양성소라 할 수 있다.

93 '북한의 세대'는 사회주의 혁명 시기에 따라 4개 세대로 구분하는데 '혁명 1세대'는 항일 빨치산 세대, '혁명 2세대'는 1950~1960년대 전후 복구와 천리마 운동을 통해 성장한 세대, '혁명 3세대'는 1970~1980년대 김정일이 주도한 '3대 혁명소조운동'과 '3대 혁명 붉은 기쟁취운동'을 통해 성장한 세대, '혁명 4세대'는 1990년대 '고난의 행군' 시기를 거치면서 1999년 '제2의 천리마 대진군 운동' 시기 자라난 세대 등으로 구분할 수 있다. 세종연구소, 『북한의 당 · 국가기구 · 군대』(파주: 한울, 2011), p. 572.

물 분석을 통한 통치행위와 전략을 분석할 수 있는 이론적 배경이 될 수 있다. 즉 최고 권력자의 현지지도 수행 과정에 적극적으로 연계되어 있다면 북한의 통치행위와 권력에 영향력을 행사할 수 있는 엘리트라고 볼 수 있을 것이다. 따라서 이 책에서는 현지지도 '수행 인물'의 네트워크를 소셜 네트워크 분석(Social Network Analysis)을 통해 그 특성과 변동을 분석하고자 한다.

4. '현지지도'와 '통치전략'과의 상관관계

북한의 '현지지도'는 사회주의 강성국가 건설이나 전략목표 달성을 위한 중앙집권적 체제의 긴요한 '통치수단'으로 정치 · 경제적 목적을 가지고 행해지는 '통치행위'라는 점에서 '통치전략'과 밀접한 상관관계를 갖고 있다고 할 수 있다. 첫째, '통치수단 측면'에서 '현지지도'는 유일적 '영도'[94]의 주체인 '수령'에게 상징적 권력을 부여하는 '통치행위'의 하나라고 볼 수 있다. '현지지도'를 체제 유지를 위한 최고 권력자의 핵심적 '통치수단'으로 활용해온 셈이다.[95] 그런 이유로 북한은 '현지지도'를 통한 최고 권력자의 정치 권력 행사를 정당화하고 합리화 · 합법화하기 위한 정치적 상징화 노력을 기울여왔다.[96]

둘째, '정치적 측면'에서 최고 권력자의 '현지지도'는 중앙집권적 1인 독재 권력 강화는 물론 '주체사상'과 '유일 지배체제'라는 유기체적

---

94 '영도'는 지도의 최고형태로서 인민대중에 대한 노동계급의 당과 수령의 무오류적인 지도를 일컫는 말이다. 이관세, 앞의 책, p. 41.

95 경제 부문의 증산 투쟁을 자극하는 주요 수단으로, 상층의 권력 문제에서 발생한 긴장을 극복하는 통치수단으로서 현지지도가 활용되기도 했다. 『조선사년표 Ⅱ』(평양: 과학백과사전출판사, 1991), p. 105.

96 김일평, 『북한 정치경제입문』(서울: 한울, 1990), p. 75.

국가관 정립의 주요한 통치수단이었다. '현지지도'가 절대 권위를 상징하는 '수령제'뿐만 아니라 '당의 지도와 인민대중을 결합'하는 주요 기제 중의 하나인 것이다. 게다가 북한 체제의 최대 결함이라 할 수 있는 당과 관료조직에서 중간계층의 왜곡보고를 '현지지도'를 통해 예방하는 통제 효과도 갖고 있다.

셋째, '경제적 측면'에서 '현지지도'는 인민대중의 생산활동을 독려하고 경제적 생산을 자극하는 '대중동원'과 밀접히 연결되어 있다. 북한은 "현지지도를 통해 혁명과 건설의 모든 부문, 모든 분야의 사업을 새롭게 혁신하고 발전시키기 위한 방향과 방도들이 제시된다"라고 주장하고 있다.[97] '대중동원'의 목적이 '경제적 목표' 달성과 '사상적 단련', '정치적 각성'에 있는 것처럼 '현지지도'와 '대중동원'은 정치와 경제가 맞닿아 있는 중요한 '통치전략'의 하나라고 할 수 있는 것이다.

---

[97] 『로동신문』, 2002년 2월 20일.

제3부

김일성 · 김정일의
현지지도 실태와 특징

김정은의 '현지지도' 특징을 보다 명확하게 살펴보기 위해서는 우선 김일성, 김정일 시대 '현지지도' 특징에 대한 고찰을 통해 '시계열적 변화'를 비교해볼 필요가 있다. 요컨대 김일성과 김정일 시대에 '현지지도'가 대내외 환경변화 속에서 '어떤 행태로 시행'되고 '통치전략에 어떻게 영향을 미쳤는가'를 비교 분석해보는 것이다.

　　김일성과 김정일의 '현지지도' 실태와 특징에 대한 고찰은 〈표 3-1〉에서 제시된 '비교분석 모형'의 흐름에 따라 대내외 환경과 그에 따른 '경제발전 전략'을 살펴보고 이를 위한 '대중동원 방식'의 변화, 시대별 '현지지도'와 '통치전략'의 특징을 도출하고자 한다. 북한 체제의 특징을 고려할 때 '경제발전전략'은 '통치전략'과 밀접하게 연결되고 이를 위한 수단으로써 '대중동원'이 따라올 수밖에 없으므로 '경제발전전략'을 중심으로 논리를 전개해가면서 시대별 '대중동원방식'과 '현지지도 및 통치전략'의 특징을 살펴보는 것이다.

〈표 3-1〉 김일성-김정일 '현지지도 특징 비교' 분석 모형

구분	김일성 시대		김정일 시대
	1950~1960년대	1970~1980년대 (후계체제 구축기)	1994~2011년대
대내외 환경	급속성장, 경제발전	경제침체, 성장둔화	경제 위기와 체제 위기 심화
경제발전전략	사회주의 경제건설 토대 구축	사회주의 공업화	강성대국 건설
대중동원방식	사회적 동원과 집단적 혁신	위로부터 지도와 일상적 동원	고난의 행군
	천리마운동, 청산리방법, 대안의 사업체계	3대 혁명운동, 속도전	강계정신, 봉화, 제2의 천리마 대진군 운동
현지지도와 통치전략	수령제 기반 구축, 정치와 생산의 결합	수령제 제도화, 후계체계 구축	후계 권력승계, 선군정치

구체적인 시계열적 비교를 위한 '시대 구분'은 '김일성 시대'는 1948년 '사회주의 경제건설 형성' 시기부터 1994년 '후계체제 구축기'까지, '김정일 시대'는 1994년 이른바 '고난의 행군' 시기부터 2011년 '김정일 사망' 시기까지로 구분했다. 각 시대별 '경제발전전략'과 '대중동원방식', '현지지도와 통치전략'을 순차적으로 살펴 그 특징을 도출하고자 한다.

제1절 김일성의 현지지도 실태와 특징

1. 대내외 환경과 경제발전전략

1945년 이후 김일성은 소련 군정의 비호 아래 조선노동당 책임 비서와 내각 수상을 차지함으로써 전제적 통치권을 행사할 수 있는 기반을 구축했다. 하지만 조선노동당 내에 중국공산당 출신의 '연안파'와 소련에서 귀국한 '소련파' 등의 권력 갈등은 남아있는 상태에 있었다. 그러나 1956년 이른바 '8월 종파사건'을 통해 김일성은 반대파를 제거하고 당권을 완전히 장악하게 되었다.[1] 이 과정에서 '주체'를 이념화해 '1인 지배체제'를 정당화하는 논리로 활용했고,[2] '제1차 5개년 경제계획'

---

[1] '8월 종파사건'은 1956년 8월 30일 연안파의 윤공흠이 주도하여 조선로동당 중앙위원회에서 김일성의 개인숭배와 1인 독재행적을 비판하고 김일성을 당에서 축출하려 계획했으나, 사전에 김일성에게 알려져 불발로 그쳤고 김일성이 당권을 장악할 수 있게 된 사건이다. 이 때문에 통상 북한 전문가들은 '김일성 체제'의 탄생을 1956년으로 보고 있다. 이상우, 『북한정치』(파주: 나남출판, 2008), p. 60.

[2] 조선노동당 제1차 전당대회(1946)에서는 중앙위원이 소련파, 연안파, 갑산파(김일성파), 국내파, 무파벌 등으로 고르게 선출되었으나, 숙청이 끝난 제5차 전당대회(1970)에서는 중앙위원 117명 중 김일성 추종세력이 103석(무파벌 62명, 갑산파 41명)을 차지하여 김일성이 당을 완전히 장악했다고 볼 수 있다. 이상우, 앞의 책, pp. 61~62.

을 통해 본격적으로 '사회주의 공업화'를 추진했다.[3] 그 결과 1950년대 후반 북한 사회는 1970년대부터 시작된 '사회주의 공업화'를 향한 동원 체제를 구축하는 토대를 마련하게 되었다고 할 수 있다.

이러한 대내외 환경 속에서 1950~1960년대 북한의 '경제발전전략'은 '사회주의 경제건설'의 토대를 구축하는 것이었고, 이를 위해 '중공업 우선 전략'과 '자력갱생론'을 추진했다. 이러한 북한의 '경제발전전략'을 이해하기 위해서는 북한 경제의 '본질'을 이해해야 한다. 북한의 '경제체제'는 본질에서 '국가통제의 사회주의 경제체제'라 할 수 있다.[4] 그 이유는 경제체제의 지배이념, 생산수단의 소유, 분배 원칙, 운영체제 등 모든 영역에서 '국가통제의 원칙'을 고수했기 때문이다. 이는 아래의 '북한 사회주의 헌법'(이하 북한 헌법)에서 확인할 수 있는데, 제1조에는 북한이 '사회주의국가'임을 명시하고 있고, 제19조부터 제38조에서 밝힌 '경제체제 운영원칙'에서 잘 알 수 있다.

> 제1조 조선민주주의인민공화국은 전체 조선 인민의 리익을 대표하는 자주적인 **사회주의국가**이다. 제19조 조선민주주의인민공화국에서 **생산수단은 국가**와 사회협동단체가 **소유**한다. 제21조 **국가 소유**는 전체 인민의 소유이다. 제22조 사회협동단체소유는 … 근로자들의 **집단적 소유**이다. 제23조 국가는 … 협동단체소유를 점차 **전 인민적 소유**로 **전환**시킨다. 제24조 **개인소유**는 공민들의 개인적이며 소비적인 목적을 위한 소유이다. 제25조 국가는 모든 근로자에게 **먹고 입고 쓰고 살 수 있는 온갖 조건을 마련**하여 준다. 제34조 인민 경제는 **계획경제**이다.[5]

---

3   이성봉, "북한의 자립적 발전전략과 김일성 체제의 공고화 과정(1953~70)에 관한 연구," 고려대학교 대학원 박사학위 논문, 1999.

4   이상우, 『북한정치: 신정체제의 진화와 작동원리』(서울: 나남, 2008), p. 162.

5   「조선민주주의인민공화국 사회주의헌법」(2019. 8월 개정), 통일부 북한정보포털-전문자료 인용.

'중공업 우선 전략'과 '자력갱생론'을 추진한 북한의 경제 성장률은 〈표 3-2〉와 같이 1956~1960년까지 연간 13.7%의 경제 성장률을 보이며 단기적으로 급속한 성장을 보였으며, 특히 1961~1970년까지는 4.1%의 경제 성장률을 보이는 등 일부 구체적인 성과가 있었다.[6]

〈표 3-2〉 김일성 시대 '경제 성장률' 추이

(단위: 백만 북한 원, %)

구분	1956~ 1960	1961~ 1970	1971~ 1980	1981~ 1989	1990	1991	1992	1993
GNI	3,419	6,170	17,957	36,178	1,632	1,676	1,644	1,643
경제 성장률	13.7	4.1	2.9	2.4	-3.7	-3.5	-6	-4.3

출처: 한국은행, 『북한 경제 성장률 추정결과』; 통계청, 『남북한 경제사회상 비교』, 각 연도 수치를 종합해 재작성, GNI7(시기 평균) · 경제 성장률(전년 대비 증감률, %)

그러나 1970~1980년대 접어들면서 북한은 경제 침체기와 더불어 성장이 둔화하기 시작했다. 이 당시 경제 성장률은 1971~1980년 2.9%, 1981~1989년 2.4%로 1970년대 후반부터 1980년대에는 2%대 저성장을 기록하면서 극심한 경제적 어려움을 겪게 된다.[8] 이 시기 북한은 정치적으로는 '수령제 정치체제'의 제도화와 김정일에로의 '후계체제 확

---

6 북한당국은 제1차 5개년 경제계획을 통해 공업총생산은 3.5배, 생산수단은 3.6배, 소비재 생산은 3.3배 증가했고, 연평균 성장률은 36.6%에 달한다고 주장했다. "조선로동당 제4차 대회에서 한 중앙위원회 사업총화 보고", 『김일성 저작선집 3』(평양: 조선로동당출판사, 1968), p. 76.

7 현재 북한 경제 성장률을 정기적으로 추정하는 곳은 한국은행이 유일하며, 기존 연구에서 북한의 경제 규모 추정은 주로 GNI(국민총소득: Gross National Product)를 의미하고 있다. 따라서 제시한 명목 GNI는 한국은행 발표자료를 토대로 분석 기간의 추정치를 평균으로 재정리한 수치다. 한국은행, 앞의 논문, p. 1.

8 한국은행, 『북한 경제 성장률 추정: 1956~1989년』(서울: 한국장애인문화인쇄협회, 2020), pp. 30~31.

립'이 최우선 과제였으며, 경제적으로는 새로운 방향전환이 모색되던 일종의 '과도기 국면'에 해당한다고 할 수 있다.[9]

'자력갱생'의 기치 아래 '자립경제'를 추진하던 북한은 외연적 성장이 한계에 달하자 '기술혁신'과 '장비의 현대화' 등을 통해 '내포적 성장'으로 전환해야 할 상황에 직면하게 된 것이다. 1971년부터 시작된 제1차 6개년계획(1971~1976)은 이러한 상황이 고려되어 '산업설비의 근대화'와 '기술혁명의 촉진'을 기본과업으로 세웠다. 1971년 속도전인 '100일 전투'를 조직하고 경제발전에서 '속도'를 강조하기 시작했으며, 아래 제시된 「1971년 김일성의 언급」처럼 1973년부터 '3대혁명소조운동'을 통해 북한 사회 전반에 '사상적 개조'와 '지도방법의 혁신'을 추구하고자 했다.

"현시기 **간부들과의 사업**에서 나서는 가장 **절박한 과업**은 **간부들의 정치실무적 자질**을 높이기 위한 투쟁을 결정적으로 강화하는 것이다. 오늘 우리의 **간부대열**은 기본적으로 당과 혁명에 충실한 일군들로 꾸려졌으나 그들의 **준비 정도**는 빨리 발전하는 **현실을 따라가지 못하고 있으며** 당의 요구에 비하여 전반적으로 낮은 형편에 있다."[10]

---

9   김일성은 1970년 11월 제5차 노동당 대회에서 기계공업의 성과와 농업 부문의 기술혁명, 사회주의 경제관리체계 등을 열거하면서 '사회주의 공업 국가'로 전환되었음을 선언했으나, 당시 북한에서는 '사회주의 공업화'가 여전히 진행 중이었다고 할 수 있다. 국토통일원, 『조선로동당 대회자료집』 제3권(서울: 국토통일원, 1988), pp. 116~117.

10 "청년들은 대를 이어 혁명을 계속하여야 한다", 『김일성 저작집 26』(평양: 조선로동당출판사, 1984), p. 358.

2. 대중동원 방식

6·25전쟁 이후 북한은 '경제를 재건'하고 '체제의 정통성을 확립'하는 주요한 수단으로 '대중동원'을 활용했다. 요컨대 '대중운동'이란 북한의 당 기관지 『근로자』에 게재된 논문에서 잘 설명하고 있는 것처럼 혁명과 건설과정에서 제기된 과업을 '인민대중'이 자신의 과업으로 받아들여 '인민대중' 상호 간에 서로 돕고 이끌면서 성공적으로 수행해나가는 운동이라는 것이다.[11] 대중의 '자발적 호응'을 유인하기 위해 '주체'를 내세우고 여기에 김일성의 '권위와 정치적 상징'을 연계시킴으로써 '노동력 동원'을 위한 '대대적인 사회운동'의 이념적 토대로 활용한 것이다.[12] 이처럼 북한의 '대중운동'은 경제적 어려움을 극복하기 위해 출발했으나 점차 '사상적 단련'과 '정치적 각성'의 복합적 목적을 두고 추진되었다.

이러한 '대중운동'의 조직 지도방법이 '군중노선'이며, 하위지도자들에게 혁명적 사업방법을 제시하여 '인민대중'으로 하여금 혁명과 건설에서 주인으로서의 '책임과 역할'을 다하게 하자는 것이 아래 『근로자』의 표현에 잘 나타나 있다.[13]

"로동계급의 **당이 대중운동을 옳게 전개**하는 것은 **혁명과 건설**을 다그

---

11 리성준, "주체사상과 군중노선", 『근로자』 제7호(1980), p. 11.

12 Robert A. Scalapino and Chong-Sik Lee, *Communism in Korea* (Berkeley: University of California Press, 1972), Vol. 1. p. 375.

13 북한의 대중운동과 군중노선을 분류하면 「건국사상총동원운동, 증산경쟁운동, 천리마운동, 3대붉은기쟁취운동」 등은 '대중운동'의 범주이고, 「청산리방법, 대안의 사업체계, 3대혁명소조운동」 등은 '군중노선'의 범주에 포함할 수 있다. 류길재, "천리마운동과 사회주의경제건설", 『북한 사회주의 건설의 정치경제』(서울: 경남대 극동문제연구소, 1992), p. 58.

치기 위한 **가장 중요한 요구의 하나**로 나선다. … **대중운동**은 근로인민
대중이 자기의 **자주적 요구와 이해관계를 실현**하기 위하여 벌리게 되는
집단적 운동으로서 그 **주체는** 다름 아닌 **근로인민대중**이다."[14]

또한, 북한의 '대중운동'은 경제사업을 위한 대중운동으로 끊임없
이 발생하게 되는 정치 동학(political dynamics)으로서 '정치화된 대중운
동'(politicized mass movement)으로 규정할 수 있다.[15] 그뿐만 아니라 북한의
대중운동은 '모범'을 보여 이를 널리 확산시키는 방식을 취하고 있다.
'한점을 뚫고 모범을 창조하여 일반화함으로써 일반적 지도와 개별적
지도를 결합'하는 방식이라 할 수 있는 것이다.[16] 다시 말해 '모범 창조'
를 통한 '확산 전략'은 어느 한 지역에서의 집회나 호소문의 형태로 나
타나고 이를 언론을 통해 대대적으로 선전함으로써 전국적인 운동으로
발전시키는 방식으로 진행된다. 대표적인 사례가 1990년대 '정춘실 운
동'이라 할 수 있다.[17] 1991년 9월 24일 '자강도당 전원회의 확대 회의'
에서 김일성은 아래와 같은 발언을 통해 '모범 창조'를 강조했고 이후
김정일의 주도하에 '정춘실 운동'이 적극적으로 일어났다.

"**정춘실 동무**가 로력영웅이 된 후에 일을 더 잘하였고 2중로력영웅이 된
후에는 더 크게 일판을 벌려 **인민 생활 향상에 적극 이바지하**는 것 … **정**

---

14 최춘황, "3대혁명붉은기쟁취운동은 사회주의, 공산주의 건설을 다그치는 전 인민적 대중
    운동", 『근로자』 제2호(1987), p. 71.

15 Ezra E. Vogel, "Politicized Bureaucracy: Communist China," *Fred W. Riggs ed., Frontiers of
    Development Administration* (Durham: Duke University Press, 1970), pp. 27~29.

16 김동익, "일반적 지도와 개별적 지도를 결합하는 것은 우리 당의 혁명적 사업방법", 『근로
    자』 제7호(1970), p. 28.

17 정춘실(전천군 상업관리소장)은 1958년 10월 김일성이 자강도 현지지도에서 정춘실이
    작성한 '우리 가정 수첩'과 그녀가 보인 적극적이고 헌신적인 노력 등이 '숨은 영웅 따라
    배우기'의 좋은 사례가 되었기 때문이다. 『로동신문』, 1991년 11월 22일.

"춘실 동무와 같은 일군이 많아질수록 인민들이 더 잘살게 될 것"

'대중동원 방식'을 시기별로 살펴보면, 1950~1960년대 북한의 '대중동원 방식'은 '사회적 동원'과 '집단적 혁신'이며, 이를 위한 구체적인 방안이 이른바 '천리마운동', '청산리 방법', '대안의 사업체계'라고 할 수 있다. 즉 노동력 동원을 통한 생산력 증대방안으로 추진되어왔던 '천리마운동'을 전 산업에 적용하여 공업 부문에는 '대안의 사업체계', 농업 부문에는 '청산리 방법'으로 구체화하여 북한식 '사회주의 경제관리체제'의 골격을 완성하고자 했다.

그 이유는 아래 북한 출판물에 표현된 것처럼 북한 경제의 '관리원칙과 특징'[18]에서 잘 드러나는데, 이 시기 북한은 '북반부 민주기지론'에 입각하여 봉건적 농업사회를 '사회주의사회'로 개조한다는 명분으로 대대적인 '토지개혁'[19]과 '농업협동조합화', 주요산업의 '국유화'를 진행하여 '사회주의 경제체제'를 구축하고자 했다. 이는 아래 북한 출판물에서 드러난 표현을 보면 잘 알 수 있다.

"1945년 8월 15일 위대한 수령 김일성 동지께서 항일의 혈전만리를 헤치시여 조국 해방의 력사적 위업을 이룩하심으로써 우리 인민 앞에는 부강 조국 건설의 광활한 앞길이 열려지게 되었다. … 새민주건설 시기 인민경제 복구 발전 방향은 파괴된 경제를 복구하고 … **민족경제의 자립적 토대를 확고히 축성**하는 것이였다. … 반제반봉건민주주의 혁명 시기 우리나라에서는 **토지개혁**(1946년 3월 5일), **중요 산업 국유화**(1946년 8월 10

---

18   북한은 경제관리 원칙을 "사회주의경제를 지도하고 관리하는 모든 활동에서 반드시 지켜야 할 지침"이라고 정의하고 있다. 『경제사전』 1권(1985), p. 709.

19   1946년 3월 5일 '북조선 임시인민위원회'는 '토지개혁에 관한 법령'을 통해 소위 '무상몰수, 무상분배'를 주창하며 사회주의적 개조를 조속히 성취하려고 했다.

일)와 같은 거대한 사회경제적 변혁이 일어나 **민족경제의 자립적 토대**를 쌓기 위한 투쟁에 적극 기여하였다."[20]

또한, 김일성의 권력이 '공고화'되는 과정에서 가장 광범위하게 수행된 '대중운동' 가운데 하나가 '천리마운동'이다. 이 운동은 1956년 김일성이 '강선제강소 현지지도'에서 유래했다는 것이 북한의 공식적인 설명이다.[21] 아래 북한 서적에서 밝힌 것처럼 김일성은 1956년 12월 당 중앙위원회 전원회의에서 '천리마운동'의 발전 속도를 높이기 위해 "결코 느린 걸음을 걸을 수 없으며 남보다 몇 배, 몇십 배 더 빨리 달려나가야 한다"라고 다음과 같이 호소했다.

"**강선제강소 로동계급**은 당중앙위원회 12월 **전원회의 결정을 높이 받들고 집단적 혁신운동의 불길**을 더욱 높이 추켜들어야 하겠습니다. 그리하여 그것이 우리나라 **전체 근로자들을 사회주의 건설의 대고조에로 불러일으키는 불길로 되게** 하여야 하겠습니다."[22]

이러한 '천리마운동'을 전개하는 과정에서 제기된 '경제건설 속도운동'이 '천리마속도'이다. 1956년 12월 당 중앙위원회 전원회의에서 김일성이 '천리마를 탄 기세로 달리자'라는 구호를 제시한 데서 그 연원을 찾고 있는데, 아래 북한 서적처럼 북한은 1957년부터 1960년까지 공업 총생산액을 매년 평균 36%씩 성장시키는 '속도'를 창조했다면서 이를

---

20 조선출판물수출입사, 『조선민주주의인민공화국경제개발』(정평인쇄소, 2017), p. 20.

21 "사회주의 건설의 위대한 추동력인 천리마작업반운동을 더욱 심화발전 시키자", 『김일성 저작집』 제5권(평양: 조선로동당출판사, 1980), pp. 49~50.

22 『김일성 저작집』 제10권(평양: 조선로동당출판사, 1980), pp. 413~414.

'천리마속도'의 성공적인 사례로 내세우고 있다.[23]

> "이리하여 **천리마운동**은 경제와 문화, 사상과 도덕의 모든 분야에서 온 갖 뒤떨어진 것을 쓸어버리고 끊임없는 혁신을 일으키며 **사회주의 건설 을 비상히 촉진**시키는 우리나라 **수백만 근로자들의 일대 혁명운동**으로 되였으며 사회주의 건설에서 **우리 당의 총로선**으로 되였습니다."[24]

그러나 이러한 '경제체제의 개조'는 기대했던 '생산력 증대'로 이어 지지 못했다. 따라서 이를 보완하기 위해 고안한 것이 이른바 농업관리 에서 '청산리 방법'이고 공업관리에서 '대안의 사업체계'라고 할 수 있 다. '청산리 방법'은 1960년 2월 김일성이 평안남도 강서군 '청산리 협동 농장 현지지도'에서 제시한 방법이라 하여 붙여졌는데, 상급자가 직접 현장에 내려가 실정에 맞게 문제를 해결한다는 '현장 반영원칙'과 농민 의 '생산 의욕을 고취'한다는 것이 아래 북한 서적에서 주장하는 주요 골자다.

> "**청산리방법의 기본**은 웃기관이 아랫기관을 도와주고 웃사람이 아랫사 람을 도와주며 늘 **현지에 내려가 실정을 깊이 알아보고** 문제해결의 올 바른 방도를 세우며 모든 사업에서 **정치사업, 사람과의 사업**을 앞세우며 **대중의 자각적인 열성과 창발성을 동원**하여 **혁명과업을 수행**하는 데 있 습니다."[25]

---

23 『김일성 저작집』 제3권(평양: 조선로동당출판사, 1979), p. 101.
24 『김일성 저작집』 제22권(평양: 조선로동당출판사, 1983), p. 261; 제3권, p. 435.
25 『김일성 저작집』 제4권(평양: 조선로동당출판사, 1979), pp. 298~299.

한때 북한은 이 방법을 "혁명적 군중로선에 기초한 조선로동당의 과학적 대중지도 방법"이라고 주장[26]했으나, 지금은 「북한 헌법」 제33조에 명시한 것처럼 경제관리의 효율성을 제고하겠다는 '사회주의 기업 책임 관리제'에 역점을 두는 것으로 변화되고 있다.

> "제33조 국가는 생산자 대중의 집체적 지혜와 힘에 의거하여 경제를 과학적으로, 합리적으로 관리 운영하며 **내각의 역할을 결정적**으로 높인다. 국가는 경제관리에서 **사회주의 기업 책임관리제**를 실시하며 원가, 가격, 수익성 같은 경제적 공간을 옳게 리용하도록 한다."[27]

아울러 공업관리에서 '청산리 방법'을 발전시켜 적용한 것이 '대안의 사업체계'이다. 이는 1961년 12월 김일성이 '대안(大安) 전기공장'을 방문하여 교시한 것을 기념한 것인데 북한은 '청산리 방법을 구현한 새로운 공업관리 형태'라고 강조하면서 2016년 '북한 헌법' 제33조에 명시[28]하고 '군중로선의 실천'이라고 자랑하기도 했다. 그러나 이러한 '대안의 사업체계'로도 근로자의 근로 의욕을 높일 수 없게 되자 1970년 초부터 '독립채산제'를 도입하면서 1998년 북한 헌법에 최초로 '명문화'했다.[29]

---

26 『백과전서』 제5권(평양: 백과사전출판사, 1982), p. 48.

27 2016년 개정한 북한 헌법 제33조에서는 농촌경리를 기업적 방법으로 지도하는 '농업의 기업화'에 역점을 두다가 2019년 개정 북한 헌법에서 이른바 '사회주의 기업 책임관리제'를 제시했다. 「조선민주주의인민공화국 사회주의헌법」 제33조(2019. 8월 개정)

28 2016년 북한 헌법 제33조에 "국가는 생산자 대중의 집체적 힘에 의거하여 경제를 과학적으로, 합리적으로 관리 운영하는 사회주의 경제관리 형태인 대안의 사업체계와 … 경제를 지도관리 한다"라고 명시했으나 2019년 개정에서 '대안의 사업체계'라는 용어가 삭제되었다. '대안의 사업체계'는 '공장 당 위원회'가 중심이 되어 모든 결정을 하는 제도로 당 간부·행정간부·지배인·기술자·근로자 등이 위원회에 참여하도록 했다. "대안의 사업체계를 더욱 발전시킬 데 대하여", 『김일성 저작집』 제3권, p. 424.

29 '대안의 사업체계'가 정치적 대중동원 방법으로 근로자의 근로 의욕을 높이는 방법이라면

또한, 1970~1980년대 북한의 '대중동원 방식'은 '위로부터 지도'와 '일상적 동원'이며, 이를 위한 구체적인 방안이 '3대 혁명운동'과 '속도전'이라 할 수 있다. 1970년대 북한은 정치적으로 '수령제' 권력체계를 공고히 하고, 경제적으로 '사회주의 공업 국가'로 발전해나가야 하는 문제에 직면해 있었다. 이러한 정치 · 경제적 문제를 돌파하기 위한 '전략적 수단'의 하나가 '대중운동'이었으며, 이러한 '대중운동'을 제도적으로 정당화할 수 있는 '사상 교양'과 '집단적 조직구조'의 대중적 기반을 마련하는 것이 시급했다. 그 때문에 김정일은 1970년대 초반부터 노동당이 주도하는 '3대 혁명소조운동'을 지도하기 시작했고, 1970년대 중반 이후에는 '70일 전투', '3대붉은기쟁취운동', '숨은 영웅들의 모범을 따라 배우는 운동' 등의 '대중운동'을 주도하여 세대교체와 김정일 후계체제를 뒷받침할 인적자원을 확고하게 구축할 수 있게 되었다고 할 수 있다.[30]

3. 현지지도 방식과 통치전략

사회주의 건설 초기인 1950~1960년대 김일성의 통치전략은 '수령제의 기반을 구축'하는 것이다. 이를 위한 '현지지도' 방식이 '정치와 생산의 결합'이라 할 수 있다. 북한의 공식문헌상 기록된 김일성의 최초

'독립채산제'는 물질적 근로 동기를 부여하여 생산을 증대하려는 계획이라고 할 수 있다. 제33조 "국가는 경제관리에서 '대안의 사업체계'의 요구에 맞게 '독립채산제'를 실시하며 원가, 가격, 수익성 같은 경제적 공간을 옳게 리용하도록 한다." 1998년 북한 헌법 개정에 반영되었다가 2019년 개정에서 삭제되었다.

30 황장엽은 "1974~1985년은 '김일성-김정일 공동정권'이었고, 이후 1994년까지는 김정일 권한이 강화된 '김정일-김일성 공동정권'이었으며, 김일성은 '영도'를, 김정일은 '지도'를 수행하게 되었다"고 주장했다. 『중앙일보』, 1999. 9. 5.(https://www.joongang.co.kr/article/3818918, 검색일: 2022. 9. 24.)

'현지지도'는 1945년 9월 24일 '평양 곡산공장' 시찰이었다.[31] 그러나 우리가 특히 주목해야 할 김일성의 현지지도는 1956년 12월 27일 실시한 '강선제강소'에 대한 현지지도라 할 수 있다.[32] 김일성은 1956년 12월 당 중앙위원회 전원회의에서 '사회주의 건설에서 혁명적 대고조를 일으키자'라는 연설을 통해 '최대한의 증산과 절약'이라는 구호를 제시하고 '강선제강소'에 대한 현지지도를 실시했다.[33] 이곳에서 김일성은 '내부 예비를 최대한 동원하여 더 많은 강재를 생산하자'라는 연설을 통해 '천리마운동'[34]을 발기했고, 아래 내용처럼 이를 계기로 대대적인 '반종파 투쟁'을 증산 투쟁과 결합하여 '정치와 경제'가 본격적으로 연계되었다.

> **"김일성 동지와 당 및 국가 지도 간부**들은 공장, 기업소들과 농촌들에 **직접 내려가서** 로동자, 농민들에게 나라의 어려운 형편과 이를 타개하기 위한 **당의 의도를 토의**하였으며 **증산과 절약의 예비를 찾는 사업을 진행**하였다."[35]

이는 현지지도를 '단순한 시찰'이 아니라 '통치의 핵심적 수단'으로 활용하기 시작한 것인데 김일성과 국가 지도급 간부들의 '체계적인 현지지도'가 각급 단위와 지역에서 진행되었고 경제건설과 권력투쟁의 문

---

31 과학백과사전출판사,『조선전사년표 II』(평양: 과학백과사전출판사, 1991), p. 105.

32 "김일성 동지의 위대한 현지지도방법을 따라 배우자",『근로자』 제11호(평양: 근로자사, 1969), pp. 2~5.

33 김남식, "북한의 공산화 과정과 계급노선",『북한 공산화 과정 연구』(서울: 고려대 아세아문제연구소, 1972), pp. 204~205.

34 "하루에 천리를 달리는 천리마를 탄 기세로 사회주의 건설에서 생산성을 획기적으로 높이자"라는 의미로 사용되는 사회주의 노력경쟁 운동의 하나로, 사회주의 생산경쟁 운동 형태로 시작되어 1960년대에는 '사회주의 건설과 혁명을 촉진하는 추동력이자 사회주의 건설의 총노선'으로 발전하게 된다. 박정하, 앞의 논문, p. 55 재인용.

35 조선로동당 당력사연구소,『조선로동당 력사교재』(평양: 조선로동당출판사, 1964), p. 374.

제를 극복하는 '통치수단'으로 현지지도를 보다 적극적으로 활용하기
시작했다.[36]

〈표 3-3〉 김일성의 '현지지도' 현황

(단위: 횟수, %)

구분		전체 시기	김일성 시대	후계체제 구축기
		1957~1993	1957~1970	1971~1993
횟수		865(100)	374(100)	491(100)
부문	군사	17(2.0)	11(2.9)	6(1.2)
	행정·경제	594(68.7)	233(62.3)	361(73.5)
	기타	254(29.3)	130(34.8)	124(25.3)

출처: 과학백과사전출판사, 『조선전사년표 Ⅱ』(평양: 과학백과사전출판사, 1991); 조선중앙통신사,
『조선중앙연감』(평양: 조선중앙통신사) 1961~1990년을 토대로 정리.

다시 말해 1950~1960년대 김일성의 '현지지도'는 '수령제의 기반
구축'과 '정치와 생산의 결합'을 위한 수단이자 '통치전략의 도구'였다고
할 수 있다. 즉 1956년부터 본격적으로 진행된 김일성의 '현지지도'는
인민대중으로부터 경제적 생산뿐 아니라 정치적 효과를 끌어내는 독특
한 메커니즘을 구성하는 '통치행위'라고 할 수 있는 것이다.

또한 '8월 종파사건' 이후 1957년 초·중반 김일성의 '현지지도' 특
징은 황해남북도와 함경남북도에 있는 '농업협동조합'에 집중적으로 실
시되었다는 점이다.[37] 대표적인 곳이 황해제철소, 원화농업협동조합(평
남 순안군 산음리), 소삼정농업협동조합(황해북도 중화군 력포리), 룡남농업협
동조합(평안남도 문덕군 상팔리), 연풍농업협동조합(평안남도 숙천군 창동리),

---

36 홍민, 앞의 논문, p. 41.
37 "전후 3개년 인민경제 계획의 예비적 총화와 1957년 인민경제발전 계획에 대하여", 『근로
    자』 제1호(평양: 근로자사, 1957), p. 19.

삼석농업협동조합(황해북도 승호군 삼석리) 등이다.[38] 김일성은 이러한 각지의 '농업협동조합'을 집중적으로 지도하면서 '농업 협동화의 공고화와 증산'을 강조했고, 현지지도를 통해 각 공장과 기업소, 협동농장에서는 계획수행을 위한 '궐기대회'와 '각종 학습'이 대대적으로 진행되었다.

이와 같이 1950~1960년대 김일성은 산업의 '주요 핵심부문'에 대한 현지지도를 통해 '모범'을 창출하고 사업방법의 혁신을 강조하는 이른바 '중심고리 현지지도'를 통해 모범사례를 전국적인 생산혁신으로 연계시켜나가는 '사회주의 대고조'의 불길을 지펴나가고자 했다고 평가할 수 있다.[39]

또한, 1970~1980년대 김일성의 통치전략은 '수령제의 제도화'였고 현지지도를 '후계체계 구축'을 위한 수단으로 적극적으로 활용했다. 이 시기 김일성의 '현지지도'는 '경제 부문'에 집중되었고 '군사 부문'에 대한 현지지도는 매우 제한적으로 실시되었다. 그 배경은 1960년대 후반 '4대 군사노선'을 채택한 데 따른 자원 배분의 불균형과 '계획경제시스템'의 침체가 체제의 부담으로 작용하자 '경제건설'에 집중할 수밖에 없었던 것이다. 이 때문에 김일성은 '현지지도'에서 경제침체와 비효율성의 원인을 당 간부 및 책임 일군들의 '관료주의적 사업방식'에서 찾고 이를 위한 대안으로 '3대 혁명소조운동'을 제시했다.[40]

이처럼 '김일성'은 현지지도를 통해 '3대 혁명소조운동'을 농업과 공업 부문에서 점차 군사 · 교육 · 문화 부문까지 확산시켜나갔고, '김정

---

38 사회과학원 력사연구소, 『조선전사년표 Ⅲ』(평양: 과학백과사전출판사, 1967), pp. 258~259.

39 이관세, 『현지지도를 통해 본 김정일의 리더십』(서울: 전략과 문화, 2009), pp. 121~123.

40 "사회주의 경제관리를 개선하기 위한 몇 가지 문제에 대하여", 『김일성 저작집 26』(평양: 조선노동당출판사, 1984), pp. 120~136.

일'은 '현지지도사적비'를 전국적으로 조성[41]하고 각종 예술영화의 창작 방향 등을 지시하는 '실무지도'를[42] 수행함으로써 김정일의 '권위와 위상'을 확립하고 '후계체제를 구축'해나갈 수 있었던 것이다.[43]

결국, 1970~1980년대 김일성, 김정일의 '현지지도'는 '수령'의 절대적 권위를 강화하면서 김정일이 주도하는 '대중운동'이 주창되면서 '김정일 후계체계'를 구축하는 데 매우 유용한 '통치전략의 기제'로 활용되었다고 할 수 있다.

---

41 김정일의 '현지지도 사적지'는 1972년도 『조선중앙년감』에 소개한 이후 1973년, 1975년 『조선중앙년감』에 집중적으로 소개하기 시작했다.

42 이 당시 '현지지도'는 김일성의 현장시찰을 의미하며, 김정일의 '실무지도'는 구체적인 내용 면에서는 현지지도와 차이가 없으나, '수령'인 김일성의 위상을 침범할 수 없는 점을 고려하여 '김정일의 현장시찰'과 '김일성 현지지도 수행'을 모두 '실무지도'로 표현했다.

43 이 시기 김일성이 수행한 '현지지도'는 하나의 '모범'으로 고착화되었고, 그에 따른 연쇄적 파급효과의 사회적 확산은 김정일의 능력과 권위로 연결되었다고 할 수 있다.

제2절 김정일의 현지지도 실태와 특징

1. 대내외 환경과 경제발전전략

1990년대 들어 북한은 대내외적 위기에 봉착하게 된다.[44] 구소련의 해체와 동구 사회주의권의 붕괴로 인한 대외환경의 변화와 함께 김일성 사후 식량난으로 대별되는 급격한 경제 악화와 사회통제력 약화 등에 직면한 것이다. 사회주의권의 몰락으로 인한 외부지원의 감소, 미국의 경제제재와 거듭되는 자연재해, 과도한 군사비 지출 등의 요인이 복합되어 북한 경제는 지속적인 마이너스 성장에 허덕이게 되었다. 극심한 식량난으로 식량 배급체계가 붕괴하자 농민 시장이 증가하고[45] 생필품의 암거래와 같은 생계형 범죄가 빈발하는 등 '사회적 동요'와 '체제 불안정 요소'가 급증하게 되었다.

북한의 경제 상황은 〈표 3-4〉에 제시된 바와 같이 1990~1998년

---

44 '대내적'으로 식량난, 에너지난, 경제난의 삼중고와 국제적 고립이라는 '외적 요인'으로 인해 최대 300만 명 이상의 아사자가 발생하기도 했다.

45 당시 북한 사회는 공장출근율이 감소했으며 농민 시장 등의 증가로 개인주의적 현상이 만연되고 각종 물품이 약탈당했으며 생필품이 암거래되는 등 범죄가 빈발했다. 특히 김일성 부자를 비판하거나 북한 체제 모순을 지적하는 낙서 사건과 전단 사건이 증가했다. 박형중, 『90년대 북한 체제의 위기와 변화』(서울: 민족통일연구원, 1997), pp. 38~37.

9년 동안 연평균 -3.8% 성장률을 기록하며 총생산력 수준이 1980년대 말보다 절반 수준 이하로 하락했다. 이른바 '고난의 행군'이라고 명명되는 이 시기에 북한의 산업은 군수산업을 제외하고 전반적으로 붕괴했다고 평가할 수 있다. 1999~2005년까지 연평균 약 2.2%의 플러스 성장세를 보이는 듯했지만, 2006~2010년까지 연평균 0.1%, 2011~2015년까지 연평균 0.6%로 침체를 유지하다가 2016년 3.9%, 2017년 -3.5%, 2018년 -4.1%, 2019년 0.4%, 2020년 -4.5% 성장률을 나타내고 있다.

또한, 북한의 경제 상황 변화를 '총량 지표'를 중심으로 살펴보면 국민총소득(GNI)은 1989년 240억 달러에서 1999년에는 130억 달러를 밑도는 수준으로 10년 사이 절반가량 감소한 것으로 추정되고 있다. 이러한 경제 위기는 사회 전체의 위기로 확산되었고, 중앙집권적 국가통제 계획경제 시스템 및 국가 식량 배급체계 등이 사실상 와해되었다. 무엇보다 "식량문제로 인하여 인민들의 사상의식에 부정적인 영향을 미치고 있으며",[46] 식량난으로 인해 경제 위기뿐 아니라 체제 전반에 걸쳐 위기를 가중했다.[47]

---

46 한창렬, "농사를 짓는데 선차적인 힘을 넣을 데 대한 우리 당의 방침의 정당성", 『근로자』 제8호(1997), p. 67.

47 '극심한 경제난'은 부정부패와 암거래 등 불법행위를 조장하여 사회 전반에 걸쳐 '비사회주의적 현상'이 확산되었고, 농민 시장 및 암시장의 활성화, 식량 구매를 위한 주민의 이동 통제가 제한되는 등 계획경제체제로부터의 이탈 현상이 가속화되는 상황에 직면하고 있었다. 박영근, "당의 혁명적 경제전략을 계속 철저히 관철하는 것은 인민 생활을 높이며 자립적 경제토대를 반석같이 다지기 위한 확고한 담보", 『경제연구』 제2호(평양: 사회과학출판사, 1996), p. 5.

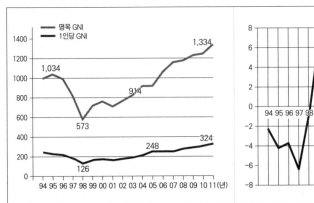
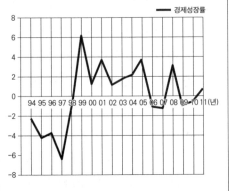

구분	1994	1995	1996	1997	1998	1999	2000	2001	2002
명목 GNI	212	223	214	177	126	158	168	157	170
1인당 GNI	992	1,034	989	811	573	714	757	706	762
경제 성장률	-2.1	-4.1	-3.6	-6.3	-1.1	6.2	1.3	3.7	1.2

구분	2003	2004	2005	2006	2007	2008	2009	2010	2011
명목 GNI	184	208	24.8	24.4	24.8	27.3	28.6	30.0	32.4
1인당 GNI	818	914	914	1,056	1,152	1,174	1,225	1,242	1,334
경제 성장률	1.8	2.2	3.8	-1.0	-1.2	3.1	-0.9	-0.5	0.8

출처: 한국은행, 『북한 경제 성장률 추정결과』, 각 연도(전년 대비 증감률, %)[48]; 통계청, 『남북한 경제사회상 비교』, 각 연도 수치(단위: 조 원)를 종합해 재작성.

이 당시 북한의 경제 상황이 얼마나 열악했는지는 『로동신문』 보도 내용에서 그 실태를 다음과 같이 묘사하고 있다.

---

48 한국은행은 1991년부터 북한의 국민소득 및 경제 성장률 등의 '주요 경제통계'를 추정하여 발표하고 있다. 비교기준은 명목 GNI는 10억 원, 1인당 GNI는 만 원을 기준으로 한다.

"격변하는 세계정세와 여러 나라에서의 **사회주의의 붕괴**, 그에 따르는 제국주의자들과 반동들의 **반사회주의, 반공화국 책동의 격화**, 이러한 가운데서 **민족의 존엄을 지킨다는 것은 간단한 일이 아니였다.** … 제국주의자들은 **군사적으로 위협 공갈하고 경제적으로 봉쇄**하면서 우리를 어떻게 하나 **개혁 개방에로 유도**하려고 하였다."[49]

고난의 행군(1995~1997)과 사회주의 강행군(1997~1998) 등을 제시하면서 등장한 것이 '선군정치'와 '강성대국 건설'이라 할 수 있다. '선군정치'는 이러한 당면한 경제적 위기를 극복하고 체제를 안정시키기 위한 전략적 노선으로서 군사력 강화를 통한 체제 수호와 군을 경제건설에 동원함에 목적이 있었다고 볼 수 있다. 북한은 『로동신문』에서 김정일이 '선군정치'를 통해 군대와 경제를 모두 일으켜 세웠다고 다음과 같이 선전하기도 했다.

"군사를 강화하면 경제건설에 지장을 받고 경제건설에 힘을 넣으면 군사를 약화시키게 된다. … **선군령도를 통해 군대로 강화하고 강성대국에로의 도약대를** 마련하는 경이적인 현실을 펼쳤다."[50]

그 후 1998년 9월 최고인민회의를 통해 김정일을 '국방위원장'으로 추대하기에 앞서 『로동신문』에서는 '강성대국 건설'을 21세기 경제부흥을 위한 '국가발전전략'으로 천명하기도 했다.

"주체의 **강성대국 건설**, 이것은 위대한 장군님께서 선대 국가수반 앞에, 조국과 민족 앞에 다지신 **애국충정 맹약**이며 조선을 이끌어 21세기를 찬

---

49 "민족적 자존심이 강한 인민은 불패이다", 『로동신문』, 2001년 6월 21일.

50 『로동신문』, 2001년 7월 26일.

란히 빛내이시려는 **담대한 설계도**이다. 강성대국 건설은 주체의 기치 밑에 전진해온 우리 혁명의 **새로운 력사적 단계의 필연적 요구**이며 한없이 거창하고 영광스러운 **민족사적 성업**이다. 21세기 강성대국을 건설하기 위해서는 **수령중심으로 사상의 강국**을 만드는 것부터 시작하여 **군대를 혁명의 기둥으로 튼튼히 세우고** 그 위력으로 **경제건설의 눈부신 비약**을 일으키는 것이 우리 장군님의 **주체적인 강성대국 건설 방식**이다."[51]

이처럼 '선군정치'와 '강성대국 건설'의 기치는 군대가 "사회주의 수호자로서만 아니라 행복의 창조자로 역할을 해야 한다"[52]고 강조하면서 군을 '강성대국 건설'의 주력군으로 활용하고자 했다고 볼 수 있다. 이에 따라 북한군은 사회 기간시설 건설의 핵심노동력으로 투입되었고 농업생산력 증대를 위해 농장에 파견되었다.[53]

2. 대중동원 방식

김정일의 '대중동원 방식'은 '사상'을 강조하면서 '당이 주도'하는 특징을 갖고 있다. 이는 조선노동당을 중심으로 '위로부터 지도'를 통해 구체적인 지도지침을 하달하고 당에서 엄격하게 통제하고 검열을 통해 이를 실행해나가도록 하는 방식이라고 할 수 있다. 김정일은 '3대 혁명소조운동'[54]을 주도하면서 1980년 제6차 당 대회를 통해 당 중앙위원회

---

51 "정론: 강성대국", 『로동신문』, 1998년 8월 22일.

52 김철우, 『김정일 장군의 선군정치』(평양: 평양출판사, 2000), p. 39.

53 이종석, "북한의 권력 구조 재편과 대남전략", 『국가전략』 제5권 제1호(서울: 세종연구소, 1999), p. 168.

54 1972년 김정일이 후계자로 등장할 무렵 3대 혁명(사상·기술·문화)을 수행한다는 명목으로 조직되었고 대학 졸업생들이 소조원으로서 2~3년간 의무적으로 참여했다. 소조원

정위원, 당 정치국 위원, 당 비서국 비서, 당 군사위원회 위원 등 당과 군의 권한을 모두 확보하게 된다. 이와 더불어 1980년대 김정일은 다양한 '사회운동'과 '대중동원'을 통해 권력을 더욱 공고히 하는데 대표적으로 '속도창조운동', '전 당의 주체사상화', '준법기풍 앙양', '인민소비품 생산운동' 등의 사회운동을 추진했다.

또한, 1987년 '제3차 7개년계획' 수행의 돌파구를 열기 위해 1988년 전당, 전민을 총동원하는 '200일 전투'를 지시했기도 했다. 1998년에는 '강성대국 건설' 제시를 계기로 1950~1960년대 '천리마운동'을 모태로 한 소위 '제2의 천리마운동'을 북한 전역에 확산시키기 시작했다. 이는 김정일이 1998년 1월 자강도의 강계 트랙터공장 등에 대한 현지지도에서 자력갱생에 입각한 강행군 사례를 '강계정신'[55]으로 개념화하면서 '제2의 천리마 대진군운동'으로 구체화되었다.

'고난의 행군'을 극복하는 사상적 바탕으로서[56] '사회주의 강성대국'을 건설하는 혁명정신을 강조함으로써 '강계정신'의 미래지향적 비전을 제시하는 데 무게를 두었다. '강계정신'은 '3대 혁명 붉은기쟁취운동'과의 유기적 결합을 강조하면서 "이들의 결합은 사상개조와 집단적 혁신 운동을 유기적으로 결합시킨 대중운동이며, 유기적 결합을 훌륭히 해결하는 것이 바로 3대 혁명붉은기쟁취운동"[57]이라면서 3대 혁명에 바탕을 둔 도덕적 자극을 강조하고 있다. 다시 말해 북한은 '강계정신'이 '3대 혁명 붉은기쟁취운동'을 다시 한번 고취하는 것이라고 『로동신문』

들은 각급 기관 및 생산현장에 파견되어 간부, 기술자들에게 기술을 지도하면서 김정일 후계체제 구축을 위한 전위대 역할을 수행했다. 통일부 통일교육원, 앞의 책, pp. 48~49.

55　'강계정신'은 자강동 강계지역 노동자들의 '자력갱생'의 정신을 의미하는데, '고난의 행군' 시기에 이룩한 노동자들의 모범사례로 주로 인용되었다.

56　"오늘의 천리마 정신", 『로동신문』, 1998년 7월 7일.

57　"3대 혁명 붉은기쟁취운동은 제2천리마 대진군의 추동력", 『로동신문』, 1999년 9월 12일.

을 통해 다음과 같이 주장했다.

> "**3대혁명붉은기쟁취운동**이 제2의 천리마 대진군의 위대한 추동력이 되
> 는 것은 **사상개조와 집단적 혁신운동을 유기적으로 결합시킨 대중운동**
> 이기 때문이며, 이들의 유기적 결합을 훌륭히 해결하는 것이 바로 **3대 혁
> 명 붉은기쟁취운동**이다."[58]

이처럼 '제2의 천리마 대진군운동'은 경제난 해결을 위해 시작되었
으나 그 전개 과정에서 사상·군사·경제 강국을 목표로 하는 '강성대
국의 건설'로 변질되면서 김정일 체제를 구축하려는 정치적 배경과 정
치적 목표를 달성하는 데 중점을 두게 되었다.

3. 현지지도 방식과 통치전략

북한의 '유일지도 체제'는 1인 지배를 위한 통치 기제로서 '수령·
당·대중과의 일체화된 체계'라고 할 수 있다. '유일지도 체제'는 수령의
지위와 역할로 이루어지는데 '혁명적 수령관'을 통해 '정당화'되며, '지
도'를 통해 혁명적 수령관을 '제도화'하는 것이다. 특히 '혁명적 수령관'
에 따르면 수령의 교시인 '지도'는 법률 이상의 절대적 권위를 지니고
있다고 할 수 있다.[59]

이와 관련하여 김정일은 "당은 혁명의 참모부이며 로동계급의 수

---

58 "강계정신으로 제2의 천리마 대진군을 힘차게 다그치자", 『로동신문』, 1999년 9월 28일.

59 북한은 '유일지도 체제'를 "수령의 사상을 지도적 지침으로 하여 혁명과 건설을 수행하며
    수령의 사상과 명령, 지시에 따라 전당, 전국, 전민이 하나와 같이 움직이는 체계"라고 정
    의하고 있다. 사회과학원 철학연구소, 『철학사전』(평양: 사회과학출판사, 1985), p. 388.

령은 혁명의 최고 령도자"[60]라고 주장함으로써 지도의 주체를 수령과 당으로 규정하고 있다. 다시 말해 '수령의 지도'와 '당의 지도'를 구분하는 것인데, '수령의 지도'는 주체사상에 기반하여 정당성과 원리를 규정하는 '이론적 기반의 지도'이고, '당의 지도'[61]는 당과 국가 정책에 대한 보다 '구체적인 현지 감독 등의 지도'로 이해할 수 있다. 이러한 '지도의 위상'은 두 가지 측면에서 구분해 이해할 필요가 있다. 이론적 측면에서 '수령의 혁명적 영도'는 '상징의 기제'이자 김일성, 김정일의 유일지도 체제 '정당화의 논거'라고 할 수 있고, '당적 지도'는 '구체적 행위 양식의 위상'을 갖는다고 할 수 있다.

이때 '당적 지도'는 다시 '정책지도'와 '생활지도'로 구분된다. '정책지도'는 노동당의 정책을 관철하기 위해 추진되는데, 이는 특히 경제적 생산 확대를 위한 현지지도에서 두드러지게 나타나고 있다. 대표적인 사례가 2000년 '락원의 봉화', 2001년 '라남의 봉화'인데 기계, 금속공장인 이 두 봉화를 통해 선행부문의 경제 정상화를 추진하려는 당의 정책이 반영되고 있음을 알 수 있다. '생활지도'는 당원과 노동자들 속에서 본보기를 발굴하여 영웅으로 소개하고 선전하는 사업이라고 할 수 있고, 이를 통해 '수령'과 '당'에 대한 충성심을 발양시키고 산업생산과 기술혁신을 도모하고자 하는 것이다. 대표적인 사례가 1979년 '숨은 영웅 따라 배우기 운동', '정춘실 운동'[62] 등이며, 1986년 '숨은 공로자 대회',

---

60 김정일, 『주체사상에 대하여』(평양: 조선로동당출판사, 1991), p. 77.

61 김정일은 생산현장에서 '정책지도'보다는 '생활지도'의 중요성을 강조하면서 중앙당에서 파견한 전문 당 간부가 당 사업을 전담하도록 했다. 박영민, "북한 당·정 관계의 성격 변화와 그 인식에 관한 연구", 『동북아연구』 제24권 제1호(조선대학교 동북아연구소, 2009), p. 86.

62 1994. 10. 14일자 『내외통신』은 북한 개성방송에서 '김정일이 1979년 10월 숨은 영웅들의 모범을 따라 배우는 운동을 발기하고 이 운동을 당의 중요한 방침으로 내세웠다'라고 보도했다. 한편 '정춘실 운동'은 1980년대 자강도 전천군 상업관리소 소장인 정춘실이 '우리 가정수첩'을 가지고 주민의 생활 형편을 적고 체계적으로 보살폈다는 것으로 이러한 인민

1988년 '전국 영웅대회', 1991년 '숨은 공로자 경험 토론회' 등을 통해 대중적 확산을 이어갔다. 이러한 현지지도의 '모범의 대중화'는 2007년 '태천의 기상'[63] 등으로 이어졌다.

<표 3-5> 김정일 현지지도 '용어 표현' 변화

조선중앙년감	김정일 '현지지도' 표현	비고
1982~1983	친애하는 지도자 김정일 동지의 '실무지도'	실무지도
1984~1986	조선로동당 중앙위원회정치국 실무위원회 위원이시며 당중앙위원회 비서이신 김정일 동지의 '실무지도'	실무지도
1987~1990	친애하는 김정일 동지의 '실무지도'	실무지도
1991	위대한 수령 김일성 동지와 친애한 지도자 김정일 동지의 '현지지도'	김일성, 김정일 함께 표기
1995	경애하는 수령 김일성 동지와 위대한 령도자 김정일 동지의 '현지지도'	김일성, 김정일 함께 표기
1996년 이후	위대한 령도자 김정일 동지의 '현지지도'	김일성 현지지도란 삭제

출처: 조선중앙통신사, 『조선중앙년감: 1982~1996』을 참조하여 정리.

김정일의 '현지지도'는 <표 3-5>와 같이 1994년 김일성 '사망 전'까지는 독자적인 '현지지도'는 거의 없었고, 대개는 김일성을 수행하는 형태로 '실무지도'라는 용어를 사용했다.[64]

적 품성과 사업작풍을 배우자는 의미에서 시작되었다. 박영민, "고난의 행군 이후 김정일 현지지도 패턴 분석", 『동북아연구』 Vol. 25(조선대 동북아연구소, 2010), p. 83.

63 '태천의 기상'은 2007년 1월 김정일이 새로 건설된 평안북도 태천 4호 청년발전소 현지지도 과정에서 청년 돌격대원들의 투쟁 정신을 평가한 것으로 알려졌다. 박영민, 위의 논문, p. 84.

64 김정일이 후계자로 지명된 1981년부터 1994년 김일성 사망 전까지 '김정일'이 실시한 현지지도는 80여 회에 그친다. 이는 1994년까지 김일성의 현지지도를 보좌하는 정도의 보조적 역할로 이해해야 할 것이다. 북한도 이 시기 김정일의 활동에 대해 "조국의 현실을 체험"하거나 "김일성의 사업을 보좌했다고"만 설명하고 있다. 『조선중앙방송』, 2002년 6

〈표 3-6〉 김정일 '현지지도' 현황

(단위: 횟수, %)

연도	계	군사	행정 · 경제	기타
1995	35(100)	20(57.1)	0(0)	15(42.9)
1996	52(100)	37(71.1)	4(7.7)	11(21.2)
1997	59(100)	40(67.8)	1(1.7)	18(30.5)
1998	70(100)	48(68.6)	6(8.6)	16(22.8)
1999	69(100)	43(62.3)	18(26.1)	8(11.6)
2000	73(100)	21(28.8)	25(34.2)	27(37.0)
2001	83(100)	39(47.0)	20(24.1)	24(28.9)
2002	99(100)	38(38.4)	20(20.2)	41(41.4)
2003	92(100)	63(68.5)	12(13.0)	17(18.5)
2004	92(100)	60(65.2)	10(10.9)	22(23.9)
2005	131(100)	70(53.4)	19(14.5)	42(32.1)
2006	102(100)	73(71.6)	13(12.7)	16(15.7)
2007	87(100)	38(43.7)	18(20.7)	31(35.6)
2008	97(100)	52(53.6)	26(26.8)	19(19.6)
2009	152(100)	36(23.7)	82(53.9)	34(22.4)
2010	155(100)	28(18.1)	76(49.0)	51(32.9)
2011	146(100)	28(19.2)	69(47.3)	49(33.5)
계	1,594(100)	734(46.0)	419(26.3)	441(27.7)

출처: 통일연구원, 『김정일 현지지도 동향 1994~2011』(서울: 통일연구원, 2011); 『로동신문』, 『조선중앙년감』을 참조하여 정리.

김정일이 공식적으로 '현지지도'를 시작한 것은 1994년이며 〈표 3-6〉에서 보이듯이 1995년 이후부터 2011년까지 약 1,594회의 현지지

월 18일; 통일연구원, 『김정일 현지지도 동향 1994~2011』(서울: 통일연구원, 2011).

도를 실시했고, 한 해 평균 '90여 회' 이상 현지지도에 나섰다. 1997년 이후 현지지도 '횟수'가 증가하는 것은 1997년 10월 김정일이 조선노동당 '총비서'로 추대되면서 실질적인 통치행위가 시작되었음을 시사하며, 1999년부터 '행정·경제 부문'에 대한 현지지도가 증가한 것은 '선군정치'를 주장하면서도 경제 회생에 대한 김정일의 의지가 강했다는 점과 2000년 남북정상회담과 6·15 공동선언 등으로 체제 안전에 대한 확신으로 '경제건설 활성화'에 관심이 집중되었다고 평가할 수 있다.[65]

'부문별'로 살펴보면 1990년대 김정일의 현지지도는 '군사 부문'에 집중되어 있음을 알 수 있다. 이 가운데 군사 관련 현지지도 비중은 1995년 57.1%에서 1998년 68.6%로 증가추세를 보이고 있다.[66] 이는 김일성 사망 이후 '내부 체제 정비'와 '사회적 동요'를 방지하기 위한 차원에서 '군사 부문'의 현지지도에 집중한 것으로 풀이할 수 있다. 그러다가 1999년을 기점으로 '행정·경제 부문'에 대한 현지지도 횟수가 증가하는 양상을 볼 수 있다. 이는 1998년 자강도 내에 여러 사업에 대한 현지지도를 계기로 이른바 '강계정신'[67]이 강조되면서 평안북도와 황해남도, 양강도, 자강도, 강원도에 대한 현지지도가 활발한 것을 알 수 있는

---

65 이기동, "김정일 현지지도에 관한 계량 분석", 『신진연구자 논문(IV)』(서울: 통일부, 2002), pp. 223~224.

66 군사 부문과 행정·경제 부문을 구분하는 것은 연구자의 판단에 따라 구체적 수치에 차이를 보일 수 있으나 본 연구에서는 선군정치 이후 군사 부문과 행정·경제분야를 큰 틀로 하여 구분하고 분석했다. 현지지도를 '부문별'로 구분하기 위해서는 고려해야 할 사항이 있다. 예컨대 군부대를 방문하지만 군에서 운영하는 농장이나 건설현장 등을 방문하는 경우처럼 외견상으로는 군사 부문으로 보이지만 실질 내용은 행정·경제 부문으로 해석될 수 있는 사례가 있어 그 구분을 명확히 하기는 쉽지 않다.

67 '강계정신'은 자강도가 건설한 중소형 발전소를 모범으로 삼아 전국적인 일반화를 위해 내세운 것으로 '자력갱생·자립경제 활성화, 중·소형 발전소 건설을 군중적 운동으로 벌여 높은 수준의 전기화 실현, 사회주의 강행군을 도모'하는 내용으로 축약할 수 있다. 『로동신문』, 1998년 2월 16일.

데[68] '행정·경제 분야' 현지지도는 대부분 북부지역에 치중되었다. 이 것은 김정일이 경제적으로 '낙후된 북부지역'을 중점적으로 현지지도 하여 전국적인 '일반화'를 시도하려고 했다고 볼 수 있다.

아울러 김정일이 '행정·경제 부문'에서 현지지도를 가장 많이 실 시한 단위는 '공장'과 '기업소', '발전소'이고 '먹는 문제'와 연관된 식료 가공공장, 제염소 등이 많다는 점이 주목할 만한 특징이라고 할 수 있 다. 그러다가 1999년부터는 농장에 대한 현지지도가 크게 증가하고 각 종 목장과 양어장으로 확대되는 등 먹는 문제 해결이 더욱 구조적이고 다양한 방향으로 추진되었다.[69]

이외에도 '김일성 사망' 전후를 중심으로 김정일의 '현지지도'에 특 징이 도출되는데 〈표 3-7〉과 같이 전체 횟수 면에서 김일성 사망 이전 (71회)보다 사망 이후(1,586회)에 김정일의 현지지도가 활발해졌음을 알 수 있다. 또한, 김일성 '사망 이전'에는 행정·경제 부문에 대한 현지지 도가 시행된 반면, 김일성 '사망 이후'에는 군사부문에 대한 현지지도 (41.5%)가 대폭 확대되었으며, 행정·경제 부문(31.0%)에 대한 현지지도 가 활발했다.[70]

---

68 '평안북도'는 기계공업을 핵심으로 하는 중공업과 신의주를 중심으로 경공업단지를 갖춘 지역이며, '황해남도'는 토지정리사업과 구월산 유원지 건설장, 협동농장 등에 대한 현지 지도와 군사분계선이 있어 군부대 방문을 병행하여 찾은 것으로 추정된다. 양강도·자강 도·강원도는 전력생산을 위한 중소형 발전소 건설 독려, 양강도의 대홍단군 사업, 자강 도의 강계정신 구현, 강원도의 토지정리사업 및 군부대 방문과 연계된 것으로 보인다. 이 관세, 앞의 책, pp. 246~247.

69 김상기, "김정일 경제부문 현지지도 분석", 『KDI 북한경제 리뷰』(서울: 한국개발연구원, 2001), p. 6.

70 김정일의 현지지도와 관련하여 2002년 2월 북한 선전매체는 김정일의 현지지도 성과를 발표했다. 이 발표에서 김정일의 현지지도는 광복 이후 2001년까지 총 11,326개 단위, 42 만 3,307km에 이른다고 선전했다. 또한, 2003년 1월 14일 조선중앙통신은 김정일이 "지 난해 무려 79일을 현지지도 했으며 인민 경제 여러 부문의 207개 단위를 지도했다"라고 선전했다. 이어 2003년 6월 18일 조선중앙방송을 통해 김정일의 현지지도 실적은 "당 사 업 개시 이후 무려 4,214일 동안 8,456개 단위, 89만 470여리(35만 8,588km)에 이른다"라

<표 3-7> 김일성 사망 전후 김정일 '현지지도' 현황 비교

(단위: 횟수, %)

구분		김일성 사망 이전	김일성 사망 이후
		1981~1994.7	1994.8~2011
횟수		71(100)	1,586(100)
부문	군사	2(2.8)	659(41.5)
	행정·경제	54(76.1)	491(31.0)
	기타	15(21.1)	436(27.5)

특히 김일성 사망 이전 '경제 부문'에 대한 현지지도는 대부분 김일성에 의해 수행되고 김정일의 경제 부문 현지지도는 일부의 '경공업 부문'과 '건설사업' 등에 국한되어 있었고, 1997년 10월 김정일이 '당 총비서'에 취임한 후 1998년 9월 '국방위원장'으로 재추대된 이후인 1999년부터 강화되었다. 이는 1990년대 초 사회주의권이 붕괴하고 북한 체제가 위기에 직면하면서 김정일은 경제 부문에 대한 관여를 줄이거나 하지 않은 것으로 추정해볼 수 있을 것이다.

고 발표하기도 했다.『조선중앙방송』, 2002년 2월 8일; 2003년 6월 18일.

제3절 김일성과 김정일 현지지도 비교평가

김일성과 김정일의 '현지지도'는 〈표 3-8〉과 같이 각기 다른 '정치 · 경제적 상황' 속에서 '대중동원'을 가장 중요한 '통치전략'의 수단으로 활용하면서, '대중동원 방식'에 있어서의 차이에 따라 그에 걸맞은 '현지지도' 방식을 취했다고 볼 수 있다. 예컨대 김일성은 사회주의 건설 초기 '대중으로부터'(from the mass)의 군중노선을 바탕으로 '아래로부터의 자발성'을 중시했다면, 김정일은 '대중에게로'(to the mass)의 군중노선을 지향하면서 '위로부터의 지도'를 통해 당에서 정확한 지도지침을 하달하고 엄격하게 통제하면서 검열을 통해 실행해나가도록 했던 것이다.[71]

〈표 3-8〉 김일성–김정일 현지지도 '특징' 비교

구분	김일성	김정일
정치 · 경제상황	'사회주의 제도화' 정립단계	'사회주의 제도화' 성숙단계
군중노선	대중으로부터(from the mass)	대중에게로(to the mass)
	아래로부터의 자발성	위로부터의 지도
대중운동	천리마운동	3대 혁명붉은기쟁취운동

---

[71] 이관세, 앞의 책, pp. 270~271 재인용.

1. '행동 궤적' 비교

김일성과 김정일 현지지도의 행동 궤적을 비교해보면 〈표 3-9〉와 같이 평가해볼 수 있다.[72] 특히 북한당국에서 공식적으로 보도한 내용을 토대로 '김일성의 현지지도' 활동을 추정해보면, 김일성은 1948년 2월부터 1994년 4월 25일 제564부대를 방문하기까지 8,650일 동안 578,000km를 이동하며 20,600여 개 단위의 현지지도를 실시했다고 묘사하고 있다.[73]

<표 3-9> 김일성-김정일 '현지지도' 현황 비교

구분	김일성(1945~1994)		김정일(1994~2011)	
	총계	연평균	총계	연평균
대상	20,600개소	412개소	1,300개소	186개소
기간	8,650일	173일	577일	82일
거리	578,000km	11,560km	116,694km	16,671km

출처: 통일부 북한정보포털, 『주간북한동향』, 제588호(2002. 4. 29.), pp. 43~45.

분야별로는 경제와 행정 분야 등 '비군사 분야' 위주로 시행했고, 1회 '현지지도' 시 평균 0.42일이 소요되어 '근거리 위주'로 현지지도를 실시한 것으로 볼 수 있고 『로동신문』의 기사가 이를 뒷받침한다.

"위대한 수령님께서 조국광복 직후부터 생애의 마지막 순간까지 인민 경

---

72 비교평가는 제4~5부과의 '논리 일관성'을 유지하기 위해 현지지도 '횟수', '부문', '수행 인물' 등을 중심으로 분석하되, 김정은 이전 지도자의 특징을 간략히 도출하기 위한 부이므로 직접적인 분석보다는 여러 선행자료를 간접적으로 인용하여 분석했다.

73 통일부 북한정보포털, 『주간북한동향』, 제588호(2002. 4. 29.), pp. 43~45.

제 여러 부문과 인민군부대를 비롯하여 **조국 땅 방방곡곡을 찾으신 단위 수는 2만 600여 개**이고 그 **날자 수는 8,650여 일**에 달한다. 이 나날 위대한 수령님께서 걷고 걸으신 현지지도 로정의 **총 연장거리는 무려 57만 8,000여km** (144만 5,000여 리)로서 이것은 백두산에서 한라산까지 301회나 왕복한 것과 같고 **지구를 14바퀴 반**이나 돈 것과 맞먹는 거리이다.**"[74]**

<표 3-10> 김일성 · 김정일 시대 현지지도 '횟수' 비교

(단위: 횟수, %)

구분	김일성 시대			김정일 시대
	계	1957~1970	1971~1993 (후계체제 구축기)	1994~2011
횟수	865	374	491	1,558
연평균 횟수	24	26.7	21.3	86.5
전(全) 기간 대비 비율	100	43.2	56.8	100

출처: 과학백과사전출판사, 『조선전사년표 II』(평양: 과학백과사전출판사, 1991); 조선중앙통신사, 『조선중앙연감』 1961~1990년을 토대로 정리.

현지지도 '횟수'를 중심으로 김일성과 김정일 시대를 비교해보면 <표 3-10>과 같이 김일성은 865회, 김정일 1,558회로 나타나 '김정일'이 보다 왕성한 현지지도를 실시했고, '연평균 횟수' 또한 김일성 24회, 김정일 86.5회로 김일성보다 김정일이 3.5배 이상 많았다. 특히 김일성의 현지지도는 전체 시기 대비 '후계체제 구축기'가 56.8%로서 후계체제 구축기에 보다 활발한 현지지도를 실시했다. 1970년대 북한 사회는 정치적으로는 '수령제 정치체제'의 제도화와 김정일에로의 '후계체제 확립'이 최우선 과제였다고 할 수 있다. 따라서 1950~1960년대가 혁명과

---

74 "20세기를 대표하는 절세위인의 거룩한 자욱", 『로동신문』, 2002년 4월 13일; 『조선중앙방송』, 2002년 4월 13일.

건설의 '토대를 구축'한 시기였다면, 1970년대는 '체제 공고화' 시기였고 경제적으로는 일종의 '과도기 국면'에 해당한다는 것을 현지지도를 통해 평가해볼 수 있다.

현지지도 '부문'을 중심으로 살펴보면 〈표 3-11〉과 같이 김일성 시대에는 '행정·경제 부문'이 67.9%로 압도적으로 많고, 김정일 시대에는 군사 부문과 행정·경제 부문이 비교적 균등하게 분포하고 있다. 이는 김일성 시대 국가전략과제가 '경제발전'이었고 '사회주의 경제건설'이 최대 현안이었음을 시사하고 있으며, 이를 통해 자신의 권력을 공고히 하고자 한 것으로 볼 수 있다.

〈표 3-11〉 김일성·김정일 시대 현지지도 '부문' 비교

(단위: 횟수, %)

구분		김일성 시대	후계체제 구축기	김정일 시대
		1957~1970	1971~1993[75]	1994~2011
부문	군사	11(2.9)	6(1.2)	616(39.5)
	행정·경제	233(62.3)	361(73.5)	498(32.0)
	기타	130(34.8)	124(25.3)	444(28.5)
계(비율)		374(100)	491(100)	1,558(100)

출처: 과학백과사전출판사, 『조선전사년표 II』(평양: 과학백과사전출판사, 1991); 조선중앙통신사, 『조선중앙연감』 1961~1990년을 토대로 정리.

구체적으로 살펴보면 '김일성 시대'에는 행정·경제 분야(67.9%)에 대한 현지지도가 집중됐지만, '김정일 시대'에는 군사 분야(39.5%)에 대한 현지지도가 증가했음을 알 수 있다. 이를 통해 볼 때 '선군정치'라는

---

75 후계체제 구축기에 김정일이 '실무지도'라는 명목으로 실시한 '현지지도'는 총 76회로 대부분 행정·경제 부문에 집중된다.

기치 아래 군대를 적극적으로 활용하는 정책을 추진했음을 유추해볼 수 있는 것이다. 이는 전체 현지지도 횟수에서 '선군정치'의 지표라고 할 수 있는 '군사 부문' 현지지도가 차지하는 비율이 이를 잘 증명하고 있다. 북한 또한 '선군정치'는 군대를 본보기로 하여 온 사회가 고도의 혁명성을 지닌 정치적 역량으로 준비되도록 하는 정치방식이라고 『로동신문』을 통해 다음과 같이 선전했다.

> **"선군정치**는 군사선행의 원칙에서 혁명과 건설에서 나서는 모든 문제를 해결하고 군대를 혁명의 기둥으로 내세워 **사회주의 위업 전반을 밀고 나가는 령도방식**이며 그것은 본질에 있어서 혁명군대의 강화를 통하여 인민대중의 자주적 지위를 보장하고 **인민대중의 창조적 역할을 최대한으로 높이는 정치방식**이다."[76]

김정일도 "선군령도를 통해 군대도 강화하고 강성대국에로의 도약대를 마련하는 경이적인 현실을 펼쳤다"라고 주장했다.[77] 다시 말해 '선군정치'는 김일성 사망 이후 군을 전면에 내세워 약화된 당의 사회적 통제기능을 회복함으로써 체제 보위와 경제건설을 동시에 추진한다는 일종의 '경제·국방 병진노선'이라고 할 수 있을 것이다. 요컨대 1990년대 중반, 이른바 '고난의 행군' 시기 북한은 체제 안정과 강화를 위해 '선군정치'라는 체제운영방식을 통해 군을 경제건설에 적극적으로 동원하고자 한 것이다.

---

76   "우리 당의 선군정치는 필승불패이다", 『로동신문』, 1999년 6월 16일.
77   『로동신문』, 2001년 7월 26일.

2. '수행 인물' 비교

　김정일의 현지지도 '수행 인물' 분석을 위해 통일연구원에서 발간한 『김정일 현지지도 동향(1994~2011)』을 바탕으로 『조선중앙년감』을 비교하여 김정일의 '현지지도 현황'과 '수행 인물'에 대한 데이터를 엑셀로 수집했다. '수집된 자료'는 Textom 6.0 프로그램의 '정제와 형태소 분석' 기능을 통해 '중복 및 부적합한 데이터'를 제거했다. 다음은 '데이터 분석단계'로 Textom 6.0을 통해 수집한 데이터에서 키워드 분석에 필요한 '명사를 추출'하고 '전처리 작업'을 수행했다. Textom 6.0 프로그램의 '빈도와 TF-IDF' 분석을 활용했으며 Ucinet 6 프로그램을 활용하여 '중심성'을 도식했다.

　세 번째로, 주요 키워드에 대한 CONCOR 분석을 통해 '군집'을 비교 분석했으며, 이와 같은 연구결과를 종합하여 '현지지도' 발언 내용의 맥락과 특징을 도출했다. 1994년부터 2011년까지 수집한 데이터는 총 1,611건이며, 김정일 현지지도 '수행 인물'에 대한 분석 모형은 '지위 분석'과 '관계 분석'을 중심으로 〈표 3-12〉와 같이 진행했다.

〈표 3-12〉 김정일 현지지도 '수행 인물' 분석 모형

구분	개념	구별 기준	분석 방법
지위 분석	근접성	① 수행 인원 수(당 · 군 · 정) ② 수행 인물 TF-IDF	빈도/TF-IDF (상위 50명)
관계 분석	중심성 (centrality)	① 연결 중심성 ② 위세 중심성	SNA
	범주화	① 의미연결망 ② CONCOR	텍스트 마이닝

　'당-국가 체제'(Party-State System)이자 '절대권력자 1인 지배체제'인 북한에서 '권력 엘리트'들은 '고도로 집중화된 엘리트 구조'를 유지하고

있으며, 조선노동당과 국가기관, 군부 간에 겸직과 이동이 활발하여 권력 엘리트를 '당·군·정'으로 엄격히 분리하기는 쉽지 않은 일이다. 따라서 통일부 '북한 권력 기구도'를 기준으로 현지지도가 이루어진 해당 연도에 엘리트의 주요 보직과 로동신문에서 언급한 보직 등을 종합적으로 검토하여 권력 엘리트의 '당·정·군'을 분류했다.[78] 연도별로 김정일의 현지지도를 수행한 권력 엘리트의 '수행 인물'에 대한 '기본량' 조사 결과는 〈표 3-13〉과 같다.

'최대 수행 인원'은 20~40여 명을 이루다가 2006~2008년 사이에는 10여 명으로 축소되며, '평균 수행 인원'도 15~22명 정도를 유지하다가 2005~2009년 사이에 6~14명 정도로 줄어드는 경향을 보인다. '총수행자 수' 또한 2002년까지 60~70여 명이 수행하다 2003~2008년 사이에 30~50명 내외로 감소하는 특징이 있다. 이것은 북한이 처한 '대내외 상황'과 경제 및 군사 부문의 '주요 정책추진 방향'이 최고 권력자의 '현지지도'와 연계되면서 나오는 결과라고 추론해볼 수 있다. 1946년 1월 1일 이후 북한이 매년 발표하고 있는 '신년사'[79]와 연계해서 분석해보면 이 추론은 더욱 분명하게 설명된다.

---

78 통일부, 『북한 주요인물 정보 2021』(서울: 웃고문화사, 2021); 강영은, "북한 김정일 정권의 권력 엘리트 구조에 관한 연구", 건국대 대학원 박사학위논문, 2009; 전정환 외, 『김정은 시대의 북한 인물 따라가 보기』(서울: 선인, 2018); 「위키백과 인물검색」 등을 중첩적으로 활용하여 '당·군·정·미상'으로 인물을 분류했다. 이 기준에 따라 최고인민회의, 국가안전보위부, 내각 등은 정으로, 국방위원회는 군으로 분류했고 당·군·정으로 나누기 어렵거나 검색이 제한되는 인물은 미상으로 분류했다.

79 '북한 신년사'는 국정 전반을 주도하는 최고 권력자의 지시이자 국정운영의 청사진으로 공식적·포괄적 정책 제시 수단이다. 지난해 과업평가와 새해 방향을 제시하는 북한당국의 공식문건이라는 점, 분야별 시정방침이 포함된다는 점 등에서 어느 공식문건보다 최고 권력자의 의도와 북한당국의 전반적인 정책을 분석·평가할 수 있는 유용한 문건이라 할 수 있다. 특히 신년사 발표 이후 각급 행정기관, 기업소, 협동농장 등에서 사업계획을 수립하고 전 주민이 의무적으로 신년사를 청취하며 정치학습에 참여하는 등 정치사회화 도구로 작용하고 있다. 통일부, 『1995~2005년간 북한 신년사 자료집』(2005. 12.), pp. 3~5.

<表 3-13> 연도별 김정일 현지지도 수행 인물 '기본량'

연도	최대 수행 인원	최소 수행 인원	평균	총수행자 수
1994	42	1	22	43
1995	42	1	22	62
1996	33	2	18	72
1997	37	2	20	63
1998	36	2	19	85
1999	28	2	15	72
2000	30	1	16	65
2001	28	1	15	59
2002	35	1	18	61
2003	33	1	17	55
2004	32	1	17	52
2005	26	1	14	52
2006	11	1	6	36
2007	18	1	10	50
2008	10	1	6	37
2009	22	1	12	62
2010	34	1	18	65
2011	33	1	17	69

출처: 북한 정보센터, 『북한 동향』 자료를 기준으로 재구성.

1995~1997년 이른바 '고난의 행군' 시기 이후 '경제건설'이 강성대
국 건설의 가장 중요한 과업이라는 점을 '신년사'에서 매년 밝혀왔다.
1998년에는 '공화국 창건 50돌'을 맞아 '먹는 문제'의 완전 해결을 촉구
했고 1999년에는 '경제건설'이 강성대국 건설의 가장 중요한 과업임을
명시하면서 '농업생산' 제고를 강조했다. 2000년에도 사상·총대·과

학기술을 강성대국 건설의 '3대 기둥'으로 제시하면서 '경제 대국' 건설을 강조했으며, 2002~2005년 경제정책의 방향은 '인민 생활 보장'에 두었으며, 2006~2011년까지 매년 '식량문제', '먹는 문제' 해결을 주된 과제로 설정하고 군대의 경제건설 참여와 자력갱생을 『신년 공동사설』을 통해 강조해왔다.

> "우리 당의 숭고한 뜻을 받들어 **인민 생활 향상**을 위한 투쟁에 모든 힘을 총집중, 총동원하여야 한다. 혁명적 대고조의 불길 드높이 **인민 생활 향상**에서 결정적인 전환을 가져오기 위한 일대 공세를 벌리는 것, 이것이 **올해의 총적인 투쟁 방향이다.**"[80]

이런 강조점을 통해서 볼 때 김정일은 현지지도를 통해 "우리식 경제건설 사상과 정책"을 구현하는 방식으로 추진하면서 자력갱생을 통한 사회주의 경제건설과 대외적 경제제재에 대처하는 정책을 견지한 것으로 볼 수 있다.

또한, 연도별 '김정일 현지지도' 수행 인물을 '당·군·정' 소속별로 살펴보면 〈표 3-14〉와 같이 정리해볼 수 있다.

---

[80] 통일연구원, "2010년도 북한 신년 공동사설 분석", 『통일정세분석 2010-01』(2010. 1.), p. 28.

<표 3-14> 연도별 김정일 현지지도 '수행 인원수'

(단위: 명, %)

연도	계	당	군	정	미상
1994	43	15(34.9)	10(23.3)	10(23.3)	8(18.6)
1995	62	15(24.2)	19(30.6)	20(32.2)	8(12.9)
1996	72	18(25.0)	28(38.9)	18(25.0)	8(11.1)
1997	63	18(28.6)	21(33.3)	18(28.6)	6(9.5)
1998	85	21(24.7)	27(31.8)	26(30.6)	11(12.9)
1999	72	22(30.6)	27(37.5)	17(23.6)	6(8.3)
2000	65	21(32.3)	17(26.2)	20(30.8)	7(10.7)
2001	59	21(35.6)	13(22.0)	22(37.3)	3(5.1)
2002	61	21(34.4)	17(27.9)	17(27.9)	6(9.8)
2003	55	17(31.0)	18(32.7)	16(29.0)	4(7.3)
2004	52	21(40.4)	15(28.8)	14(26.9)	2(3.8)
2005	52	15(28.8)	15(28.8)	18(34.6)	4(7.7)
2006	36	14(38.9)	8(22.2)	11(30.6)	3(8.3)
2007	50	14(28.0)	15(30.0)	16(32.0)	5(10.0)
2008	37	19(51.4)	6(16.2)	8(21.6)	4(10.8)
2009	62	20(32.2)	14(22.6)	21(33.9)	7(11.3)
2010	65	25(38.5)	19(29.2)	19(29.2)	2(3.1)
2011	69	20(29.0)	18(26.1)	21(30.4)	10(14.5)

출처: 북한정보센터, 『북한 동향』 자료를 기준으로 재구성.

'당 · 군 · 정 엘리트'의 김정일 현지지도 '수행 인물'의 분포를 보면, 김정일의 '현지지도'가 '통치전략의 수단'으로서 '정책 방향'에 영향을 미치고 있음을 보다 분명하게 볼 수 있다. 북한은 '고난의 행군', 2002년

'7 · 1조치'[81] 경제개혁 실패 등으로 '계획경제체제'가 와해하는 상황에서 2003년 이후 선군정치와 주민 통제 강화를 위해 '정치 · 군사 중심'의 국정운영에서 '경제 분야'에 비중을 확대해나간다. 그런 상황에서 '선군정치'를 통한 체제 안정과 '사회주의 경제 강국 건설'을 주창하면서 군대의 '경제건설 참여'와 '식량 문제' 해결에 주력하게 된다. 이 때문에 '군 엘리트' 수행은 전투 동원태세나 훈련 현장에 대한 현지지도보다 국방공업이나 경제건설 현장에 대한 현지지도가 일정한 비중을 차지하고 있다.

특히 '당 엘리트'의 수행 비중은 점차 증가하는 경향을 보이는데 1995년 전체 24.2%(15명)에 불과했던 '당' 소속 수행 인물은 2008년 51.4%(19명)까지 늘었다. 이것은 2007년 이후 북한 「신년 공동사설」에서 주민 통제와 주민 동원을 극대화하기 위해 '집단주의'와 '자력갱생', '국가의 중앙집권적 통일적 지도' 등을 강조하면서 경제사업 추진에 있어 '당이 중심'이 되고 내각이 지원하는 체제로 노동당의 '중앙집권적 통일적 지도'를 강조하고 있는 것에서 잘 나타난다.

> "우리 당의 사명과 투쟁목적에 맞게 경제사업에서 일대 혁신을 일으키고 인민 생활을 향상시키는 데 **당 사업의 화력을 집중**해야 한다." "**내각은** 사회주의 경제건설의 운전대를 틀어쥔 중대한 위치와 사명에 맞게 전략적 안목을 가지고 **경제작전과 지휘를 책임적으로 해나가야 한다.**"[82]

---

81 '7 · 1경제관리개선조치'(약칭 7 · 1조치)는 북한이 심각한 경제 위기 속에서 2002년 7월 1일 발표한 가격 및 임금 현실화, 공장의 경영 자율성 확대 등 계획경제 틀 속에서 시장경제 기능을 일부 도입한 것이다. 그러나 7 · 1조치는 공급 부족이라는 근본적 한계를 드러냈고 물가가 급속히 상승하여 경제가 더욱 어려워지는 결과를 초래했다. 통일부, 『북한지식사전』(서울 : 늘품플러스, 2013), pp. 623~627.

82 통일연구원, "2009년도 북한 신년 공동사설 분석,"『통일정세분석 2009-01』, (2009. 1.), p. 23.

'정 엘리트'의 수행 비중은 다른 시기에 비해 2005년 18명(34.6%), 2006년 11명(30.6%), 2007년 16명(32%)으로 그 비중이 증가하고 있는데 이 시기 「신년 공동사설」을 보면 '주민 생활 향상'을 내세우며 경제사업에서 '내각의 집중 및 운영권 강화'를 통해 경제와 과학기술의 일체화를 이루고 경제관리 개선을 추진하고자 했던 것으로 보인다.

> **"모든 경제사업을 내각에 집중시키고 내각의 통일적인 지휘 밑에** 조직 전개해나가는 **강한 규률과 질서를 세워야** 한다. 내각을 비롯한 각급 경제기관 지도 일군들은 당의 경제사상과 리론, 방침을 경제 강국 건설의 확고부동한 지침으로 삼고 경제관리에서 **사회주의 원칙, 집단주의 원칙을 철저히 고수**하여야 한다."[83]

연도별 '김정일 현지지도' 수행 인물 순위의 특징은 〈표 3-15〉와 같이, 박재경, 김영춘, 현철해, 김국태, 김기남, 장성택 등 '당과 군'의 인물이 다수를 차지하고, 혁명 1~2세대가 주류를 이루고 있음을 알 수 있다. 인사관리 측면에서 '당·군·정 비율원칙'을 비교적 준수하고 있고, 일정 시점까지 김경희·장성택 등 친족의 수행이 많으며 18년 동안 수행 인물의 변화가 크지 않다는 점에서 김정일의 '통치 안정성'을 엿볼 수 있다.

---

83 통일연구원, "2008년도 북한 신년 공동사설 분석", 『통일정세분석 2008-01』(2008. 1.), p. 28.

〈표 3-15〉 연도별 김정일 현지지도 '수행 인물 순위'

구분	1위	2위	3위	4위	5위
1994	최태복(5회)	김국태(5회)	김기남(5회)	계응태(4회)	최광(3회)
1995	김광진(16회)	이하일(16회)	최광(14회)	김기남(14회)	김명국(14회)
1996	박재경(30회)	김기남(27회)	조명록(27회)	현철해(26회)	계응태(25회)
1997	김영춘(37회)	조명록(36회)	김기남(33회)	김용순(30회)	김국태(28회)
1998	현철해(50회)	박재경(48회)	조명록(42회)	김하규(41회)	김영춘(39회)
1999	현철해(49회)	박재경(40회)	조명록(34회)	장성택(29회)	김영춘(25회)
2000	김국태(39회)	김용순(38회)	조명록(33회)	김영춘(33회)	김일철(31회)
2001	현철해(51회)	박재경(50회)	김국태(44회)	이용철(37회)	장성택(35회)
2002	김국태(80회)	김기남(76회)	정하철(57회)	김용순(49회)	현철해(45회)
2003	현철해(36회)	박재경(31회)	이명수(31회)	김영춘(24회)	김기남(20회)
2004	현철해(56회)	이명수(47회)	이용철(34회)	김영춘(22회)	김기남(18회)
2005	박재경(41회)	이명수(40회)	현철해(39회)	황병서(33회)	박봉주(30회)
2006	현철해(42회)	박재경(42회)	이명수(42회)	황병서(40회)	이재일(28회)
2007	현철해(32회)	김기남(32회)	이명수(27회)	박남기(17회)	김일철(13회)
2008	현철해(52회)	이명수(47회)	김기남(21회)	장성택(14회)	박남기(11회)
2009	김기남(109회)	장성택(84회)	박남기(77회)	현철해(54회)	이명수(47회)
2010	장성택(118회)	김경희(113회)	김기남(94회)	태종수(62회)	최태복(61회)
2011	김정은(94회)	김경희(79회)	태종수(72회)	김기남(71회)	주규창(59회)

출처: 북한정보센터, 『북한동향』 자료를 기준으로 재구성.

　　한편 'TF-IDF 분석'은 한 문서 내에서 특정 단어가 얼마나 중요한지를 측정하는 방법으로 '핵심어'를 추출하기 위해 활용한다. 〈표 3-16〉의 'TF-IDF' 분석결과에 따르면 김정일 '현지지도' 수행의 상위 50명의 주요 인물은 '장성택'(540.5830), '이명수'(538.4608), '김기남'(536.7443), '박재경'(534.2063), '현철해'(526.2736), '김영춘'(521.1651), '김국태'(501.8768), '최태복'(477.1784), '이용철'(437.7198), '조명록'(427.8027) 순이다. 이것은 '당·군·정', '혁명1·2세대', '학연'의 기준을 보더라도 장성택, 이명수, 김기남 등이 김정일의 통치에 깊숙이 관여하고 영향력을 보여주는 것으로서 '수행 인물 순위'나 '수행 인물 수'의 분석결과와도 유사한 결과로 보인다.

〈표 3-16〉 김정일 현지지도 수행 인물 'TF-IDF' 분석

순위	수행 인물	TF-IDF	순위	수행 인물	TF-IDF	순위	수행 인물	TF-IDF
1	장성택	540.5830	18	김정각	332.0741	35	황병서	236.7880
2	이명수	538.4608	19	박도춘	326.6631	36	김중린	234.8942
3	김기남	536.7443	20	김양건	309.7200	37	김명국	231.0694
4	박재경	534.2063	21	이재일	308.2579	38	이을설	221.2831
5	현철해	526.2736	22	이영호	303.8235	39	문경덕	215.2505
6	김영춘	521.1651	23	정하철	297.7957	40	최영림	213.2117
7	김국태	501.8768	24	김평해	286.9180	41	이제강	209.0911
8	최태복	477.1784	25	홍석형	285.3287	42	박봉주	202.7994
9	이용철	437.7198	26	계응태	270.6049	43	김원홍	200.6716
10	조명록	427.8027	27	최룡해	268.9207	44	이하일	200.6716
11	김경희	407.9770	28	이용무	267.2265	45	박송봉	198.5283
12	김용순	400.2056	29	김하규	253.3001	46	최춘황	171.4901
13	김일철	399.2120	30	양형섭	246.0768	47	홍성남	169.1177
14	주규창	366.9584	31	전병호	244.2426	48	김철만	161.8788
15	강석주	359.8998	32	김영남	242.3967	49	한성룡	159.4239
16	박남기	332.0741	33	김영일	238.6695	50	백학림	156.9472
17	태종수	332.0741	34	연형묵	238.6695			

이와 함께 김정일 현지지도 수행 인물 상위 50위의 'TF-IDF' 값을 기반으로 '워드 클라우드'를 도식화하면 〈그림 3-1〉과 같다.

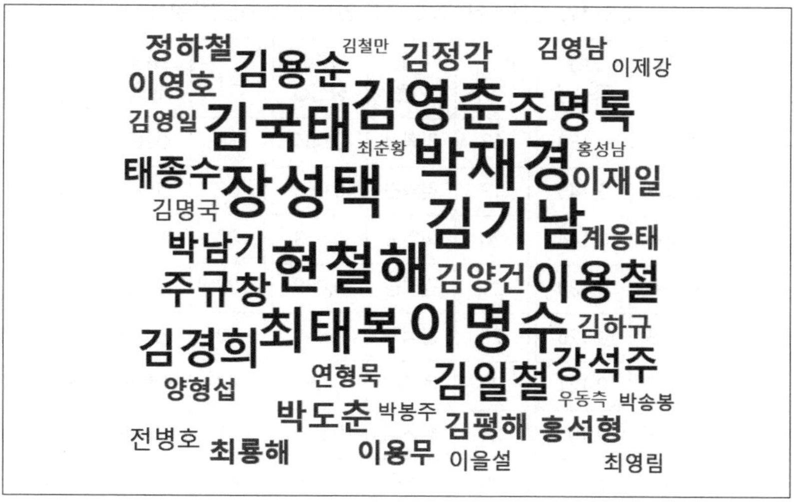

〈그림 3-1〉 김정일 현지지도 수행 인물 '워드 클라우드'

'중심성'은 연결망에서 '중앙에 있는 정도'를 측정하는 것으로 '권력 관계와 영향력'을 판단하는 지표로 활용되고 있다. '중심성 분석'을 통해 전체 네트워크에서 중요한 역할을 하는 핵심노드와 그 연결 관계를 알 수 있다. '연결 중심성'은 핵심어 노드와 다른 핵심어 노드의 연결 관계를 측정하는 지표다. 많은 연결 관계를 맺을수록 더 넓은 선택의 폭과 자율성을 갖게 되며, 네트워크에서 영향력을 갖는 것으로 평가할 수 있다.[84] '위세 중심성'(eigen-vector centrality)은 '수행빈도'의 증감만으로는 권력 엘리트들의 권력구조가 어떻게 변화되었는지를 고찰하기 어려운 '권력 서열'을 가장 유사하게 분석해낼 수 있다.

---

[84] 연결중심성은 얼마나 많은 노드와 연결되어 있는가를 분석하는데, 노드 1은 1개의 노드가 나머지 49개 노드와 관계가 있다는 것이며, 위세중심성은 가중치를 부여하여 핵심적인 노드와 연결상태를 평가한다.

〈표 3-17〉 김정일 현지지도 수행 인물 '연결 중심성' 분석

순위	수행 인물	연결 중심성	순위	수행 인물	연결 중심성	순위	수행 인물	연결 중심성
1	김기남	0.180	18	양형섭	0.054	35	김철만	0.035
2	현철해	0.149	19	김양건	0.053	36	연형묵	0.033
3	장성택	0.144	20	이영호	0.053	37	이하일	0.031
4	김영춘	0.139	21	김영남	0.053	38	한성룡	0.031
5	최태복	0.125	22	강석주	0.052	39	홍성남	0.030
6	김국태	0.121	23	계응태	0.050	40	백학림	0.029
7	이명수	0.108	24	최룡해	0.049	41	김원홍	0.028
8	박재경	0.100	25	이용무	0.049	42	박남기	0.026
9	조명록	0.082	26	전병호	0.048	43	김하규	0.026
10	김용순	0.071	27	홍석형	0.047	44	김명국	0.026
11	김일철	0.071	28	최영림	0.046	45	이재일	0.023
12	김경희	0.066	29	김중린	0.044	46	박봉주	0.019
13	주규창	0.060	30	김평해	0.042	47	박송봉	0.018
14	김정각	0.058	31	정하철	0.041	48	이제강	0.016
15	태종수	0.055	32	이을설	0.041	49	최춘황	0.014
16	이용철	0.054	33	김영일	0.040	50	황병서	0.008
17	박도춘	0.054	34	문경덕	0.039			

　　여기서는 북한 체제의 특성과 연구목적을 고려하여 '중심성'의 여러 측정지표 가운데 '연결 중심성'과 '위세 중심성' 계수를 사용하여 북한의 현지지도 '수행 인물'의 권력 엘리트 지형을 살펴볼 것이다. 〈표 3-17〉의 '연결 중심성' 분석결과에 의하면 김정일 '현지지도' 수행의 주요 인물은 '김기남'(0.180), '현철해'(0.149), '장성택'(0.144), '김영춘'(0.139), '최태복'(0.125), '김국태'(0.121), '이명수'(0.108), '박재경'(0.100), '조명

록'(0.082), '김용순'(0.071) 등이 10위 이내의 순위로 나타났다. 이러한 인물들의 당·군·정의 소속으로 살펴보면, '당 관련' 인물(5명)과 '군 관련' 인물(5명)이 주축을 이루고 있는데 이는 이 시기 김정일 현지지도 '수행 인물'을 통해 당과 군이 중심이 되어 김정일의 통치 핵심권력 엘리트였다는 점을 확인할 수 있다.[85]

또한 'TF-IDF' 값을 기준으로 김정일 현지지도 상위 50명의 '수행 인물'을 전체 네트워크 구조 '의미연결망'으로 도식화하면 〈그림 3-2〉와 같이 표현할 수 있다.

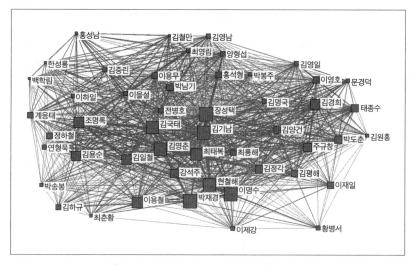

〈그림 3-2〉 김정일 현지지도 수행 인물 '의미연결망'

---

85 북한 엘리트는 조선노동당과 국가기관, 군부 간 겸직과 이동이 활발하다. 북한은 당과 국가가 동일시되지도 분리되지도 않는 '당-국가체제'이며, 군은 곧 당의 군대'다. 따라서 당·군·정을 명확히 구분하기가 쉽지 않기 때문에 통일부 북한 자료센터에서 제공하는 '북한 인물 정보'(626명)를 기준으로 현지지도가 이루어진 해당 연도에 엘리트들이 맡고 있던 주요 보직 또는 로동신문에서 언급된 보직에 근거해 당·군·정을 분류했다. 예술인, 교육자 등 당·정·군으로 나누기 어려운 인물들은 기타로, 북한 자료센터에 인물 정보가 등록되어 있지 않은 인물들은 미상으로 분류했다.

네트워크 구조의 '속성'을 살펴보면, '노드'는 총 50개이며 '연결선'은 1,942개, '밀도'는 0.793, '평균 연결 강도'는 38,840, '평균 연결 거리'는 1,207, '지름'은 2로 나타났다.[86] 노드의 '크기'[87]는 '장성택'이 가장 크게 나타났으며 '이명수', '김기남', '박재경', '현철해' 등이 비교적 큰 편으로 나타났다. 각 노드의 '연결 강도'와 '동시 출현빈도'를 통해 관계 속에서 영향력이 큰 인물을 살펴보면 '현철해'와 '이명수'가 467회로 가장 강했으며, '현철해'와 '박재경'(430회), '김기남'과 '장성택'(305회), '박재경'과 '이명수'(261회), '김기남'과 '최태복'(244회), '현철해'와 '장성택'(242회), '김기남'과 '김국태'(240회) 등이 연결 강도가 크게 나타났다.

김정일 현지지도 '수행 인물 네트워크'의 특징을 평가해보면, 우선, 현지지도 수행 인물의 '분포' 면에서 '장성택', '이명수', '김기남', '박재경', '현철해'가 노드 크기가 큰 핵심노드로 중앙에 있으며, '현철해'와 '이명수', '현철해'와 '박재경'이 밀접하게 연결되어 있다. 이는 군(3명)과 당(2명)이 일정하게 분포하고 있어 '선군정치'의 영향으로 인해 군 엘리트가 우위를 차지하는 가운데 당 엘리트가 적절히 균형을 이루고 있음을 알 수 있는 것이다. 그리고 모두 '혁명 2세대'로 연결되면서 '만경대혁명학원'과 '김일성종합대학' 출신이 주축을 이루고 있다는 점 또한 잘 알 수 있다.

다음으로, 네트워크 '근접성' 면에서 '장성택'과 '김기남', '현철해'와 '이명수', '이명수'와 '박재경'이 근접해서 연결되어 있는데, 이는 같은 소

---

86 '연결망 밀도'는 가능한 총관계 수 중에서 '실제로 맺어진 관계 수'의 비율을 나타내며 네트워크 내에 노드 간 연결이 많을수록 그 네트워크의 밀도는 높다. 예를 들어 라인의 수가 6개인 경우 6개로 연결되어 있다면 밀도는 1(6/6)이 된다. 엑터 간의 '거리'(distance)는 네트워크 내에서 엑터 간에 서로 얼마나 떨어져 있는가를 나타내며, 한 엑터에서 다른 엑터까지 몇 단계를 거쳐 도달하는가로 측정한다. '연결 강도'(strength)는 얼마나 '자주 접촉'하는가의 빈도를 말한다. 김용학, 앞의 책, pp. 63~77.

87 노드의 '크기'는 TF-IDF 값의 순으로 평가할 수 있다.

속의 엘리트가 다른 소속의 엘리트와 독자적인 네트워크를 형성하지 않는 것으로 분석되며, 권력 엘리트 내에 '독자적인 집단화'가 이루어지지 않았음을 알 수 있고 김정일 통치력의 '안정성'을 추론해볼 수 있을 것이다.

'CONCOR' 분석은 '의미 연결'이 유사한 핵심어를 군집 형태로 나타내는 분석으로서 김정일 현지지도 '수행 인물'을 유사한 그룹으로 묶을 수 있다. 핵심어 간의 '연결'은 의미를 생성하고 이는 곧 김정일 현지지도 수행 인물의 변화양상과 김정일의 '통치전략'을 이해할 수 있는 중요한 지표가 된다. 김정일 현지지도 수행 인물에 대한 'CONCOR' 분석은 UCINET 6 프로그램으로 수행하여 시각화했고 〈그림 3-3〉과 같이 8개 군집이 형성되었다.

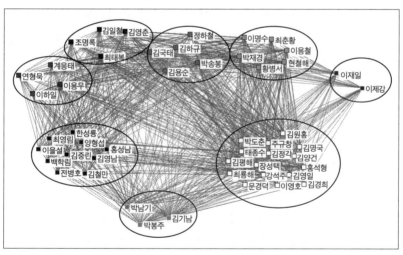

〈그림 3-3〉 김정일 현지지도 수행 인물 'CONCOR' 분석

〈표 3-18〉 김정일 현지지도 수행 인물 '군집' 분석

구분	주요 인물	인물 수
군집 A	연형묵, 계응태, 이하일, 이용무	4
군집 B	조명록, 김일철, 김영춘, 최태복	4
군집 C	김국태, 정하철, 김하규, 김용순, 박송봉	5
군집 D	이명수, 최춘황, 박재경, 이용철, 현철해, 황병서	6
군집 E	이재일, 이제강	2
군집 F	최영림, 한성룡, 이을설, 양형섭, 백학림, 김중린, 홍성남, 김영남, 전병호, 김철만	10
군집 G	박남기, 김기남, 박봉주	3
군집 H	박도춘, 김원홍, 주규창, 태종수, 김명국, 김양건, 김정각, 김평해, 장성택, 홍석형, 강석주, 김영일, 문경덕, 이영호, 김경희, 최룡해	16

형성된 '군집의 특성'을 살펴보면 전체 8개 군집으로 분류할 수 있다. 이 중 군집 H(16명), 군집 F(10명)가 가장 크게 밀집해 있으며 서로 강하게 연결된 것을 볼 수 있다. 나머지 6개 군집은 2~6명의 이루어진 소수 군집으로 구성되어 있다. 이것은 '의미연결망'에서 분석된 결과와도 유사하지만 대체로 김정일 현지지도 수행 인물의 'CONCOR' 분석결과는 독자적인 엘리트 그룹을 형성하지 않은 점과 권력 엘리트 내에 '독자적인 집단화'가 이루어지지 않았음을 방증해주는 결과라고 할 수 있다.

'위세 중심성'은 연결된 다른 결점의 중요성에 가중치를 두는데 연결된 결점이 연결망 상에서 중요할수록 '위세 중심성'이 높아진다. 〈표 3-19〉는 김정일 현지지도 수행 인물들에 대한 '위세 중심성'을 분석하여 상위 50명을 제시한 것으로 이들 중 아이겐 벡터 중심성 지수가 0.1을 넘는 수행자는 20명이다. 아이겐 벡터 '중심성 지수' 상위 10위권의 수행 인물을 지수가 높은 순으로 나열하면 김기남, 현철해, 장성택, 김영춘,

이명수, 박재경, 김국태, 최태복, 조명록, 김용순인데, 이들은 상대적으로 높은 아이겐 값을 가지고 있으며, 전체 연결망의 중앙에 위치하면서 중앙에 놓인 인물들과 연결되어 있기 때문에 높은 위세 점수를 갖는다.

〈표 3-19〉김정일 현지지도 수행 인물 '위세 중심성' 분석

순위	수행 인물	위세 중심성	순위	수행 인물	위세 중심성	순위	수행 인물	위세 중심성
1	김기남	0.349	18	박도춘	0.107	35	이을설	0.065
2	현철해	0.345	19	강석주	0.105	36	김원홍	0.062
3	장성택	0.300	20	김양건	0.105	37	박남기	0.060
4	김영춘	0.275	21	최룡해	0.099	38	연형묵	0.060
5	이명수	0.271	22	정하철	0.095	39	김명국	0.055
6	박재경	0.256	23	계응태	0.093	40	이재일	0.054
7	김국태	0.251	24	이용무	0.090	41	이하일	0.052
8	최태복	0.234	25	홍석형	0.085	42	김철만	0.051
9	조명록	0.172	26	양형섭	0.084	43	한성룡	0.046
10	김용순	0.153	27	김평해	0.082	44	박송봉	0.045
11	이용철	0.145	28	김영남	0.082	45	홍성남	0.044
12	김일철	0.144	29	전병호	0.078	46	백학림	0.042
13	김경희	0.138	30	김영일	0.076	47	이제강	0.040
14	주규창	0.124	31	문경덕	0.075	48	박봉주	0.037
15	김정각	0.118	32	김중린	0.074	49	최춘황	0.037
16	태종수	0.112	33	최영림	0.073	50	황병서	0.024
17	이영호	0.108	34	김하규	0.070			

위 분석을 종합평가해 보면, 김정일 시대 현지지도 네트워크가 '조선노동당의 엘리트' 중심으로 형성되어 있음을 알 수 있다. 이는 '선군

정치'를 내세웠던 김정일의 통치전략과도 연관되는 것으로 보인다. 중심성 지수 0.1을 넘은 인물 중 당(10명), 군(8명), 정(2명)으로 상대적으로 당의 인물이 주류를 이루고 있으며, 이들 중 혁명 1세대(2명), 혁명 2세대(18명)로 '혁명 2세대'가 주류를 이루고 있고 '만경대혁명학원'과 '김일성종합대학' 출신이 주류를 이루고 있는 점이 이를 뒷받침한다고 할 수 있다. 또한, 이 중에서 '위세'가 가장 높은 영역은 당(12명)과 군(8명)이며, 조선노동당은 군과 가장 강한 연결 관계를 맺고 있으며, 각 영역으로 폭넓은 침투가 이루어지는 점 또한 알 수 있다.

3. 김일성-김정일 현지지도 '특징' 비교

앞에서 살펴본 바와 같이 김일성과 김정일의 현지지도의 특징은 '분명한 차별점'이 식별된다. 첫째, 김일성 시대 '경제발전 전략'은 '사회주의 경제발전의 토대'를 구축하는 것이었다. 이를 위해 '중공업 우선 전략'과 '자력갱생론'을 추진했다. 반면 김정일 시대에는 급격한 '경제 악화'와 '사회적 동요', '체제 불안정'의 위기에 직면하고 있었기 때문에, 이를 극복하기 위한 대안적인 '경제발전전략'의 하나로 '강성대국 건설'을 제시했다고 할 수 있다.

둘째, 북한 최고 권력자의 현지지도는 '대중동원' 및 '통치전략'과 밀접히 연결되어 있다. 김일성 시대 '대중동원'은 '사회주의 경제체제 구축'에서 출발해 '천리마 운동'과 같은 경제건설 '속도 운동'을 통해 경제적 어려움을 극복하고 '사회주의 공업화'를 달성하고자 했다. 이를 위한 '통치전략'은 '수령제의 기반'을 구축하면서 '아래로부터 자발성'을 중시하고 '사회적 동원'과 '집단적 혁신'을 통해 '정치와 생산의 결합'을 추구하는 특징을 갖고 있었다. 예컨대 '경제를 재건'하고 '체제의 정통성'을 확립하는 주요한 수단으로 '대중동원'을 활용했다고 할 수 있다. 반면 김정일 시대에 '대중동원'은 노동당을 중심으로 '위로부터의 지도'를 통해 실행해나가는 방식을 취했다. 특히 '강계정신', '제2의 천리마 대진군 운동' 등 다양한 '대중동원 방식'과 '선군정치'를 통해 김정일 체제를 공고히 하고 후계 권력체제를 구축하려는 정치적 목적을 달성하고자 했던 것이다.

셋째, 김일성과 김정일의 현지지도 '행적'과 '수행 인물' 분석결과, '통치전략'에 지대한 영향을 미치고 있음을 확인할 수 있다. 김일성의 '현지지도' 방식은 '정치와 생산의 결합'이라고 할 수 있다. '대중연설'을 통해 '구호'를 제시하고 해당 기업소나 건설현장, 농업현장에 현지지도를 가는 방식으로 '체계적인 현지지도'가 각급 단위와 지역에서 시행되는데, 이는 현지지도를 '단순한 시찰'이 아니라 '통치의 핵심수단'으로 활용했다고 평가할 수 있을 것이다. 실례로 1956년부터 본격화된 김일성의 현지지도는 인민대중으로부터 '경제적 생산'뿐만 아니라 '정치적 효과'를 끌어내는 메커니즘을 구성하는 '통치전략'이라고 할 수 있는데 산업의 '주요 핵심부문'에 대한 현지지도를 통해 '모범'을 창출하고 사업 방법의 혁신을 확산하는 이른바 '중심고리 현지지도'를 통해 '사회주의 대고조'의 불길을 지펴나가고자 했다.

반면 김정일은 후계자로서 현지지도를 주요한 '권력 토대'로 삼았다. '선군정치'를 표방하고 군부대 시찰과 군 훈련 참관 등 '군사 부문'에 대한 현지지도가 상대적으로 큰 비중을 차지했고 '수행 인물'도 이와 연결된 '당과 군 인물'이 중심을 이루었다. 그뿐만 아니라 김일성의 '현지지도 사적비'와 같은 정치적 선전물 건립, 예술영화 창작에 진력했고 복종체계 확립을 위한 자신만의 '소수 측근'에 의한 정치를 추구했다는 점도 특징이다. 다시 말해 김정일에게 '현지지도'는 '3대 혁명소조운동'에서 출발하여 '70일 전투', '3대 붉은기쟁취운동' 등의 '대중운동'을 주도

하고 김정일의 후계체제를 구축하는 데 매우 유용한 '통치전략의 기제'
로 활용되었다고 할 수 있다.

<표 3-20> 김일성-김정일 '현지지도 특징' 비교

구분	김일성 시대	김정일 시대
	1950년대~1994년대	1990년대~2011년대
현지지도 '부문' 특징	공장, 기업소, 협동농장	군사 부문, 정치적 선전물
현지지도 '수행 인물' 특징	항일투쟁	당의 충성도
'대중동원'과 연계성	위로부터의 지도와 일상적 동원, 1인 지배체제 구축	사회운동 주도, 권력 공고화
'통치전략'에 미치는 영향	정치와 생산의 결합, 체제 정통성 확립 수단, 1인 지배체제 구축	후계체제 구축의 주요 기제

제4부

김정은의 현지지도
실태와 특징

이 책의 '연구 문제'를 간단히 다시 기술한다면 다음과 같다. 첫째, "김정은의 현지지도 행태가 정책 기조 변화 및 통치전략에 어떤 영향을 미치는가?", 둘째, "어떤 메커니즘을 통해 현지지도를 대중동원 방식과 연계시키고 체제 유지와 통치수단으로 활용하고 있는가?", 셋째, "김정은의 현지지도 연결망에 나타난 당·군·정 엘리트의 사회적 관계특성은 북한의 정책변화에 어떤 영향을 미칠 것인가?"이다. 이를 통해 북한 체제를 움직이는 최고 권력자 김정은의 '통치전략 요체가 무엇인가?'를 파악함으로써 대북정책의 효율성 제고와 정책적 시사점을 도출하는 데 있다.

<표 4-1> 김정은 '현지지도 특징 비교' 분석 모형

구분	권력 과도기 (2012~2016.5)	권력 공고화기 (2016.6~2022)
대내외 환경/ 경제발전전략	체제 불안정성 심화 / 경제강국 건설, 인민대중 생활 향상	국제 제재, 핵·미사일 고도화 / 자립적 민족경제 건설
대중동원 방식	자력자강 구호, 속도전식 동원	내부 생산력 제고, 통제된 개혁
현지지도	• 행동 궤적 분석(횟수, 부문, 장소, 방식, 통치와 지배) • 발언 내용 분석(빈도, TF-IDF, 군사 분야 / 행정·경제 분야) • 수행 인물 분석(TF-IDF, 중심성, CONCOR)	
통치전략 우선순위	• 김일성·김정일주의 • 김정일애국주의 • 인민대중제일주의	• 인민대중제일주의 • 김일성·김정일주의 • 우리국가제일주의 • 김정일애국주의

출처: 『로동신문(2012~2022)』, 『조선로동당 규약』 등을 토대로 구성.

따라서 이 부는 <표 4-1>에 제시된 '비교분석 모형'의 흐름에 따라 김정은 시대를 '권력 과도기'와 '권력 공고화기'로 구분하고, 시기별 대내외 환경과 그에 따른 '경제발전 전략'을 살펴보고 이를 위한 '대중동원 방식'의 변화, 시대별 '현지지도'와 '통치전략'의 특징을 도출한다. 또한 '현지지도'와 '통치전략'에 대한 특징과 맥락은 현지지도의 '행동 궤적', '발언 내용', '수행 인물'에 대한 분석으로 구조화하여 보다 '과학적인 접근법'으로 비교 · 평가하고자 한다.

제1절 권력 과도기(2012. 1. ~ 2016. 5.)

1. 대내외 환경의 변화와 경제발전 전략

2011년 12월 김정일의 사망으로 권력을 세습한 김정은은 '대내외 위기'에 직면했고 그중에서 가장 큰 위협은 '체제 불안정성의 심화'였다고 할 수 있을 것이다. 우선 '대외적 위협요인'은 김정일 사후 불안정한 국내·외 정세와 유엔안보리 대북 제재 등으로 인한 '불안정'을 들 수 있다. 중국의 '지역 패권주의'가 강화되는 가운데 미·중 간의 갈등으로 위기가 고조되면서 동북아 지역에 정치적 불안정성이 심화하는 상황이었다.

이와 더불어 '유엔안보리 대북 제재' 또한 북한 체제에 중대한 위협요인이 되었다. 유엔안보리는 북한의 '핵·미사일 개발' 위협에 대응하기 위해 '대북제재결의안' 1718호(2006), 1874호(2009), 2087호(2013), 2094호(2013), 2270호(2016), 2321호(2016), 2371호(2017), 2375호(2017), 2397호(2017) 등을 결의했다. 이러한 '대북 제재'는 북한 정권의 외화조달에 제한을 주어 김정은의 통치자금을 확보하는 데 어려움으로 작용하게 되었다.[1] 따라서 김정은이 권력을 공고화하기 위해서는 이러한 '대외

---

1   "정부, UN 안보리 통해 北 통치자금 더 조인다", 『조선일보』, 2013년 2월 12일.

적 위협요인'을 극복해야만 했고, 김정은은 핵과 미사일 개발 완성을 '선언'하면서 대남·대미 대화 국면으로 돌파구를 마련하고자 했다.

다음으로 이 시기 김정은의 '대내적 위협요인'은 '핵심권력 엘리트 관리'와 '주민의 지지'를 확보하는 것이었다. 김정은은 2009년 후계자로 내정된 후 김정일의 모든 법적·제도적 지위와 권한을 계승했고 〈표 4-2〉와 같이 김정은 후계체제 구성원들은 '당·군·정'의 요직에서 김정은 '권력 공고화' 과정을 통해 제도적 권력 이양을 모두 마쳤다고 할 수 있다.[2]

〈표 4-2〉 김정은 '권력 공고화' 전개 과정

연도	회의체	내용	특징
2010	제3차 노동당 대표자회 (2010.9.28)	• 당중앙군사위원회 부위원장(김정은) * 선군정치 상황, 후계과업 담당	김정은 후계자 공식화
2012	제4차 노동당 대표자회 (2012.4.11)	• 김일성·김정일(영원한 총비서), 김정은(제1비서) 추대 * 김정은 당의 최고수위 추대 • 김일성·김정일주의(명문화)	당 기능 강화, 당·국가 체제 기능 회복
		• 당규약 개정(강성대국 → 강성국가)	강성국가 주민 선전
2012	제12기 제5차 최고인민회의 (2012.4.13)	• 김정일(영원한 국방위원장), 김정은 (국방위원회 제1위원장) 추대 • 김정은(국방위원회 제1위원장, 조선인민군 최고사령관, 조선로동당 제1비서) • 헌법 서문(핵무기 보유국) 명시	• 국가 전반 사업 지위 법적 기반 확립 • 당·군·정 모두 장악
2013	당의 유일적 영도 체계 확립 10대 원칙(2013.6)	• 유일적 10대 원칙 → 당의 유일적 영도체계 확립 10대 원칙 * 수령과 당 충성 강조	통치의 제도화

---

2   오경섭 외, 『김정은 정권 통치 담론과 부문별 정책변화』(서울: 통일연구원, 2020), pp. 65~66.

연도	회의체	내용	특징
2016	제7차 당대회 (2016.5)	• 김정은(당 위원장) 추대 • 국가경제발전 5개년 전략 제시	조선로동당 위원장 추대

출처: 통일부 통일교육원, 『북한 지식사전』(서울: 늘봄플러스, 2013) 참조 정리.

그러나 김정은의 권력을 안정화·공고화하기 위해서는 '주민들로부터 지지'를 얻는 문제가 중요했다. 최고 권력자를 민주적 방식으로 선출한 경험이 없던 북한 주민들이 김정은의 3대 세습에 반대하는 움직임을 표출하지는 않았지만, 김정은으로서는 '유일 지배체제'를 확립하고 권력의 안정화를 꾀하기 위해 주민의 지지가 필수적이었다. 그러므로 2012년 이후 조선노동당의 핵심적 과업은 김정은 정권에 대한 '인민들의 지지'를 확보하는 것이었고 김정은의 정통성과 카리스마를 구축하기 위해 김일성·김정일을 계승한 이른바 '백두혈통'을 강조하면서 아래 2012년 『신년공동사설』처럼 '김정일'과 '김정은'을 동일시하는 전략을 통해 김정일에 대한 간부와 주민들의 지지와 충성을 흡수하고자 했다.

> "경애하는 **김정은 동지**는 곧 **위대한 김정일 동지**이시다. 전당 전군 전민이 성새 방패가 되여 **김정은 동지를 결사옹위**하며 **위대한 당을 따라** 영원히 한길을 가려는 **투철한 신념**을 지녀야 한다. 위대한 수령님 따라 시작하고 장군님 따라 백승떨쳐온 우리 혁명을 **김정은 동지의 령도따라** 영원한 승리로 이어나가려는 우리 **군대와 인민의 의지는 확고부동**하다."[3]

그뿐만 아니라 김정은의 권위를 확립하고 정통성을 강화하면서 권력 엘리트와 주민들을 김정은을 중심으로 단결시키기 위해 '김정일 애

---

3 "2012년 신년공동사설", 『로동신문』, 2012년 1월 1일.

국주의'를 적극적으로 활용했다고 할 수 있다.[4] 그 결과 권력 엘리트와 북한 주민들은 김정일의 유훈과 정책을 관철하기 위해 김정은을 중심으로 '일심단결'하고 대를 이어 김정은을 '결사옹위'할 것을 요구받았다.[5]

이러한 위협요인 극복을 위한 구체적인 당면 목표는 〈표 4-3〉과 같이 '경제 강국 건설'과 '인민대중의 생활 향상'의 실현이었다고 할 수 있다. 실례로 2013년 1월 1일 첫 신년사에서 김정은은 "경제 강국 건설과 인민 생활 향상에서 결정적 전환을 일으켜야 한다"라며 이것이 '통치 목표'라고 주장했다.[6] 또한, 김정은은 이러한 경제목표 달성을 위해 2012년 6월 '우리식 경제관리방법'을 도입하고 그해 5월 「경제개발구법」을 제정했으며 국가경제개발위원회를 신설한 후 10월에는 지역별로 14개 경제개발구를 건설한다는 계획을 발표했다.[7]

〈표 4-3〉권력 과도기 「국가전략 목표」와 「통치 방향」

국가전략 목표	통치 방향(신년사, 주요행사)
• 권력 기반 강화 • 경제-핵무기 개발 병진 • 경제 강국 건설과 인민대중 생활 향상	• 경제-핵 병진노선(2013.3.31, 전원회의) • 경제개발구법 지정(2013.11.21) • 장성택 처형(2013.12.12) • 국방력 강화, 백두의 혁명정신, 인민 생활 향상 강조 (2015년 신년사) • 제5차 핵실험(2016.9.9)

출처: 『북한 신년사』, 『로동신문』 등을 참조하여 정리.

---

4   "김정일 애국주의를 구현하여 부강 조국 건설을 다그치자-조선로동당중앙위원회 책임 일군들과 한 담화", 『로동신문』, 2012년 8월 3일.
5   "위대한 김정일 동지의 유훈을 받들어 2012년을 강성부흥의 전성기로 펼쳐지는 자랑찬 승리의 해로 빛내이자", 『로동신문』, 2012년 1월 1일.
6   "2013년 신년사", 『로동신문』, 2013년 1월 1일.
7   『로동신문』, 2013년 10월 23일.

그러나 〈표 4-4〉와 같이 김정은 권력 과도기(2012~2016)에 북한의 '경제 성장률' 추이를 보면 김정은이 집권한 이후 '전시성 건설' 붐에 힘입어 2011년 0.8% → 2012년 1.3% → 2013년 1.1% → 2014년 1.0%로 4년 연속 플러스 경제성장을 보이는 듯했지만, 2015년에는 연이은 대북 제재 여파 등으로 인해 -1.1%를 기록하며 마이너스 경제성장으로 돌아섰다.

〈표 4-4〉 김정은 권력 과도기(2012~2016) '경제 성장률' 추이

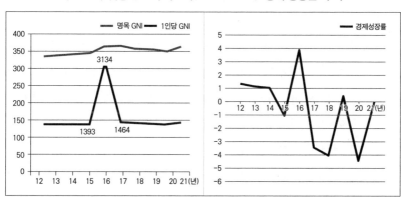

구분	2012	2013	2014	2015	2016
명목 GNI(십억 원)	33,479	33,844	34,235	34,512	36,373
1인당 GNI(만 원)	138	139	146	146	142
경제 성장률(%)	1.3	1.1	1.0	-1.1	3.9

출처: 한국은행, 『북한 경제 성장률 추정결과』, 각 연도(전년 대비 증감률, %),[8] 통계청, 『남북한 경제사회상 비교』, 각 연도 수치(단위: 조 원)를 종합해 재작성.

이후 북한은 2016년 5월 제7차 당 대회에서 '핵·경제 병진노선'은 '항구적으로 틀어쥐고 나가야 할 전략 노선'임을 강조했다. 나아가 북한

---

8 한국은행은 1991년부터 북한의 국민소득 및 경제성장률 등의 주요 경제통계를 추정·발표하고 있다.

은 사회주의 경제 강국 건설을 위한 당면 과업으로 「국가경제발전 5개년 전략(2016~2020)」을 제시했다.[9] 이와 관련하여 『조선신보』는 "1990년대 이후 국가 경제가 난관에 처하여 전망 계획을 세울 형편이 되지 않았다"라고 평가하고 "단년도가 아닌 5년간의 목표가 '국가경제발전전략'으로 정립되고 … 조선의 경제가 본연의 체계를 갖추어 나가고 있음을 보여주는 징표다"라며[10] '국가경제발전 5개년 전략'은 "국방건설과 경제건설 및 인민 생활에 필요한 물질적 수단들을 자체로 생산보장"하는 것이라고 주장했다.

예컨대 김정은은 '핵 · 경제 병진노선'을 강조하면서 에너지 문제 해결을 위해 인민 경제의 선행부문인 전력, 석탄, 금속, 철도운수 부문과 기초공업 부문을 정상궤도에 올려놓겠다고 했다. 또한 "농업과 경공업 생산을 높여 인민 생활을 결정적으로 향상시킬 것"이라면서, "전력문제 해결에 있어서는 국가적인 힘을 집중시켜야 한다"라고 강조했다. 그러나 이러한 전략 목표들은 북한이 핵을 포기하지 않는 한 국제 제재는 더욱 강화될 수밖에 없고, 북한 경제는 더욱 쇠락할 수밖에 없는 상황이었다고 할 수 있다.

2. 대중동원 방식

김정은 권력 과도기 '대중동원' 방식의 특징은 첫째, 위에서 살펴본 바와 같이 권력 과도기의 어려운 대내외 상황과 경제적 여건이 반영된 결과 '자력자강'을 바탕으로 다양한 전투 구호를 통한 '속도전식 동원'

---

9   "조선로동당 제7차 대회에서 한 당중앙위원회 사업총화 보고", 『로동신문』, 2016년 5월 8일.
10   『조선신보』, 2016년 5월 17일.

이라 할 수 있을 것이다. 이것은 김정은의 '조선 속도'에 기반한 '70일 전투·200일 전투' 등 노력 동원을 들 수 있는데, 〈표 4-5〉에 제시된 것처럼 매년 북한이 발표하고 있는 신년사에 포함된 '전투 구호'에서 잘 알 수 있다.

<표 4-5> 김정은 권력 과도기 '신년사 제시' 구호

구분	전투적 구호	핵심단어
2012	• 위대한 김정일 동지의 유훈을 받들어 2012년을 강성부흥의 전성기가 펼쳐지는 자랑찬 승리의 해로 빛내이자!	강성부흥의 전성기
2013	• 우주를 정복한 그 정신, 그 기백으로 경제강국 건설의 전환적 국면을 열어나가자!	경제 강국 건설
2014	• 승리의 신심 드높이 강성국가건설의 모든 전선에서 비약의 불바람을 세차게 일으켜 나가자!	강성국가 건설
2015	• 모두 다 백두의 혁명정신으로 최후승리를 앞당기기 위한 총공격전에 떨쳐 나서자!	백두의 혁명정신
2016	• 조선로동당 제7차 대회가 열리는 올해에 강성국가 건설의 최전성기를 열어나가자!	강성국가 건설

출처: 통일연구원, 『북한 신년사(2012~2016)』 자료를 기준으로 정리.

이후 북한은 2016년 신년사에서 '자강력 제일주의'를 강조하며 본격적인 대북 제재 국면에 대응하기 위해 '과학기술'을 앞세운 '국산화 전략'을 추진하기 시작했다. 4차 핵실험 이후 개성공단 중단과 국제사회의 제재가 강화되면서 이를 극복하기 위해 '70일 전투', '200일 전투' 등 '전민 총돌격전'을 주문하면서 "자력자강의 위대한 동력으로 사회주의의 승리적 전진을 다그치자"라는 전투적 구호도 등장했다.[11]

둘째, 김정은은 권력 과도기에 '동원 담론'과 주민의 '헌신성'을 추

---

11 "2017년 신년사", 『로동신문』, 2017년 1월 1일.

동하여 '경제적 성과'를 도출하려는 노력을 기울이고 있다. 실례로 북한이 '2015년 신년사'에서 밝힌 것처럼 '백두의 혁명정신'과 '백두의 칼바람 정신'을 강조하면서 노력 동원에 활용하고 '조선민족제일주의', '애국헌신의 기풍' 등을 거론하며 주민들로부터 '동원의 자발성'을 유도하고 있다.

> "올해에 우리 앞에 나선 방대한 투쟁목표를 성과적으로 실현하기 위하여서는 **모든 일군들과 당원들, 인민군 장병**들과 근로자들이 **백두의 혁명정신, 백두의 칼바람 정신으로** 살며 투쟁하여야 합니다."[12]

> "온 나라에 우리의 것을 귀중히 여기며 더욱 빛내여 나가는 **애국 헌신**의 **기풍이 차넘치게** 하여야 합니다. … 여기에 **조선민족제일주의**가 있으며 내 나라, 내 조국의 존엄을 떨치고 부강번영을 앞당기는 참다운 애국이 있습니다."

셋째, 김정은은 권력 과도기에 주민 동원의 핵심은 '대중의 정신력'을 추동하는 데 있으며, 이를 위해 '사상전'과 '선전 선동'을 강화하고 '모범사례'를 발굴하여 주민들에게 일반화시키고 이를 '대중운동'과 '사회주의 경쟁'으로 확산시켜 나가는 방식을 취하고 있다는 것이 아래 '2012년 신년사'에 잘 나타나고 있다.

> "**대중의 정신력**이 모든 것을 결정한다. … 최첨단설비들을 제힘으로 만들어 낸 **함남의 정신력, 함남의 실천력**을 구현해나가야 한다. 도처에서 대중의 정신력을 발동하기 위한 **대중운동과 사회주의경쟁**을 활발히 벌

---

12 "2015년 신년사", 『로동신문』, 2015년 1월 1일.

려나가야 한다."[13]

"사회주의 **강성국가 건설**의 모든 전선에서 비약의 불바람을 세차게 일으
키기 위하여서는 **대중의 정신력을 최대로 발동**시켜야 합니다. … 당원들
과 근로자들의 정신력을 폭발시키기 위한 **사상전, 선전선동의 된바람**을
일으켜야 합니다."[14]

넷째, 아래 2016년 북한 '신년사'를 보면 다양한 '청년' 관련 키워드
가 등장하고 '청년 중시'를 강조하고 있음을 알 수 있는데, 예를 들어 '청
년 강국', '청년 영웅', '청년 돌격정신', '청년 문화', '청년 전위' 등 다양
한 '청년' 관련 수사의 등장이다. 이는 시장세대를 체제 보위세력으로
강력하게 결속하고 사회주의 문명국 건설현장에 '동원'하기 위한 '담론'
이라고 할 수 있다.

"지난해를 우리가 더욱 기쁜 마음으로 … **주체혁명의 혈통, 신념의 대를
굳건히 이어가는 우리의 청년전위**들이 당에 대한 충정과 영웅적 투쟁으
로 세상에 둘도 없는 **청년 강국의 위용**을 떨친 것입니다."[15]

"우리 당은 오늘의 총진군에서 **청년들의 역할**에 큰 기대를 걸고 있습니
다. 청년들은 **청년 강국의 주인**으로 내세워준 당의 믿음을 깊이 간직하
고 조국을 떠받드는 억센 기둥으로 더욱 튼튼히 준비하며 **강성국가 건설
의 전투장**마다에서 **기적의 창조자, 청년 영웅**이 되어야 합니다."

---

13 "2012년 신년 공동사설", 『로동신문』, 2012년 1월 1일.

14 "2014년 신년사", 『로동신문』, 2014년 1월 1일.

15 "2016년 신년사", 『로동신문』, 2016년 1월 1일.

다섯째, 2016년 북한 '신년사'에서는 '집단주의 사상'을 강조하며, 이를 '대중동원'의 수단으로 활용하고 있음을 알 수 있다.

"사회생활의 모든 분야에서 **서로 돕고 이끌며 단합된 힘**으로 전진하는 우리 사회의 본태와 대풍모를 적극 살려나가야 합니다. 우리의 표대는 **주체의 사회주의강국**이며 **사회주의의 위력은 곧 집단주의위력**입니다. 모든 부문, 모든 단위에서 **국가적 리익, 당과 혁명의 리익을 우선시**하고 앞선 단위의 **성과와 경험을 널리 일반화**하며 **집단주의경쟁 열풍** 속에 더높이, 더 빨리 비약하여야 합니다."

결론적으로 김정은은 권력 과도기에 '대중동원'을 통해 '인민을 결집'시키고 '정치·사상으로 무장'시켜 당면한 위기를 극복하고자 했다. 그러나 기술력과 적정한 자본금 투입 등의 질적 성장이 뒷받침되지 못한 현실에서 '자력갱생' 외에 차선책이 없는 상황이었으며 결국 '사상통제', '집단주의 강조', '끊임없는 주민의 노력 동원'을 강요하는 모습을 보여주었다고 할 수 있다.

김정은의 현지지도 '특징'과 '통치전략'에 미치는 함의와 요체는 크게 '행동 궤적'(어디서), '발언 내용'(어떤 내용을), '수행 인물'(누구와 함께)을 중심으로 분석하고자 한다. 이를 위해 현지지도 '행적 궤적'은 '권력 과도기'와 '권력 공고화기'로 시기를 구분하고 현지지도 '횟수', '부문', '방식'의 변화를 시계열적으로 분석한 후 이에 대한 평가와 해석을 덧붙이는 방식으로 수행한다.

3. '행동 궤적' 분석

김정은 현지지도 '행동 궤적'은 '횟수', '부문' 및 '장소', '방식', '지배와 통치' 등의 기준을 통해 비교 분석한다. 이를 통해 "김정은의 현지지도 행태가 정책 기조 변화 및 통치전략에 어떤 영향을 미치고 있는가?", "어떤 메커니즘을 통해 현지지도를 대중동원 방식과 연계시키고 체제 유지와 통치수단으로 활용하고 있는가?"를 보다 분명하게 확인할 수 있을 것이다.

1) 현지지도 '횟수' 비교

2012년부터 2016년 5월까지 김정은이 실시했던 연도별 현지지도 '횟수'를 정리하면 〈표 4-6〉과 같이 2012년 150회, 2013년 211회, 2014년 171회, 2015년 152회, 그리고 제7차 당 대회가 열린 2016년 5월까지는 55회 현지지도를 실시했다.

〈표 4-6〉권력 과도기 현지지도 '횟수' 현황

(단위: 횟수, %)

구분	2012	2013	2014	2015	2016.5	총계
횟수	150	211	171	152	55	739
전(全) 기간 대비 비율	20.3	28.6	23.1	20.6	7.4	100[16]

출처: 북한정보포털, 『북한동향』 자료를 기준으로 재구성.

김정은의 권력 과도기에 실시한 현지지도 '횟수'에서 주목할 점은

---

16 이하 모든 표의 비율(%)은 소수점 이하 한 자리까지 표기하고 반올림 처리했음.

첫째, 집권 초인 2012년 150회를 기록한 이후 2013년 211회로 가장 많았으며, 2014년부터 점차 '감소세'를 보이는 것이다. 그 이유는 집권 초기에는 '대중적 인지도'를 높이기 위해 노출 빈도를 높였다가 연차가 높아질수록 전략적으로 '특정 분야'에 집중했기 때문일 것이다.

둘째, '김정일'의 집권 초기인 1995~1997년 현지지도가 146회인데 반해, '김정은'은 2012~2014년까지 532회로 '약 3.6배' 이상의 활발한 현지지도를 실시했다. 김정일은 김일성 사망 당시 이미 모든 권력을 장악한 승계자로서 '안정적인 권력 기반'을 구축했던 반면, 김정은은 김정일의 갑작스러운 사망으로 인해 상대적으로 '대중적 지지'나 '권력 기반'이 취약한 상태에서 주민과의 접촉을 넓히면서 권력의 안정성을 과시하기 위해 활발한 현지지도를 실시했다고 할 수 있다.

2) 현지지도 '부문' 및 '장소' 비교

권력 과도기에 김정은이 실시한 현지지도 '부문별 현황'을 연도별로 군사 부문과 행정·경제 부문, 기타 부문으로 구분하여 살펴보면 〈표 4-7〉과 같다.[17] 권력 과도기 '부문별' 현황을 분석해보면, 2012년에는 '군사 부문'의 현지지도가 46회(30.7%)로 상대적으로 집중된 것을 볼 수 있다. 이것은 집권 초기 '군에 대한 장악력'을 높이고 '내부 결속'을 다지기 위한 것으로 분석할 수 있다.[18]

---

17 현지지도 '부문'의 구분은 연구자에 따라 기준과 구체적 수치의 차이가 발생할 수 있다. 본 연구에서는 김정은 시대 '부문'은 '군사', '행정·경제', '기타' 등 3개 기준으로 구분했고, 외견상 모습보다는 '실질 내용'을 중심으로 분류했다. 예를 들어 군부대를 방문하지만 '실질 내용'은 군에서 운영하는 농장이나 건설현장 방문 등은 '행정·경제'로 분류했고 참배, 공연 관람, 조문, 접견, 회의, 추모대회, 기념사진 촬영, 연설, 회담 등 체제 수호와 우상화를 위한 활동은 '기타'로 분류했다.

18 배영애, "김정은 현지지도 특성 연구", 『통일전략』 제15권 제4호, 한국통일전략학회(2015), pp. 144~150.

(단위: 횟수, %)

구분		2012	2013	2014	2015	2016.6
군사 부문	214 (29.0)	46 (30.7)	52 (24.6)	52 (30.4)	40 (26.3)	24 (43.6)
행정 · 경제 부문	291 (39.4)	42 (28.0)	92 (43.6)	68 (39.8)	69 (45.4)	20 (36.4)
기타 부문	234 (31.6)	62 (41.3)	67 (31.8)	51 (29.8)	43 (28.3)	11 (20.0)
계	739 (100)	150 (100)	211 (100)	171 (100)	152 (100)	55 (100)

출처: 북한정보포털,『북한동향』; 통일연구원,『김정은위원장 공개활동 동향』 자료를 활용하여 정리.

특히 김정은의 현지지도가 "가장 먼저 어떤 장소, 어떤 단위를 대상으로 했는가?"를 분석한다면 김정은 '통치전략'의 향방을 확인할 수 있을 것이다. 우선 '군사 부문'에서는 아래 북한 보도내용과 같이 2012년 '선군정치'의 상징 부대인 '서울 류경수 105근위 탱크사단'[19]에서 시작하면서 북한군 장병들에게 '대를 이어 총대를 중시할 것'을 강조하는 행보를 강조했다.

"**최고사령관**께서는 오늘 아침 금수산기념궁전에 계시는 경애하는 장군님께 새해의 인사를 드리는데 이어서 **105땅크사단에 가보라고 하시는 장군님의 말씀이 귀전에 울려와** 그달음으로 찾아왔다고, **105땅크사단은 명칭만 불러보아도 장군님의 체취와 체온이 느껴진다**고 뜨겁게 말씀

---

19 북한은 '서울 류경수 제105 탱크사단'이 6 · 25전쟁 당시 서울에 최초 진입한 부대라고 선전하고 있으며, 김정일이 '류경수 제105땅크사단'을 최초 현지지도 한 1960년 8월 25일을 선군영도의 시작으로 주장한다. 『UPI 뉴스』, https://www.upinews.kr/newsView/upi202001100076 (검색일: 2022. 11. 8.)

하시였다."[20]

그리고 '문화예술 부문'에서는 2012년 1월 2일 '은하수 신년음악회'를 관람했고, '행정·경제 부문'에서는 1월 11일 인민군 '군인들이 맡고있는 여러 건설대상'을 시찰했다. 이것이 의미하는 바는 '문화·예술적'으로는 '강성대국 건설의 희망'을 제시[21]하고, '경제 부문'에서는 군이 건설하는 건설단위에 대해 김정은의 '관심'과 '정책적 방향'이 있음을 읽어낼 수 있다.

한편 이 시기 김정은이 방문한 부대는 지상군부대로부터 육·해·공군이 동시에 시행하는 '합동훈련'과 실전 전술훈련과 관련된 현지지도가 증가함으로써 군의 실제적인 '전투력 제고'를 위한 목적도 있었던 것으로 평가할 수 있다. 특히 김정은은 '군사 부문' 현지지도에서 '젊고 대담한 지도자'라는 이미지를 부각하고자 했다는 점을 알 수 있다. 실례로 2013년 3월 서해 최전방 무도와 장재도에 목선(木船)을 타고 예고 없이 현지지도를 하거나,[22] 같은 해 10월 불시에 평양 인근 화력 부대 훈련장에서 화력타격훈련을 주관하면서 '준비태세 명령'을 하달한 사례, 2014년 3월 원산 갈마반도 해변에 군단장급 이상 지휘관과 당 중앙군사위원회 위원들을 소집시켜 고위 장령들의 사격과 개인별 전투능력을 측정한 사례[23] 등은 김정은식 '통치 스타일'의 단면을 보여주는 사례라

---

20 『조선중앙통신』, 2012년 1월 1일.

21 '은하수 음악단'은 2009년 5월 30일 김정일 지시로 창단되었고, 김정은 부인 리설주도 활동한 바 있고 '은하수'는 '김정은'을 나타낸다는 설도 있다. 김정일의 생일인 '태양절' 등에 김정은은 '은하수음악회'를 관람하며 민족성과 인민성, 현대성, 조선민족 제일주의, 강성대국 건설에 대한 희망을 제시했다. 배인교, "북한 선군 음악 정치의 지향-은하수관현악단을 중심으로," 『한국음악연구』 제57집(2015), pp. 77~82.

22 "김정은 목선 타고 서해 전방 시찰", 『서울신문』, 2013년 8월 20일.

23 "북한군 장성들, 수영하고 총 쏘고 힘들다 힘들어", 『연합뉴스』, 2014년 7월 2일.

할 수 있다. 이와 동시에 김정은은 하급전사들과 격의 없이 팔짱을 끼거나 감격에 겨워 눈물을 흘리는 병사의 손을 잡는 등 김일성을 모방하면서 '인민 친화적' 리더십을 연출하기도 했다.

결론적으로 김정은은 집권 후 김정일의 '선군정치' 노선과 차별화된 '핵·경제 병진노선'(2012~2017), 자력갱생으로 '정면돌파전'(2019. 12.)을 내세웠지만, 권력 과도기 5년간 현지지도 '횟수'를 보면 '군사 관련'(214회, 29.0%) 현지지도보다 '행정·경제 관련'(291회, 39.4%) 현지지도 비중이 높았다는 점에서 당면한 '경제 위기'를 극복해야 하는 김정은의 현실을 알 수 있다.

또한, 2012년부터 2022년까지 11년간 김정은의 현지지도 현황을 '장소별'로 살펴보면, 전체 현지지도(1,315회) 중에서 48.1%(633회)가 '평양시'를 대상으로 했다. 이를 다시 '권력 과도기'로 한정해보면 〈표 4-8〉과 같이 52.2%(386회)가 '평양시'에 대한 현지지도였다.

〈표 4-8〉 권력 과도기 현지지도 '장소별' 현황

(단위: 횟수, %)

구분		2012	2013	2014	2015	2016.6
평양시	386 (52.2)	100 (66.7)	103 (48.8)	57 (33.3)	75 (49.3)	51 (92.7)
평양 외 지역	353 (47.8)	50 (33.3)	108 (51.2)	114 (66.7)	77 (50.7)	4 (7.3)
계	739 (100)	150 (100)	211 (100)	171 (100)	152 (100)	55 (100)

출처: 북한정보포털,『북한동향』; 통일연구원,『김정은 공개활동 보도분석 DB』, https://www.kinu.or.kr/nksdb/analytics/wordrank.do (검색일: 2022. 11. 20.) 자료를 기준으로 재구성.

이것이 의미하는 바는 첫째, 북한 사회에서 '평양'은 "주체의 성지이고 조선 인민의 심장이며 조선민주주의공화국의 수도"로서 '핵심계층'을 중심으로 하는 '체제 지지세력'의 상징적 공간을 김정은이 '정치적'으로 잘 활용하고 있다는 점이다.[24] 평양에 거주한다는 것은 '특권적 신분'임을 의미하며,[25] 아래 '2012년 신년 공동사설'에서 평양을 '사회주의 문명국'의 면모를 보이는 모범이자 '정력적인 영도가 낳은 결실'이라고 주장하는 것처럼 김정은은 평양을 중심으로 한 성과를 통해 '체제 안정화'를 추구한다고 볼 수 있을 것이다.

> "**평양시의 면모를 일신하는 것**은 어버이 수령님 탄생 100돐을 성대히 맞이하기 위한 **중대한 사업**이며 **위대한 장군님의 간곡한 유훈**이다. 만수대지구건설을 비롯한 중요대상건설을 최상의 수준에서 다그치고 도시경영사업, 원림록화사업에서 근본적인 전환을 일으켜 **선군시대 새로운 평양전성기가 펼쳐지게 하여야** 한다."[26]

둘째, 김정은은 빠르게 '단기적 성과'를 보일 수 있는 '건설사업'을 평양을 중심으로 추진하면서 현지지도를 통해 자신의 '성과와 업적'으로 연결하고 있다는 것이다. 실례로 김정은은 집권 첫해인 2012년에만도 평양시 창전거리와 인민극장, 평양 아동백화점, 능라인민유원지, 류경원, 인민야외빙상장, 평양 민속공원을 잇따라 완공했다. 특히 김정은 시대에 추진한 대부분의 건설과 건축물은 강원도 문천에 건설한 마식령스키장 외에는 문수물놀이장, 미림승마구락부, 능라인민유원지 등 모두 '평양'에 집중시켰다.

---

24 오창은, "김정은 시대 북한 소설에 나타난 평양 공간 재현 양상 연구", 『한민족문화연구』 (2020), pp. 77~84.

25 「조선민주주의인민공화국 평양시관리법」 제32조에 따르면, "평양시에 거주한 17살 이상의 공민에게는 평양시민증을 수여한다"라고 명시하고 있다. 평양시민만이 공민증과는 별도로 '평양시민증'을 소지하는 특권이 부여된 것이다.

26 "2012년 신년 공동사설", 『로동신문』, 2012년 1월 1일.

대표적으로 2012년 창전거리, 2013년 은하과학자거리, 2014년 위성과학자 주택지구, 2015년 미래과학자거리, 2017년 여명거리 등의 평양 재건축 사업을 통해 기술자, 과학자, 교육자들의 주거환경을 개선함으로써 김정은이 제시한 '과학 중시, 인재 중시'의 국가 정책을 공간을 통해 구체화하고자 했다. 결국, 김정은은 '새로운 평양'의 공간 생산 계획과 이를 위한 '현지지도'를 통해 '3대 세습'의 당위성과 '체제의 안정성'을 구축하고자 했다고 할 수 있을 것이다.

3) 현지지도 '방식' 비교

김정은의 '군사 부문' 현지지도의 성격과 특징을 고찰하기 위해 정량적 접근 외에 문헌에 대한 질적 검토를 병행하며, 구체적으로 '군사 부문'의 현지지도를 '군사력 강화활동'과 '군사 관리활동'으로 구분[27]하고 시계열적 변화 추이와 대외환경 변화와의 상관성을 분석함으로써 통치전략의 변화를 파악하고자 한다. '군사력 강화활동'은 북한군 부대 방문이나 시찰, 부대 후방사업장 방문과 지도, 군종 및 병종 간 협동 군사 훈련지도, 신무기 시험 참관 및 지도 등 '전투력 향상 활동'을 의미하며, '군사 관리활동'은 열병식 참관, 당 중앙군사위원회 참석, 군 명령, 기념일 행사 참가, 군부대 공연 관람, 참배, 접견, 과업 제시, 선물 · 감사 · 축하, 표창 수여, 사진 촬영 등을 포함한다. 〈표 4-9〉는 2012년부터 2016년 6월까지 김정은의 군사 부문 현지지도를 '군사력 강화활동'과 '군사 관리활동'으로 구분하여 분석한 결과이다.

김정은 권력 과도기 군사 부문 현지지도 '방식' 측면의 첫 번째 특

---

27 고재홍, "김정은 집권 이후 군 관련 공개활동 특징과 전망", 『INSS 전략보고』 No. 108 (2021), p. 2.

징은 〈표 4-9〉와 같이 상대적으로 '군사력 강화활동'(53.7%)에 비중을 둔 점이다. 통상 '군사력 강화활동'은 '군사 관리활동'에 비해 물리적 시간과 비용이 많이 소요되는 데도 불구하고 비중이 높은 이유는 북한군의 정례적인 하계와 동계 훈련, 한미연합훈련 기간 중 군사훈련 강화 등이 영향을 미친 것으로 해석할 수 있다.

〈표 4-9〉 김정은 권력 과도기 '군사 부문' 현지지도 현황

(단위: 횟수, %)

구분		2012	2013	2014	2015	2016.6
군사력 강화활동	115 (53.7)	25 (54.3)	25 (48.0)	32 (61.5)	18 (45.0)	15 (62.5)
군사 관리 활동	99 (46.3)	21 (45.7)	27 (52.0)	20 (38.5)	22 (55.0)	9 (37.5)
계	214 (100)	46 (100)	52 (100)	52 (100)	40 (100)	24 (100)

출처: 북한정보포털, 『북한동향』; 통일연구원, 『김정은 공개활동 보도분석 DB』 자료를 활용하여 정리.

두 번째 특징은 '특정 부대'를 반복적으로 현지지도 하는 경향이 있다는 점이다. 구체적으로는 〈표 4-10〉과 같이 2012년에는 '기동부대', 2013년에는 '후방부대 사업장'과 섬 방어대 등 '소외지역 부대', 2014년과 2015년에는 '공군부대'와 '후방부대 사업장'에 대한 현지지도를 집중하여 실시했다.

이는 김정은이 군사 부문과 관련한 '통치전략'의 다양한 메시지를 현지지도를 통해 대내외적으로 천명한 것으로 볼 수 있다. '대내적'으로는 군부의 사기진작과 군사대비태세를 점검하면서 군사 지휘관과의 대면접촉을 통한 '군부 통제력'을 유지하고 '당 군사노선' 이행을 강조하면서 군사훈련을 통한 '전투력 향상'을 꾀함과 동시에 '대외적'으로는 '군부 장악'과 '정권의 안정성', '군사 능력'을 과시하고 '군사정책의 방

향'을 제시하는 '다목적의 통치전략'이 담겨 있는 것이라고 할 수 있다.

〈표 4-10〉 김정은 권력 과도기 '특정 부대' 반복 현지지도 현황

구분	특징	방문부대
2012	기동부대	• 제169부대(1.19), 제3870부대(1.20), 공군 제354군부대(1.20), 제671부대(1.22)
2013	후방부대사업장, 소외지역부대	• 장재도 방어대(9.2), 무도 방어대(9.2), 월내도 방어대(3.11 / 9.3) • 인민군 2월 20일 공장(5.16), 인민군 11월 2일 공장(11.16)
2014	공군부대, 후방부대사업장	• 제188군부대 비행훈련(3.17), 전투비행술경기대회(5.10) • 인민군 11월 2일 공장(2.20), 인민군 11월 2일 공장(8.24)
2015		• 여성초음속전투기비행사 비행훈련(6.22), 전투비행술경기(7.30) • 인민군 1116호 농장(6.1), 인민군 122호 양묘장(12.3)
2016	신무기시험 참관	• 신형대구경방사포 시험사격(3.4), 전략잠수함 탄도미사일 시험발사(4.24)

출처: 북한정보포털, 『북한동향』; 통일연구원, 『김정은 공개활동 보도분석 DB』 자료를 활용하여 정리.

4) '지배'와 '통치'를 통한 '현지지도' 비교

북한 최고 권력자의 '현지지도' 행위를 인위적으로 구분하는 것은 간주관적(間主觀的)[28]이다. 그러나 북한의 모든 현지지도를 단지 '체제선전'과 '지배의 공고화'만을 위한 것으로 평가한다면 북한 체제가 추구하는 '통치전략의 요체를 관찰하는 것은 어려워질 것이다. 북한의 모든 정책은 철저히 '수령의 영도'를 보위하는 것이라 할 수 있으나, 인민의 지지를 얻어내기 위한 '성과'와 '실리적 측면'의 현지지도 또한 간과해서는 안 된다. 그런 의미에서 〈표 4-11〉은 몇 가지 사례를 통해 '지배', '통치

---

28 주관적인 경험이나 생각이 상호 간에 공감대를 이루는 경우를 일컫는다.

1', '통치 2'에 대한 구분방식을 내용별로 정리한 것이다.[29]

<표 4-11> 현지지도 '성격'을 기준으로 구분한 사례

구분	현지지도	구체적 사례
지배	금수산태양궁전 참배 (2013.2.16, 조선중앙통신)	• 최고사령관 동지의 영도 따라 백두의 행군길을 이어가며 주체의 선군혁명 위업을 기어이 완성해나갈 불타는 결의를 다짐했다.
	기념공연 관람 (2021.2.17, 로동신문)	• 광명성절 기념공연 관람 • "위대한 장군님에 대한 인민의 그리움과 당 중앙의 영도를 받들어 갈 맹세를 예술적 형상으로 보여줬다."
	군인들과 기념촬영 (2022.4.29, 조선중앙통신)	• 4·25 열병식 참가 군인들과 기념사진 • 주체혁명 위업 수행을 총대로 굳건히 담보해야 강조
통치 1	노동당 전원회의 (2021.12.28, 로동신문)	• 조선노동당 제8기 제4차 전원회의 소집, 김정은 사회 • 전략 전술적 방침과 실천 행동 과업 토의 결정
	려도방어대 시찰 (2012.4.5, 조선중앙통신)	• 동해안 전방초소 려도방어대 시찰 • 유능한 싸움꾼으로 준비시키고 있다고 치하 • 싸움 준비 완성에서 려도방어대 중요성 강조
통치 2	마식령스키장 건설 현지지도(2013.12.15, 조선중앙통신)	• "12월 강추위 속에서 당 명령 결사 관철하는 군인 건설자 생각하면 가슴이 뜨거워진다." • "웃고 떠들 인민과 학생 생각하면 마음이 흐뭇해진다"
	송화지구 살림집 현지지도(2022.3.16, 조선중앙통신)	• 완공 앞둔 송신·송화지구 1만 세대 살림집 현지지도 • 주체적 자립경제의 잠재력, 일심단결의 뚜렷한 과시로 된다고 평가, 수도 건설에서 인민대중제일주의를 철저히 구현할 것을 강조

출처: 『로동신문』, 『조선중앙통신』 등을 참조하여 작성.

---

29 글의 지면상 구분 방법의 '예시'로 전체 집계된 '구분 원칙'을 대신한다. 〈표 2-6〉 개념구분 참조.

이러한 기준을 바탕으로 이 책에서는 '통치'와 '지배'가 카테고리별로 '어떻게 연결되는가?'를 통해 김정은의 '현지지도'에서 시기별로 통치와 지배가 '어떤 상호관계'를 가지며, '어떤 영향력'을 미치는가를 살펴보았다. 또한, 통치와 지배의 '횟수 비교'를 통해 통치와 지배의 '수치적 차이'가 실제 '통치전략에 어떤 영향을 미치고 있는가?'를 추론해보았다. 구체적으로 김정은의 권력 과도기 현지지도를 '통치와 지배'의 분석으로 구분하면 〈표 4-12〉와 같다.

〈표 4-12〉 권력 과도기 현지지도 '통치-지배' 분석

(단위: 횟수, %)

구분	계	2012	2013	2014	2015	2016
지배	176 (23.8)	46 (30.7)	69 (32.7)	36 (21.0)	22 (14.5)	3 (5.5)
통치 1	245 (33.2)	57 (38.0)	64 (30.3)	66 (38.6)	45 (29.6)	13 (23.6)
통치 2	318 (43.0)	47 (31.3)	78 (37.0)	69 (40.4)	85 (55.9)	39 (70.9)
계	739 (100)	150 (100)	211 (100)	171 (100)	152 (100)	55 (100)

출처: 북한정보포털, 『북한동향』; 통일연구원, 『김정은 공개활동 보도분석 DB』 자료를 활용하여 정리.

현지지도 '통치-지배'의 특징을 분석해보면, 우선 권력 과도기에 김정은의 현지지도는 '지배'(23.8%)보다는 '통치 1'(33.2%)과 '통치 2'(43%)에 집중되어 있음을 알 수 있다. 집권 초기인 2012~2013년까지는 '지배'와 '통치'가 비슷한 비율을 유지하다가, 2014년 이후부터는 '통치 2'의 비율이 2014년 40.4%, 2015년 55.9%, 2016년 70.9%로 점차 증가했다. 이는 군사 부문과 행정·경제 부문에서 가시적인 '성과'를 도출하여 주민의 '지지'를 확보하고 '체제 안정화'를 얻고자 하는 김정은의

의지가 '현지지도'에 연결되었음을 시사한다.

연도별 추이에서 볼 때 '지배'는 여러 부문에서 고르게 나타나고 있는데 〈표 4-13〉과 같이 '선전·선동'을 강조하는 행사가 가장 많았다. 그 외에 유일사상, 문화예술 부문이 상위 항목으로 나타났다. 특히 '문화예술' 부문에서도 '지배' 행동이 상당 부분 나타났는데, 북한이 비록 '외형적'으로는 현대화를 통해 복장이나 공연양식 등이 개방된 것처럼 보이지만, '실질 내용'에서는 '수령'과 '당에 대한 충성'을 요구하고 있다는 사실을 알 수 있다.

〈표 4-13〉 권력 과도기 현지지도 '지배' 하위 항목

(단위: 횟수, %)

구분	계	선전선동	유일사상	문화예술	군사	기타(조문, 사진촬영 등)
지배	176 (100)	63 (35.8)	57 (32.4)	27 (15.3)	15 (8.5)	14 (8.0)

출처: 북한정보포털, 『북한동향』; 통일연구원, 『김정은 공개활동 보도분석 DB』 자료를 활용하여 정리.

'문화예술' 부문의 대표적인 사례가 2014년 4월 20일 모란봉악단의 공연 '김정은 원수님을 모시고 진행된 조선인민군 제1차 비행사대회 참가자들을 위한 모란봉악단 축하 공연'이다. 이 공연을 보면 공연 시작 전에 '김정은을 소개'하는 전형적인 모습이나 서곡 '수령님은 영원한 인민의 태양', 전체적인 선곡에서 '장군님 생각', '인민의 환희'[30] 등이 지배 관철의 목적을 가진 전형적인 '지배'의 모습이라 할 수 있다.

또한, 김정은은 '통치 2'에 현지지도를 집중했지만, 여전히 '군사 부

---

30 구체적인 노래 가사에서 "… 천하제일 위인님을 모시고 사는 인민의 자부심이여, 우린 무엇도 부럽지 않아 원수님 계시기에…"로 지배에 초점이 맞추어져 있음을 알 수 있다.

문'이 높은 빈도를 차지하는 점은 권력 과도기 북한이 '지배'를 위해 '군의 힘'을 필요로 하고 있다는 것을 알 수 있다. 김정은이 '통치 2'에 집중하는 사례로는 '건설 부문' 지도에서 '재방문'[31]과 '미비점에 대한 꾸짖음', '업적에 대한 포상' 등을 활발히 하는 경우를 들 수 있다.

4. '발언 내용' 분석

김정은 현지지도 '발언 내용' 분석은 빅데이터 분석을 활용했으며, Textom 6.0과 Ucinet 6 프로그램을 분석에 사용했다. 첫 번째, 2012년부터 2022년까지 통일부 『북한 동향』에서 제공하는 '현지지도'를 수집한 후 이를 '권력 과도기'(2012~2016. 5.)와 '권력 공고화기'(2016. 6. ~ 2022)로 구분하여 재정리했다. 이 과정에서 『로동신문』, 『조선중앙연감』, 인터넷 공개자료[32] 등을 활용하여 중복, 점검함으로써 자료의 오류를 최소화하고자 했다. 두 번째로 수집된 자료는 Textom 6.0 프로그램의 정제와 형태소 분석 기능을 통해 '중복 및 부적합한 데이터'를 제거했다. 세 번째는 '데이터 분석단계'로 Textom 6.0을 통해 수집한 데이터에서 키워드 분석에 필요한 '명사를 추출'하고 '전처리 작업'을 수행했다. Textom 6.0 프로그램의 '빈도와 TF-IDF' 분석을 활용했으며 Ucinet 6 프로그램을 활용하여 '중심성'을 도식했다.

네 번째로, 주요 키워드에 대한 CONCOR 분석을 통해 '군집'을 비

---

31   예를 들어 김정은은 '능라인민유원지' 현지지도를 2012년 4월 30일 방문 후 5월 5일, 7월 1일, 7월 24일 등 지속적으로 재방문하면서 건설을 독려했다.

32   통일연구원에서는 『김정은 공개활동 보도분석 DB』자료를 공개하고 있으며 『로동신문』과 『조선중앙통신』 보도를 기준으로 김정은 공개활동 추이와 분야별, 장소별, 수행자 등에 대한 기초자료를 제공하고 있다.

교 분석했으며, 이와 같은 연구결과를 종합하여 '현지지도' 발언 내용의 맥락과 특징을 도출했다.

1) '기본량' 분석

(1) 발언 내용 'TF-IDF'

김정은의 권력 과도기 현지지도 '발언 내용'에 대한 'TF-IDF 값' 분석결과는 〈표 4-14〉와 같다. 'TF-IDF 값'은 한 문서 내에서 특정 단어가 얼마나 중요한지를 '핵심어'를 추출하여 측정하는 방법이다. 분석결과에 따르면 권력 과도기 김정은이 현지지도에서 발언한 키워드는 '공장', '당', '건설', '인민', '현대', '생산', '김정일', '조선인민군', '김일성', '힘' 순이다. 이 결과가 의미하는 바는 첫째, '공장, 건설, 생산, 사업, 물고기' 등 '경제와 민생'과 관련된 단어가 주류를 이루고 있다는 점을 들수 있다. 권력 과도기 북한의 경제발전전략이 '경제 강국 건설과 인민대중 생활 향상'이었다는 점이 분석결과에서 입증된다고 할 수 있다.

두 번째 특징은 '김일성, 김정일, 사회주의, 혁명, 투쟁, 조국, 수령, 사상' 등 '사회주의'와 '1인 지배체제' 공고화를 위한 단어가 빈번하다는 점을 들 수 있다. 이는 권력 과도기 체제 불안정성이 심화하는 상황에서 '김일성·김정일주의', '김정일 애국주의', '인민대중제일주의'를 내세워 선대와의 '계승성'과 '정통성'을 강조함으로써 '3대 세습'의 당위성을 확보하기 위한 현실적 상황이 현지지도 발언에 반영된 결과다.

세 번째는 '조선인민군, 군부대, 힘, 과학자, 과학기술' 등 군사와 관련한 단어가 빈번하다는 것은 집권 초기 김정은의 권력을 공고화하는 수단으로 '핵과 미사일 개발 완성'을 선언하고 '군사력 강화'를 강조했던 대내외 환경이 복합적으로 작용한 결과물이다.

〈표 4-14〉권력 과도기 발언 내용 'TF-IDF' 분석

순위	키워드	TF-IDF	순위	키워드	TF-IDF
1	공장	775.8880218	26	승리	347.5782018
2	당	763.0470385	27	과업	347.5551375
3	건설	736.6842303	28	민족	338.9586106
4	인민	723.0411399	29	관철	318.7402907
5	현대	643.3626409	30	조국	314.2240979
6	생산	613.5160947	31	수령	312.6946019
7	김정일	600.5097720	32	사상	312.0528938
8	조선인민군	577.6879042	33	주체	311.0889514
9	김일성	521.2953176	34	물고기	303.5433631
10	힘	484.0881075	35	군대	302.9828669
11	혁명	484.0087396	36	발전	297.4237417
12	인민군대	483.7158151	37	기념사진	282.1279816
13	훈련	475.3395389	38	과학기술	281.1294279
14	강화	448.4703404	39	항공	272.6549164
15	군부대	448.4427943	40	장군	272.0470566
16	사업	448.1663752	41	시찰	269.4746679
17	군인	435.6061623	42	역사	261.7279965
18	문제	416.6092302	43	영도	261.7134195
19	투쟁	408.5762959	44	과학	258.2244186
20	나라	394.1485946	45	위력	257.5562157
21	동지	390.7581776	46	과학자	252.1904612
22	일군	387.2676532	47	자주	251.0973663
23	사회주의	373.6778683	48	자랑	247.8067098
24	실현	366.5328503	49	보장	242.0062549
25	성과	356.8678879	50	조국통일	239.5797485

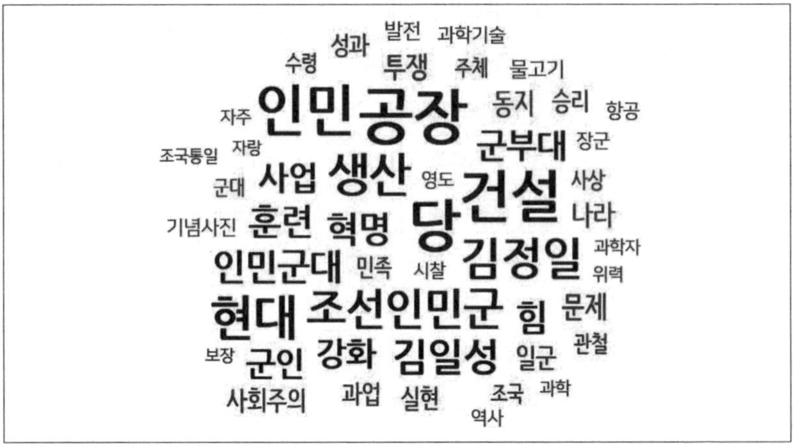

〈그림 4-1〉 권력 과도기 발언 내용 '워드 클라우드'

이와 함께 권력 과도기 김정은의 현지지도에서 발언한 내용을 상위 50개의 'TF-IDF' 값을 중심으로 '워드 클라우드'로 분석한 결과를 도식화하면 〈그림 4-1〉과 같이 표현할 수 있다.

또한, 권력 과도기 김정은의 현지지도 발언 내용을 'TF-IDF' 값을 기준으로 한 상위 50개의 '핵심 키워드'를 중심으로 '의미연결망'을 분석한 결과는 〈그림 4-2〉와 같이 표현할 수 있다.

'의미연결망'의 네트워크 구조 '속성'을 살펴보면 노드는 총 50개이며 연결선은 2,442개, 밀도는 0.997, 평균 연결 강도는 48.840, 평균 연결 거리는 1.003, 컴포넌트는 1, 지름은 2로 나타났다. 노드의 크기는 '공장'이 가장 크게 나타났으며, '당', '건설', '인민', '현대', '생산' 등이 비교적 큰 편으로 분석되었다. 각 노드의 연결 강도는 '당'과 '인민'이 가장 높았고, '당'과 '힘', '당'과 '혁명', '당'과 '건설' 순으로 높게 나왔다. 이들 노드 간에 동시 출현빈도는 '당'과 '인민'이 4,791회, '당'과 '힘'이 2,360회, '당'과 '혁명'이 2,126회, '당'과 '건설'이 2,191회였다. 이러한 분석을 통해 '당'과 '인민'이 연결 중심성의 중심에 위치한다는 것을 확인함으로

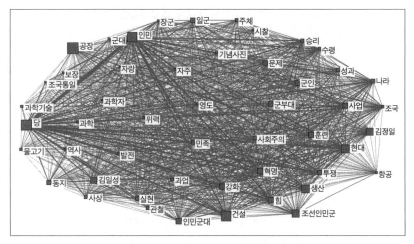

〈그림 4-2〉 권력 과도기 발언 내용 '의미연결망' 분석

써 김정은이 '당 중심의 통치'와 '인민대중제일주의'에 관심이 크다는 사실을 확인할 수 있었으며, 상위 순위의 키워드와 연결 강도가 높은 키워드를 통해 김정은의 현지지도가 '통치전략 및 정책 기조와 상관관계가 크다'라는 점을 알 수 있다.

(2) 발언 내용 '연결 중심성'

김정은 권력 과도기 발언 내용 '연결 중심성' 분석결과는 〈표 4-15〉와 같이 나타난다. '연결 중심성'은 네트워크 내에서 특정 키워드가 다른 키워드와 연결된 정도를 수치화한 것으로서 '연결 중심성'이 높은 키워드일수록 네트워크 내에서 연결 관계가 상대적으로 우위적 위치를 갖는 키워드로 평가할 수 있다.[33]

---

[33] 김보연 외, "빅데이터를 통해서 본 COVID-19 이후 유아 원격 관련 이슈 분석을 통한 지원 방향: 키워드와 연결 · 근접 · 매개 중심성을 중심으로", 『한국지식정보기술학회 논문지』 제16권 제3호(한국기술정보기술학회, 2021), pp. 443~452.

〈표 4-15〉 권력 과도기 발언 내용 '연결 중심성' 분석

순위	키워드	연결 중심성	순위	키워드	연결 중심성
1	당	0.215	26	성과	0.039
2	인민	0.175	27	주체	0.039
3	힘	0.092	28	군대	0.039
4	현대	0.091	29	발전	0.037
5	건설	0.090	30	조국통일	0.036
6	투쟁	0.081	31	자주	0.035
7	혁명	0.080	32	문제	0.034
8	강화	0.068	33	위력	0.034
9	나라	0.064	34	군인	0.032
10	민족	0.064	35	관철	0.031
11	승리	0.058	36	동지	0.029
12	사업	0.056	37	자랑	0.027
13	생산	0.052	38	과학기술	0.026
14	수령	0.049	39	과업	0.025
15	사회주의	0.047	40	과학	0.022
16	실현	0.047	41	보장	0.020
17	조국	0.047	42	영도	0.018
18	장군	0.047	43	훈련	0.017
19	인민군대	0.046	44	역사	0.017
20	일군	0.046	45	군부대	0.013
21	김정일	0.045	46	과학자	0.012
22	김일성	0.044	47	물고기	0.011
23	사상	0.042	48	기념사진	0.009
24	조선인민군	0.041	49	항공	0.005
25	공장	0.039	50	시찰	0.005

김정은의 통치전략, 빅데이터로 풀다

〈표 4-15〉에서 제시된 '연결 중심성'을 분석해보면, 권력 과도기에 김정은의 현지지도 발언 내용에 대한 키워드는 '당(0.215), 인민(0.175), 힘(0.092), 현대(0.091), 건설(0.090), 투쟁(0.081), 혁명(0.080), 강화(0.068), 나라(0.064), 민족(0.064)' 등이 10위 이내로 나타났다. 이는 이 시기에 김정은의 주요 관심이 '당과 인민, 건설과 혁명을 강화하는 것' 등을 중심으로 연결되어 있음을 확인할 수 있다.

(3) 발언 내용 '위세 중심성'

다음의 〈표 4-16〉은 50개의 엑터로 구성된 네트워크를 이용하여 계산한 김정은의 권력 과도기 '발언 내용'에 대한 '위세 중심성' 분석결과다. '연결 중심성'과 '위세 중심성'을 비교해보면 '위세 중심성'의 특징을 알 수 있는데,[34] '위세 중심성'은 엑터가 얼마나 많은 연결 관계를 맺고 있는지뿐 아니라 엑터와 연결된 다른 엑터들 또한 얼마나 많은 연결 관계를 유지하고 있는지도 고려하기 때문이다. '위세 중심성'은 낮은 '연결 중심성'을 갖는 엑터가 높은 '연결 중심성'을 갖는 엑터와 연결될 때 또는 그 반대로 높은 '연결 중심성'을 갖는 엑터가 낮은 '연결 중심성'을 갖는 엑터와 연결될 때 더 민감하게 변화하는 특징을 갖고 있다.

권력 과도기 김정은의 현지지도 '발언 내용'을 중심으로 '위세 중심성'을 분석하여 상위 50위를 제시한 것 중 아이겐 벡터 '중심성 지수'가 0.1을 넘는 키워드는 22개다. '중심성 지수'가 높은 순으로 나열하면 '당, 인민, 힘, 현대, 건설, 투쟁, 혁명, 강화, 민족, 나라'인데, 이러한 키워드는 상대적으로 높은 아이겐 값을 가지고 있으며, 전체 연결망의 '중앙에 위치'하면서 중앙에 놓인 키워드들과 연결되어 있으므로 높은 위세 점수를 갖는다.

---

34 손용정, "사회연결망 분석을 이용한 항만 경제학 분야 공동연구의 중심성에 관한 연구", 『韓國島嶼研究』 제29권 제1호(2017. 4.), pp. 108~109.

순위	키워드	위세 중심성	순위	키워드	위세 중심성	순위	키워드	위세 중심성
1	당	0.456	18	일군	0.114	35	군인	0.073
2	인민	0.406	19	실현	0.113	36	동지	0.073
3	힘	0.234	20	사상	0.108	37	자랑	0.068
4	현대	0.216	21	인민군대	0.107	38	과학기술	0.064
5	건설	0.215	22	군대	0.102	39	과업	0.055
6	투쟁	0.207	23	주체	0.099	40	과학	0.052
7	혁명	0.206	24	김일성	0.098	41	보장	0.050
8	강화	0.172	25	조국통일	0.096	42	영도	0.042
9	민족	0.170	26	김정일	0.095	43	역사	0.041
10	나라	0.165	27	발전	0.094	44	훈련	0.033
11	승리	0.153	28	자주	0.093	45	과학자	0.029
12	사업	0.136	29	성과	0.091	46	물고기	0.023
13	수령	0.130	30	위력	0.090	47	군부대	0.021
14	장군	0.126	31	조선인민군	0.085	48	기념사진	0.017
15	조국	0.123	32	공장	0.084	49	시찰	0.010
16	생산	0.120	33	문제	0.077	50	항공	0.009
17	사회주의	0.119	34	관철	0.074			

분석결과 '위세 중심성'도 '연결 중심성'의 결과와 마찬가지로 '당'의 '위세 중심성'이 0.456으로 가장 높다. 그리고 '인민', '힘', '현대', '건설' 등은 '연결 중심성'의 분석 수치와 유사하게 '위세 중심성'에서도 상위권으로 나타났다.

(4) 발언 내용 'CONCOR'

권력 과도기 김정은의 현지지도 발언 내용 키워드를 'CONCOR' 분석한 결과를 도식화하면 〈그림 4-3〉과 같다. 도출된 결과에 대한 특징을 살펴보면 '경제'와 관련된 다수의 군집과 '군사, 과학, 영도, 혁명' 등을 범주로 하는 주요 키워드들이 각각의 군집을 형성하고 있는 것을 확인할 수 있다.

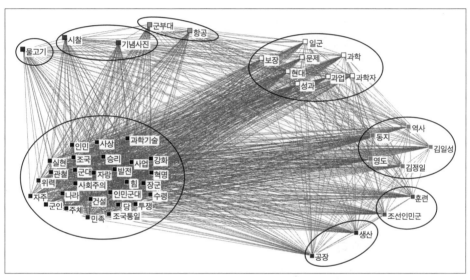

〈그림 4-3〉 권력 과도기 발언 내용 'CONCOR' 분석

군집은 〈표 4-17〉과 같이 8개 군집으로 분류할 수 있으며, 형성된 '군집의 특징'을 살펴보면, 군집 H(혁명, 28개), 군집 D(과학, 8개), 군집 E(영도, 5개)가 가장 크게 밀집해 있으며 서로 강하게 연결된 것을 볼 수 있다. 나머지 5개 군집은 1~2개의 키워드로 이루어진 소수 군집으로 구성되어 있다. 이러한 키워드 및 군집 분석결과, 권력 과도기 김정은의 현지지도에서 '발언 내용'의 주류는 '혁명'과 '과학', '영도'의 강조를 통

한 '체제 안정화'에 있음을 확인할 수 있었으며, 통치전략의 메시지가 일관되게 형성되어 있음을 알 수 있다.

<표 4-17> 권력 과도기 발언 내용 '키워드 군집' 분석

구분/군집명		키워드	키워드 수
군집 A	물고기	물고기	1
군집 B	시찰	시찰, 기념사진	2
군집 C	군부대	군부대, 항공	2
군집 D	과학	일군, 보장, 문제, 현대, 성과, 과학, 과업, 과학자	8
군집 E	영도	동지, 역사, 영도, 김일성, 김정일	5
군집 F	군사	조선인민군, 훈련	2
군집 G	경제	공장, 생산	2
군집 H	혁명	자주, 군인, 주체, 민족, 조국통일, 당, 투쟁, 건설, 수령, 장군, 인민군대, 혁명, 사업, 강화, 발전, 힘, 자랑, 인민, 나라, 사회주의, 군대, 실현, 관철, 위력, 조국, 승리, 사상, 과학기술	28

2) 군사 분야 현지지도

(1) 군사 분야 'TF-IDF'

김정은 권력 과도기 '군사 분야' 현지지도 'TF-IDF' 분석결과는 <표 4-18>과 같이 나타난다. 분석결과에 따르면 권력 과도기 '군사 분야' 현지지도에서 김정은이 발언한 키워드는 '조선인민군', '시찰', '군부대', '기념촬영', '공연관람', '참가자', '항공', '반항공군', '참관', '대연합부대' 순이다. 이 결과가 의미하는 바는 첫째, '기념촬영, 공연관람, 연주회, 군악, 공훈국가합창단, 모란봉악단, 축하' 등 '군사 관리활동'의 단어가 다수 등장하는 점인데, '행동 궤적' 분석에서 '군사력 강화활동'의 비중

<표 4-18> 권력 과도기 군사 분야 'TF-IDF' 분석

순위	키워드	TF-IDF	순위	키워드	TF-IDF
1	조선인민군	80.77378282	26	군악	12.84385519
2	시찰	79.19814780	27	훈련	12.84385519
3	군부대	72.90902998	28	부대	12.84385519
4	기념촬영	50.35480780	29	여성	12.84385519
5	공연관람	46.27370911	30	예술선전대	12.84385519
6	참가자	44.81146072	31	인민무력부	12.84385519
7	항공	43.29362816	32	공군	12.84385519
8	반항공군	41.71693810	33	시험사격	12.84385519
9	참관	36.59432395	34	당선	12.84385519
10	대연합부대	30.77312261	35	공훈국가합창단	12.84385519
11	해군	28.64405499	36	장병	12.84385519
12	참석	24.03791043	37	타격	12.84385519
13	지휘부	21.52882731	38	백두산	9.37350034
14	비행훈련	21.52882731	39	전투비행	9.37350034
15	김일성군사종합대학	19.96801496	40	축하	9.37350034
16	일군	18.85229721	41	대대정치지도원	9.37350034
17	군인	18.85229721	42	전략잠수함	9.37350034
18	포사격훈련	15.97441197	43	포병구분대	9.37350034
19	사격경기	15.97441197	44	대상물	9.37350034
20	신형	15.97441197	45	군무자예술축전	9.37350034
21	교직원	15.97441197	46	모란봉악단	9.37350034
22	중대장중대정치 지도원대회	15.97441197	47	기동훈련	9.37350034
23	연주회	15.97441197	48	김정일	9.37350034
24	시험발사	15.97441197	49	과학자	9.37350034
25	창립주년	15.97441197	50	김일성	9.37350034

이 높았던 것에 비해 발언 내용에서는 '군사 관리활동'과 관련한 강조 발언이 많은 점이 특징이다.

두 번째 특징은, '항공, 반항공군, 비행훈련, 공군, 전투비행' 등 공군 부대 활동과 집단 군사훈련을 강조하고 횟수 또한 증가하는 특징을 보인다. 실제 김정은은 2015년 '공군부대'를 10회 현지지도 하고 2014년에 이어 '비행술 대회'를 개최하기도 했다. 특히 방문부대 성격이 주로 '대공방어'를 담당하는 '반항공군 부대'를 중심으로 이루어지는데, 2016년 5월 개최된 제7차 당 대회에서 김정은은 아래와 같이 '대공 방어능력 강화'를 강조한 바 있다.

"**국가반항공방어체계를** 보다 높은 전략적 수준에로 끌어올려야 합니다. **반항공 경보체계의 현대화**를 실현하고 **각종 대공화력 수단**들로 전국을 그물처럼 뒤덮게 하여 **조국의 령공을 요새화**하여야 합니다."[35]

세 번째 특징은, '중대 정치지도원대회, 군인, 대대 정치지도원' 등의 키워드를 통해 북한군의 전투력 강화에서 핵심고리는 '중대'라는 점을 강조하고 있다는 점이다. 실제 아래 '2014년 신년사'를 보면 "모든 중대를 정치사상적으로 군사 기술적으로 최정예 전투대오로 해야 한다"라고 강조하고 있다.

"오늘 인민군대를 강화하는 데서 중심고리는 군대의 기본 전투단위이고 군인들의 생활거점인 중대를 강화하는 것입니다. 모든 중대를 정치사상적으로 군사기술적으로 튼튼히 준비된 최정예 전투대오로, … 군인들 속

---

35 "김정은 제1비서 7차 당 대회 중앙위원회 사업총화 보고 전문", 『오마이뉴스』, http://www.ohmynews.com/NWS_Web/View/at_pg.aspx?CNTN_CD=A0002207576(검색일: 2022. 11. 30.)

에서 정치사상 교양사업을 강화하여 군인들을 금수산태양궁전과 당중앙위원회를 결사옹위하는 사상과 신념의 강자로 철저히 준비시켜야 합니다."[36]

이와 함께 김정은 권력 과도기에 '군사 분야' 현지지도 발언 내용 상위 50위의 'TF-IDF' 값을 기반으로 '워드 클라우드'로 도식화하면 〈그림 4-4〉와 같이 표현할 수 있다.

〈그림 4-4〉권력 과도기 군사 분야 '워드 클라우드'

또한, 'TF-IDF' 값을 기준으로 김정은의 권력 과도기 '군사 분야' 현지지도 발언 내용 상위 50위의 '키워드'를 중심으로 '의미연결망' 분석결과를 도식화하면 〈그림 4-5〉와 같이 표현할 수 있다.

---

36 "2014년 신년사", 『로동신문』, 2014년 1월 1일.

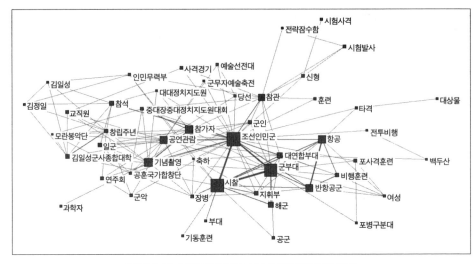

〈그림 4-5〉 권력 과도기 군사 분야 '의미연결망' 분석

　　'의미연결망'의 네트워크 구조의 속성을 살펴보면 노드는 총 50개이며 연결선은 314개, 밀도는 0.128, 평균 연결 강도는 6.280, 평균 연결 거리는 2.243, 컴포넌트는 1, 지름은 4로 나타났다. 노드의 크기는 '조선인민군'이 가장 크게 나타났으며, '시찰', '군부대', '기념촬영', '공연관람' 등이 비교적 큰 편으로 분석되었다. 각 노드의 연결 강도는 '조선인민군'과 '시찰'이 가장 높았고, '조선인민군'과 '군부대', '조선인민군'과 '공연관람', '조선인민군'과 '항공' 순으로 높게 나왔다. 이들 노드 간에 동시 출현빈도는 '조선인민군'과 '시찰'이 28회, '조선인민군'과 '군부대'가 26회, '조선인민군'과 '공연관람'이 9회였다. 이러한 분석을 통해 '조선인민군'과 '시찰'이 연결 중심성의 중심에 위치한다는 것을 확인함으로써 김정은이 군부대에 대한 '현지지도'에 관심이 크다는 사실을 추정할 수 있었으며, 상위 순위의 키워드와 연결 강도가 높은 키워드를 통해 김정은의 현지지도가 '군부 통제'나 '전투력 향상'과도 상관관계가 크다는 점을 알 수 있다.

(2) 군사 분야 '연결 중심성'

김정은의 권력 과도기 군사 분야 발언 내용 '연결 중심성' 분석결과
는 〈표 4-19〉와 같이 나타난다. 〈표 4-19〉에서 제시된 '연결 중심성'을
분석해보면, 권력 과도기에 김정은의 '군사 분야' 현지지도 발언 내용에
대한 키워드는 '조선인민군(0.085), 시찰(0.063), 군부대(0.063), 항공(0.027),
반항공군(0.026), 참가자(0.022), 기념촬영(0.019), 공연관람(0.018), 대연합
부대(0.013), 참관(0.012)' 등이 10위 이내로 나타났다. 특히 '항공, 반항공
군, 군부대, 공연관람, 대연합부대, 비행훈련, 포사격훈련, 신형, 시험발
사, 타격, 전략잠수함' 등의 키워드가 등장하는 점을 유추해볼 때 이 시
기 '군사 분야'에 대한 김정은의 주요 관심이 '공군과 전략무기 개발, 군
전투력 강화' 등에 있었음을 핵심 키워드 연결에서 확인할 수 있다.

(3) 군사 분야 '위세 중심성'

다음의 〈표 4-20〉은 김정은 권력 과도기 군사 분야 현지지도 '발언
내용'에 대한 '위세 중심성' 분석결과이다. '권력 과도기' 김정은의 군사
분야 현지지도 '발언 내용'을 중심으로 '위세 중심성'을 분석하여 상위
50위를 제시한 것 중 아이겐 벡터 '중심성 지수'가 0.1을 넘는 키워드는
7개다. '중심성 지수'가 높은 순으로 나열하면 '시찰, 군부대, 조선인민
군, 항공, 반항공군, 해군, 대연합부대, 참가자, 지휘부'인데, 이러한 키워
드는 상대적으로 높은 아이겐 벡터값을 가지고 있으며, 전체 연결망의
'중앙에 위치'하면서 중앙에 놓인 키워드들과 연결되어 있으므로 높은
위세 점수를 갖는다.

〈표 4-19〉 권력 과도기 군사 분야 '연결 중심성' 분석

순위	키워드	연결 중심성	순위	키워드	연결 중심성
1	조선인민군	0.085	26	축하	0.004
2	시찰	0.063	27	김정일	0.004
3	군부대	0.063	28	김일성	0.004
4	항공	0.027	29	신형	0.003
5	반항공군	0.026	30	교직원	0.003
6	참가자	0.022	31	부대	0.003
7	기념촬영	0.019	32	여성	0.003
8	공연관람	0.018	33	예술선전대	0.003
9	대연합부대	0.013	34	인민무력부	0.003
10	참관	0.012	35	공군	0.003
11	지휘부	0.011	36	대대정치지도원	0.003
12	해군	0.009	37	군무자예술축전	0.003
13	김일성군사종합대학	0.009	38	모란봉악단	0.003
14	창립주년	0.009	39	사격경기	0.002
15	비행훈련	0.008	40	시험발사	0.002
16	군인	0.007	41	타격	0.002
17	참석	0.006	42	포병구분대	0.002
18	일군	0.006	43	훈련	0.001
19	중대장중대정치지도원대회	0.006	44	시험사격	0.001
20	장병	0.006	45	백두산	0.001
21	연주회	0.005	46	전투비행	0.001
22	군악	0.005	47	전략잠수함	0.001
23	당선	0.005	48	대상물	0.001
24	공훈국가합창단	0.005	49	기동훈련	0.001
25	포사격훈련	0.004	50	과학자	0.001

김정은의 통치전략, 빅데이터로 풀다

〈표 4-20〉 권력 과도기 군사 분야 '위세 중심성' 분석

순위	키워드	위세 중심성	순위	키워드	위세 중심성
1	시찰	0.540	26	대대정치지도원	0.017
2	군부대	0.531	27	예술선전대	0.016
3	조선인민군	0.498	28	여성	0.015
4	항공	0.228	29	공훈국가합창단	0.013
5	반항공군	0.222	30	창립주년	0.012
6	해군	0.111	31	김일성군사 종합대학	0.011
7	대연합부대	0.102	32	타격	0.010
8	참가자	0.098	33	신형	0.009
9	지휘부	0.097	34	인민무력부	0.009
10	기념촬영	0.084	35	군무자예술축전	0.009
11	공연관람	0.076	36	사격경기	0.008
12	참관	0.075	37	훈련	0.008
13	비행훈련	0.055	38	포병구분대	0.008
14	군인	0.049	39	전투비행	0.007
15	공군	0.044	40	기동훈련	0.007
16	부대	0.043	41	교직원	0.003
17	장병	0.033	42	모란봉악단	0.003
18	포사격훈련	0.029	43	시험발사	0.001
19	참석	0.028	44	백두산	0.001
20	일군	0.028	45	전략잠수함	0.001
21	축하	0.025	46	김정일	0.001
22	연주회	0.023	47	과학자	0.001
23	군악	0.023	48	김일성	0.001
24	중대장중대정치 지도원대회	0.021	49	시험사격	0
25	당선	0.017	50	대상물	0

분석결과 '위세 중심성'은 '시찰'이 0.540으로 가장 높다. 그리고 '군부대', '조선인민군', '항공', '반항공군' 등은 '연결 중심성'의 분석 수치와 유사하게 '위세 중심성'에서도 상위권으로 나타났다.

(4) 군사 분야 'CONCOR'

권력 과도기 김정은이 군사 분야 현지지도에서 발언한 내용의 'CONCOR' 분석결과를 도식화하면 〈그림 4-6〉과 같이 표현되며, 〈표 4-21〉과 같이 총 9개의 군집이 형성되었다. 특징을 살펴보면 '대회'와 관련된 다수의 군집과 '시찰, 기념, 기동훈련' 등을 범주로 하는 키워드들이 각각의 군집을 형성하고 있는 것을 확인할 수 있다.

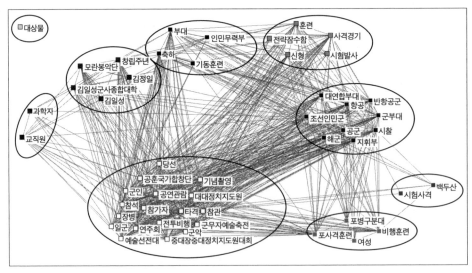

〈그림 4-6〉 권력 과도기 군사 분야 'CONCOR' 분석

구분 / 군집명		키워드	키워드 수
군집 A	대상물	대상물	1
군집 B	기념	김일성군사종합대학, 김일성, 김정일, 창립주년, 모란봉악단	5
군집 C	대회	당선, 공훈국가합창단, 기념촬영, 군인, 공연관람, 타격, 대대정치지도원, 참석, 참가자, 장병, 참관, 일군, 군악, 연주회, 전투비행, 군무자예술축전, 예술선전대, 중대장중대정치지도원대회	18
군집 D	군사	사격경기, 훈련, 전략잠수함, 신형, 시험발사	5
군집 E	시찰	반항공군, 대연합부대, 항공, 조선인민군, 군부대, 공군, 해군, 시찰, 지휘부	9
군집 F	기동훈련	기동훈련, 부대, 인민무력부, 축하	4
군집 G	과학자	과학자, 교직원	2
군집 H	시험사격	시험사격, 백두산	2
군집 I	포병사격	포병구분대, 포사격훈련, 여성, 비행훈련	4

형성된 '군집의 특징'을 살펴보면, 군집 C(대회, 18개), 군집 E(시찰, 9개)가 가장 크게 밀집해 있으며, 서로 강하게 연결된 것을 볼 수 있다. 나머지 7개 군집은 1~5개의 키워드로 이루어진 소수 군집으로 구성되어 있다. 이처럼 키워드 및 군집 분석결과, 권력 과도기 김정은의 군사 분야 현지지도에서 '발언 내용'의 주류는 기동부대 '전투력 강화'를 근간으로 '반항공'과 '신형무기' 개발에 관심이 집중되어 있음을 확인할 수 있었으며, 통치전략의 메시지가 일관되게 형성되어 있다는 점도 알 수 있다.

3) 행정·경제 분야 현지지도

(1) 행정·경제 분야 'TF-IDF'

권력 과도기 김정은의 '행정·경제 분야' 현지지도 'TF-IDF' 분석 결과는 〈표 4-22〉와 같이 나타난다. 분석결과에 따르면 권력 과도기 '행정·경제분야' 현지지도에서 김정은이 발언한 키워드는 '방문', '참석', '관람', '시찰', '건설', '기념촬영', '금수산태양궁전', '조선인민군', '공연', '준공식' 순이다. 이 결과가 의미하는 바는 '방문, 참석, 건설, 조선인민군'의 중요도가 높다는 것을 알 수 있다. 이는 북한이 '경제 강국 건설'을 통한 '강성국가 건설'을 경제목표로 제시하고 지속적으로 독려했기 때문일 것으로 평가된다.

이와 함께 김정은 권력 과도기 행정·경제 분야 현지지도에서 상위 50개의 'TF-IDF'값을 중심으로 '워드 클라우드'로 도식화하면 〈그림 4-7〉과 같이 표현할 수 있다.

〈그림 4-7〉을 보면, '건설, 준공식, 수산사업소, 애육원, 마식령스키장, 능라인민유원지, 교육자 살림집' 등의 키워드가 등장하는데, 이는 북한이 2013년 '신년사'를 통해 "경제 강국 건설은 오늘 사회주의 강성국가 건설 위업 수행에서 전면에 나서는 가장 중요한 과업"이라며 "자립적 민족경제의 토대를 더욱 튼튼히 하고 잘 활용하여 생산을 적극 늘리며 인민 생활을 안전 향상시킬 것"을 주문했고 이에 따라 "인민 경제 모든 부문, 모든 단위들에서 사회주의 증산 경쟁을 힘있게 벌려 생산을 활성화해야 한다"라고 주장한 것과 맥을 같이한다. 예컨대 신년사를 통해 '국가전략목표'와 '통치 방향'을 제시하고 현지지도를 통해 '대중동원'을 강화하는 일련의 계획된 패턴을 시행하고 있음을 알 수 있다.

〈표 4-22〉권력 과도기 행정 · 경제 분야 'TF-IDF' 분석

순위	키워드	TF-IDF	순위	키워드	TF-IDF
1	방문	157.8413423	26	애육원	33.53237512
2	참석	143.5970165	27	중앙보고대회	30.27554798
3	관람	132.9189509	28	발사	30.27554798
4	시찰	116.5792386	29	과학자	30.27554798
5	건설	104.8540710	30	공훈국가합창단	26.87537378
6	기념촬영	103.2843591	31	김일성	26.87537378
7	금수산태양궁전	103.2843591	32	미사일	26.87537378
8	조선인민군	65.5051231	33	당대회	26.87537378
9	공연	60.8511001	34	선수	24.42347035
10	준공식	60.8511001	35	송도원	23.30775260
11	모란봉악단	50.8470354	36	최고인민회의	23.30775260
12	공장	45.4329813	37	능라인민유원지	23.30775260
13	경축	45.4329813	38	마식령스키장	23.30775260
14	대표단	42.6040247	39	당중앙 군사위원회	23.30775260
15	군부대	42.6040247	40	교육자살림집	23.30775260
16	사업	39.6840333	41	대동강	20.68950457
17	참배	39.6840333	42	신년사	19.53877628
18	김정일	39.6840333	43	생일	19.53877628
19	평양	39.6840333	44	조국해방전쟁 승리기념관	19.53877628
20	기계공장	36.6638746	45	용성기계 연합기업소	19.53877628
21	확대회의	36.6638746	46	미림승마구락부	19.53877628
22	은하수음악회	36.6638746	47	문수물놀이장	19.53877628
23	창건	33.5323751	48	국가과학원	19.53877628
24	수산사업소	33.5323751	49	김책공업종합대학	19.53877628
25	접견	33.5323751	50	국제소년단야영소	19.53877628

〈그림 4-7〉권력 과도기 행정 · 경제 분야 '워드 클라우드'

특히 김정은이 '경제발전'을 위해 군을 직접적으로 활용하고 있는 분야는 '건설 부문'이라고 할 수 있는데, 통일부 통계자료에 따르면 2012년부터 2016년 6월까지 김정은의 650여 회 현지지도 중 군부대가 투입된 건설현장을 65여 회 방문하는 등 '건설 부문'에서 군대 활용이 매우 큰 특징이다.

이처럼 김정은은 군의 골격은 유지한 가운데 군복을 입고 경제발전을 위한 각종 경제건설 사업에 직접 투입하는 형태로 군을 '경제발전'에 활용하고 있는데,[37] 구체적인 사례는 〈표 4-23〉에 제시된 바와 같다. '외형적'으로는 군 사업의 형태를 유지한 가운데, '실질적'으로는 경제 부문의 생산력 증대를 위해 직접 동원하는 형태로 군을 '경제 분야 국가발전'에 활용하고 있음을 알 수 있다. 군의 '건설 분야' 활용에 대한 김정은의

---

37 김정호, 앞의 논문, pp. 203~204.

관심이 얼마나 큰 것인가는 북한의 공식 보도문에서도 잘 나타난다.

"**인민군대**에서는 당이 부르는 **사회주의 강국 건설**의 전무마다 인민군대 특유의 **투쟁 본때, 창조 본대를 높이 발휘**함으로써 **국가경제발전 5개년** 수행의 관건적인 해인 올해에 인민군대가 한몫 단단히 해야 합니다."[38]

〈표 4-23〉 권력 과도기 군부대 현지지도에서 '경제 분야' 활용 사례

일자	군부대 시찰 장소	경제 분야 강조 발언
2013.5.20	인민군 제621호 육종장	• 육종장이 축산기지, 사료문제 해결, 우량품종 사업 강조
2013.5.26	인민군 제534군부대 관하 종합식료가공공장	• 식료가공기지 식료품 생산 정상화 강조
2013.5.27	인민군이 건설 중인 마식령스키장	• 군대에 마식령스키장 과업 제시, 과업과 방도는 당의 확고한 결심임을 강조
2013.5.28	제313군부대 관하 8월 25일 수산사업소	• 군대에서 콩 농사 열풍, 물고기잡이 공급 강조
2013.6.3	인민군 제549군부대 돼지공장	• 돼지의 과학화 공장 사육과 비료생산 강조
2014.4.22	인민군 1월 8일 수산사업소	• 육아원·학원·양로원에 물고기를 보장하는 수산사업소 건설, 고깃배 건조, 조선속도 강조
2014.5.6	김정숙 평양방직공장 군인 건설자 기념촬영	• 김정숙 평양방직공장 숙소건설 군인 건설자 격려, 부강 조국 건설 위업 강조
2015.5.11	인민군 제580군부대 산하 7월 18일 소목장	• 군인·인민의 식생활 향상을 위한 축산기지, 축산에서 현대화·과학화·공업화 강조
2015.6.1	인민군 810군부대 산하 1116호 농장	• 농업전선에서 군대의 선구자적 역할 수행 평가, 다수확 품종 육종, 콩·부추 생산 강조

출처: 『북한 동향』, 『로동신문』을 참조하여 정리.

---

38 "인민군 창건 71주년 맞이 인민무력성 방문", 『로동신문』, 2019년 2월 8일.

또한, 김정은 권력 과도기에 '행정 · 경제 분야' 현지지도에서 'TF-IDF' 값을 기준으로 상위 50개의 '발언 내용'을 '의미연결망'으로 도식화하면 〈그림 4-8〉과 같이 표현할 수 있다.

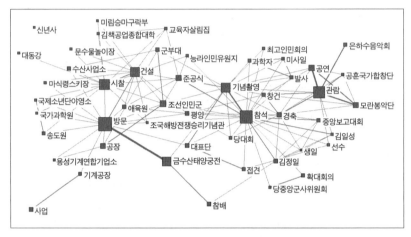

〈그림 4-8〉 권력 과도기 행정 · 경제 분야 '의미연결망' 분석

'의미연결망'의 네트워크 구조의 속성을 살펴보면 노드는 총 50개이며 연결선은 256개, 밀도는 0.104, 평균 연결 강도는 5.120, 평균 연결 거리는 2.549, 컴포넌트는 1, 지름은 6으로 나타났다. 노드의 크기는 '방문'이 가장 크게 나타났으며, '참석', '관람', '시찰', '건설', '기념촬영' 등이 비교적 큰 편으로 분석되었다. 각 노드의 연결 강도는 '참석'과 '기념촬영'이 가장 높았고, '참석'과 '준공식', '참석'과 '김정일', '참석'과 '중앙보고대회' 순으로 높게 나왔다. 이들 노드 간에 동시 출현빈도는 '참석'과 '기념촬영'이 16회, '참석'과 '준공식'이 6회, '참석'과 '중앙보고대회'가 10회였다. 이러한 분석을 통해 '현지지도'와 '건설'이 연결 중심성의 중심에 위치한다는 것을 확인함으로써 김정은이 행정 · 경제 분야 현지지도에서 '건설 분야'에 관심이 크다는 사실을 추정할 수 있었으며, 상위 순위의 키워드와 연결 강도가 높은 키워드를 통해 김정은의 현지지도가 '조선인민군'을 활용하고자 하는 점과 '공장' 및 '기계공장'과도 상관관계가 크다는 점을 알 수 있다.

(2) 행정 · 경제 분야 '연결 중심성'

김정은 권력 과도기 '행정 · 경제 분야' 발언 내용 '연결 중심성' 분석결과는 〈표 4-24〉와 같이 나타난다. 분석결과에 의하면, 김정은 권력 과도기 '행정 · 경제 분야' 현지지도 주요 '발언 내용'은 '참석'(0.047), '관람'(0.041), '방문'(0.036), '기념촬영'(0.028), '금수산태양궁전'(0.027), '공연'(0.024), '건설'(0.022), '시찰'(0.020), '모란봉악단'(0.019), '경축'(0.019) 등이 10위 이내로 나타났다. 이러한 결과는 '자력자강 구호, 속도전식 동원'을 추구했던 권력 과도기 김정은의 통치전략이 보여지는 결과임과 동시에 건설현장과 군사 부문에 대한 현지지도와 각종 시찰 등을 활발히 했던 상황이 영향을 미친 것이라고 할 수 있다.

(3) 행정 · 경제 분야 '위세 중심성'

김정은 권력 과도기 '행정 · 경제 분야' 발언 내용 '위세 중심성' 분석결과는 〈표 4-25〉와 같이 나타난다. 분석결과 '현지지도'의 '관람'이 0.585로 가장 높다. 그리고 아이겐 벡터 중심성 지수가 0.1을 넘는 키워드는 11개로, '공연', '모란봉공연', '경축', '은하수음악회', '방문', '금수산태양궁전', '창건', '공훈국가합창단' 등이 전체 연결망의 중앙에 위치하면서 높은 위세 점수를 나타낸다.

<표 4-24> 권력 과도기 행정 · 경제 분야 '연결 중심성' 분석

순위	키워드	연결 중심성	순위	키워드	연결 중심성
1	참석	0.047	26	김일성	0.006
2	관람	0.041	27	군부대	0.005
3	방문	0.036	28	사업	0.005
4	기념촬영	0.028	29	수산사업소	0.005
5	금수산태양궁전	0.027	30	애육원	0.005
6	공연	0.024	31	송도원	0.005
7	건설	0.022	32	교육자살림집	0.005
8	시찰	0.020	33	생일	0.005
9	모란봉악단	0.019	34	김책공업종합대학	0.005
10	경축	0.019	35	국제소년단야영소	0.005
11	조선인민군	0.012	36	접견	0.004
12	창건	0.012	37	당대회	0.004
13	김정일	0.011	38	확대회의	0.003
14	과학자	0.011	39	선수	0.003
15	준공식	0.010	40	최고인민회의	0.003
16	발사	0.010	41	마식령스키장	0.003
17	미사일	0.010	42	당중앙군사위원회	0.003
18	평양	0.009	43	조국해방전쟁승리기념관	0.003
19	중앙보고대회	0.008	44	용성기계연합기업소	0.003
20	공장	0.007	45	미림승마구락부	0.003
21	대표단	0.007	46	문수물놀이장	0.003
22	공훈국가합창단	0.007	47	능라인민유원지	0.002
23	참배	0.006	48	대동강	0.001
24	기계공장	0.006	49	국가과학원	0.001
25	은하수음악회	0.006	50	신년사	0

〈표 4-25〉 권력 과도기 행정 · 경제 분야 '위세 중심성' 분석

순위	키워드	위세 중심성	순위	키워드	위세 중심성
1	관람	0.585	26	생일	0.021
2	공연	0.500	27	시찰	0.017
3	모란봉악단	0.432	28	최고인민회의	0.017
4	경축	0.196	29	애육원	0.016
5	은하수음악회	0.160	30	공장	0.014
6	방문	0.158	31	송도원	0.012
7	금수산태양궁전	0.158	32	마식령스키장	0.012
8	창건	0.155	33	조국해방전쟁승리기념관	0.011
9	공훈국가합창단	0.154	34	접견	0.010
10	참석	0.136	35	수산사업소	0.009
11	기념촬영	0.136	36	군부대	0.008
12	선수	0.058	37	국제소년단야영소	0.007
13	김정일	0.045	38	능라인민유원지	0.006
14	평양	0.043	39	용성기계연합기업소	0.006
15	중앙보고대회	0.042	40	기계공장	0.005
16	참배	0.040	41	확대회의	0.005
17	김일성	0.038	42	당중앙군사위원회	0.005
18	준공식	0.036	43	교육자살림집	0.005
19	건설	0.034	44	국가과학원	0.005
20	과학자	0.033	45	미림승마구락부	0.004
21	대표단	0.031	46	문수물놀이장	0.004
22	발사	0.026	47	김책공업종합대학	0.004
23	미사일	0.026	48	사업	0.001
24	당대회	0.024	49	대동강	0.001
25	조선인민군	0.023	50	신년사	0

(4) 행정 · 경제 분야 'CONCOR'

권력 과도기 김정은의 행정 · 경제 분야 현지지도 발언 내용의 'CONCOR' 분석결과를 도식화하면 〈그림 4-9〉와 같이 표현되며 〈표 4-26〉과 같이 총 8개의 군집이 형성되었다. 특징을 살펴보면 '건설'과 관련된 다수의 군집과 '회의, 과학, 관람' 등을 범주로 하는 키워드들이 각각의 군집을 형성하고 있는 것을 확인할 수 있다.

형성된 '군집의 특징'을 살펴보면, 군집 F(회의, 13개), 군집 H(건설, 10개), 군집 A(신년사, 5개), 군집 D(관람, 5개), 군집 E(과학, 5개)가 가장 크게 밀집해 있으며 서로 강하게 연결된 것을 볼 수 있다. 나머지 3개 군집은 4개의 키워드로 이루어진 소수 군집으로 구성되어 있다. 이처럼 키워드 및 군집 분석결과, 권력 과도기 김정은의 행정 · 경제 분야 현지지도에서 '발언 내용'의 주류는 '자력갱생'을 통해 '인민생활 향상'과 관련하여

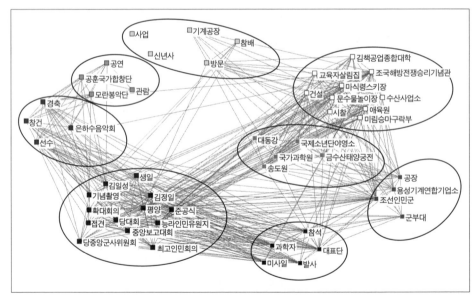

〈그림 4-9〉 권력 과도기 행정 · 경제 분야 'CONCOR' 분석

〈표 4-26〉 권력 과도기 행정 · 경제 분야 '키워드 군집' 분석

구분 / 군집명		키워드	키워드 수
군집 A	방문	신년사, 기계공장, 참배, 방문, 사업	5
군집 B	공연	공연, 관람, 공훈국가합창단, 모란봉악단	4
군집 C	축하	경축, 창건, 은하수음악회, 선수	4
군집 D	관람	대동강, 국제소년단야영소, 국가과학원, 금수산태양궁전, 송도원	5
군집 E	과학	참석, 과학자, 대표단, 미사일, 발사	5
군집 F	회의	김일성, 생일, 김정일, 기념촬영, 확대회의, 평양, 준공식, 접견, 당대회, 능라인민유원지, 중앙보고대회, 당중앙군사위원회, 최고인민회의	13
군집 G	공업	공장, 용성기계연합기업소, 조선인민군, 군부대	4
군집 H	건설	김책공업종합대학, 교육자살림집, 건설, 시찰, 애육원, 조국해방전쟁승리기념관, 마식령스키장, 문수물놀이장, 수산사업소, 미림승마구락부	10

단기간에 가시적 성과를 얻을 수 있는 '건설', '공장', '기업', '경공업' 등에 대한 강조와 현지지도가 증가하는 특징이 있다. 아래 제시된 김정은의 2013년 3월 18일 「전국경공업대회」 연설이 이 사실을 뒷받침한다고할 수 있다.

> "사회주의 낙원을 만들려면 **농업전선과 함께 경공업 전선**에 힘을 집중해 승리의 돌파구를 열어야 한다. ⋯ **경공업발전**에 힘을 넣어 **인민소비품문제**를 풀어야 한다. 공장, 기업소에서 생산을 정상화하는 것을 선차적인과업으로 틀어쥐고 **인민 생활**에 **절실히 필요한 소비품**을 다량 생산하며**기초식품과 1차 소비품 생산**을 늘려야 한다."[39]

---

[39] "김정은, 경공업발전에 역량을 집중할 것 지시", 『조선중앙통신』 2013년 3월 19일.

또한, 김정은의 현지지도가 많은 곳이 공장이나 기업 등 행정 · 경제 부문 현지지도를 활발히 했는데 군수공업 발전과 직결되는 '기계공업 분야'[40]에 대한 현지지도가 두드러지고, 다수의 '경공업 공장', '농업'[41], '축산업'[42], '수산업'[43] 부문에 대한 현지지도를 활발히 함으로써 '인민생활 향상'에 정책적 중점을 두고 있는 모습임을 알 수 있다.

5. '수행 인물' 분석

1) '기본량' 분석

먼저, 권력 과도기 김정은 현지지도 '수행 인물'에 대한 '기본량' 분석결과는 〈표 4-27〉과 같으며 현지지도 '수행 인물' 분석은 북한 권력 엘리트들의 면면과 이들의 권력 내 '역학관계'를 추정해볼 수 있는 좋은 지표가 될 수 있다. 권력 과도기 '수행 인물 순위'의 기본량을 분석해보면, '최대 수행 인원', '평균 수행 인원', '총수행자 수' 면에서 '2014년을 기점'으로 감소하고 있는 특징을 보이고 있다. 그 배경에는 김정은의 현지지도 총횟수가 2012~2013년 평균 190여 회보다 2014~2016년 150여 회로 감소한 측면을 들 수 있다.

또 다른 특징은 이 시기 북한이 처한 '대내외 상황'과 주요 '정책추

---

40 허철용이 사업하는 기계공장, 1월 8일 기계종합공장, 강계뜨락또르종합공장, 강계정밀기계종합공장, 신흥기계공장 등이 대표적 사례다.

41 '농업분야'는 주로 과일농장, 협동농장, 버섯공장 등을 중심으로 현지지도가 이루어졌다.

42 '축산업분야'는 목장, 돼지공장, 사료공장, 육종장 등을 현지지도하여 우량품종의 개발과 사료문제 해결, 축산업과 농업의 동시 발전을 강조했다. 박정하, 앞의 논문, p. 119 재인용.

43 '수산업분야'는 양어장, 메기공장, 수산업사업소 등을 방문하여 식생활문제 해결을 촉구했다.

진 방향'이 현지지도에 반영되면서 나오는 결과물이라는 점이다. 예컨대 2014년부터 2016년까지 북한 신년사를 보면 '경제 강국 건설'과 '인민 생활 향상'이 최대 정책 방향이라는 점을 강조하고 있으며, 무엇보다 '전력과 농업생산'을 위한 건설사업을 주요과업으로 제시하고 '농사에 모든 힘을 총집결할 것'을 독려하기도 한다. 그뿐만 아니라 '사회주의 강성국가' 건설을 위한 '자강력 제일주의'를 강조하며 '조선 속도'에 기반한 주민의 노력 동원을 지속적으로 요구하고 있다. 이에 따라 김정은 현지지도의 수행 인물 대부분이 '당 중심'의 경제관료와 군사력의 경제 부문 동원을 위한 '군 관련' 소수 인물이 주류를 이룬 결과로 볼 수 있다.

〈표 4-27〉 권력 과도기 수행 인물 '기본량' 분석

(단위: 명)

구분	2012	2013	2014	2015	2016
최대 수행인원	35	33	25	20	25
최소 수행인원	1	1	1	1	1
평균	10	7	5	4	4
총수행자 수	90	102	81	89	78

출처: 북한정보포털, 『북한동향』 자료를 기준으로 재구성.

다음으로, 권력 과도기 김정은 '수행 인물 순위'는 〈표 4-28〉과 같이 연도별로 핵심인물 2~3명을 제외하고 '부침이 심한 특징'을 나타내고 있다.[44]

---

[44] 김인수, 앞의 논문, pp. 132~255.

구분	2012	2013	2014	2015	2016
1위	장성택(115회)	최룡해(160회)	황병서(129회)	황병서(88회)	황병서(49회)
2위	최룡해(83회)	황병서(67회)	한광상(66회)	조용원(43회)	조용원(48회)
3위	김기남(64회)	박태성(59회)	최룡해(60회)	김양건(31회)	최룡해(33회)
4위	박도춘(55회)	장성택(58회)	리영길(46회)	리영길(31회)	오수용(26회)
5위	김양건(52회)	마원춘(55회)	마원춘(41회)	박영식(31회)	리만건(21회)

출처: 북한정보포털, 『북한동향』 자료를 기준으로 재구성.

2012년에는 '장성택, 최룡해'가 주를 이루고, 2013년에는 '최룡해' 외에 '황병서'가 새롭게 등장하며, 2014년부터 2016년까지는 '황병서' 가 최측근에서 수행하면서 '한광상, 최룡해, 조용원' 등이 뒤를 잇고 있 다. '권력 과도기' 5년간의 동행횟수를 종합해보면 최룡해(336회), 황병 서(333회), 장성택(173회), 마원춘(96회), 김양건(83회), 리영길(77회), 한광상 (66회), 김기남(64회), 박태성(59회), 박도춘(55회), 조용원(48회), 박영식(31 회), 오수용(26회), 리만건(21회) 순으로 나타났다.

이를 통해 볼 때 이 시기 '최룡해'와 '황병서', '장성택'이 김정은의 최측근에서 일정 기간 보좌하고 있는 점과 함께 김정일의 현지지도에서 '수행 인물 네트워크' 중앙에 위치하던 혁명 1~2세대인 김기남, 현철해, 김영춘, 최태복, 리영호, 김국태 등은 수행빈도가 확연히 줄어들거나 배 제된 것을 고려할 때 핵심 '권력 엘리트'에서 벗어나고 있는 것으로 평 가할 수 있다.

특히 권력 과도기 '수행 인물' 순위에서 또 다른 특징은 황병서, 마 원춘, 김양건, 한광상 등 이른바 '삼지연 8인 그룹'[45]의 부상으로 이들이

---

45 '삼지연 8인 그룹'은 김정은이 2013년 12월 고모부인 장성택 처형을 주도했던 인물들로 김원홍(전 국가안전보위부장), 황병서(노동당 조직지도부 제1부부장), 김양건(당 통일전

김정은의 최측근에서 현지지도를 수행한 것으로 평가된다. '황병서'는 당 조직지도부 제1부부장 출신 '총정치국장'으로서 군사 부문에 대한 전반적인 영향력을 행사하고 있었고, '마원춘'은 국방위원회 설계국장으로 2013년 12월 장성택 처형에 주도적으로 관여했다. '김양건'은 대남담당 비서 겸 통일전선부장을 담당하면서 대남관계를 포함하여 대외정책 전반을 장악했던 인물이고 '리영길'은 군부의 실세로 총참모부 작전총국장을 역임했다. 한광상(당 재정경리부장), 김병호(선전선동부 부부장), 홍영칠(기계공업부 부부장), 박태성(평안남도 당 비서) 등은 50~60대로 비교적 젊은 편이면서 '전문성을 갖춘 관료'라는 공통점도 갖고 있다.

또한, 권력 과도기 수행 인물 '소속기관별' 수행빈도는 〈표 4-29〉와 같이 '당과 군'이 평균 37~41%를 차지할 만큼 '당'과 '군'을 앞세운 통치전략을 추구하고 있음을 유추해볼 수 있다. 특히 2012년 이후 '군 소속' 수행 인물의 빈도가 40% 이상 상회하고 김정은이 집권 초기 군사 부문의 현지지도 비중이 큰 것은 '군의 장악력'을 높이고 '체제 결속'을 강화하기 위한 것으로 분석할 수 있다.[46]

선부장), 한광상(당 재정경리부장), 김병호(선전선동부 부부장), 홍영칠(기계공업부 부부장), 마원춘(국방위 설계국장), 박태성(조직지도부 부부장) 등이다. 전정환 외, 『김정은 시대의 북한 인물 따라가 보기』(서울: 선인, 2018), p. 24.

46 배영애, "김정은 현지지도의 특성 연구", 『통일전략』 제15권 제4호(2015), pp. 144~150.

(단위: 명, %)

구분		2012	2013	2014	2015	2016
당	603 (37.6)	129 (40.4)	170 (35.9)	113 (33.8)	101 (37.4)	90 (43.3)
군	661 (41.2)	114 (35.7)	190 (40.2)	153 (45.8)	118 (43.7)	86 (41.3)
정	340 (21.2)	76 (23.8)	113 (23.9)	68 (20.4)	51 (18.9)	32 (15.4)
계	1,604 (100)	319 (100)	473 (100)	334 (100)	270 (100)	208 (100)

출처: 북한정보포털, 『북한동향』 자료, https://www.kinu.or.kr/nksdb/accompanier/depart mentRank.do(검색일: 2023. 1. 20.)

이 시기 김정은의 '군사 부문' 현지지도에서 주목할 점은 첫째, 육·해·공군이 한 장소에서 동시에 시행하는 훈련을 김정은이 현지에서 직접 지도하거나 단순한 시설이나 이벤트성 방문이 아니라 '실전 전술훈련' 지도에 대한 비중을 높여 '군의 전투력 강화'를 위한 목적을 중시했다는 점이다. 실례로 김정은은 2014년 신년사에서 '전투 동원태세'를 강조했고, 2015년 신년사에서 '군력 강화의 4대 전략적 노선과 3대 과업'을 제시하기도 했다.

"조선인민내무군 안에 **당의 영군체계와 혁명적 군풍**을 철저히 확립하여 **수령보위, 제도보위, 인민보위**의 숭고한 사명과 임무를 다하도록 하며 노동적위군은 전투훈련을 강화하고 언제나 **만단의 전투 동원태세**를 갖추어야 합니다."[47]

---

47 "2014년 신년사", 『로동신문』, 2014년 1월 1일.

"인민군대에서는 전군에 당의 유일적령군체계를 확고히 세우며 오중흡7
련대칭호쟁취운동과 근위부대운동을 힘있게 벌려 당이 제시한 군력강화
의 4대전략적로선과 3대 과업을 철저히 관철하여야 합니다."[48]

둘째, 군부대가 주도하는 건설현장에 대한 현지지도를 확대하여
'선군정치의 외연'을 확장하는 모습을 보였다는 점이다. 대표적으로 '마
식령 속도', '조선속도' 등을 강조하면서 '마식령스키장 건설', '과학자·
교육자 아파트 건설', '류경구강병원', '옥류아동병원', '평양육아원', '류
경원', '인민야외빙상장', '미림승마구락부' 등의 건설장에 대규모의 군
병력을 파견한 사례를 들 수 있다.[49]

2) 군사 분야 수행 인물

(1) 군사 분야 수행 인물 'TF-IDF'

김정은 권력 과도기 '군사 분야' 현지지도 수행 인물 'TF-IDF' 분
석결과는 〈표 4-30〉과 같다. 이는 권력 과도기 군사 분야 현지지도 수행
상위 50명을 보여주는데 '최룡해'(70.40409), '리영길'(70.10705), '박정
천'(66.874040), '리병철'(62.76808), '장성택'(60.82130), '황병서'(58.77125), '현
영철'(58.62424), '조경철'(57.83244), '김영철'(57.83244), '윤동현'(57.00938) 순
이다.

---

48 "2015년 신년사", 『로동신문』, 2015년 1월 1일.

49 "마식령 속도를 창조하여 사회주의 건설의 모든 전선에서 새로운 전성기를 열어나가자",
    『조선중앙TV』, 2013년 6월 5일.

〈표 4-30〉 권력 과도기 '군사 분야' 수행 인물 'TF-IDF' 분석

순위	수행 인물(소속)	TF-IDF	순위	수행 인물(소속)	TF-IDF
1	**최룡해(당, 군)	70.40409	26	김수길(당, 군)	38.47424
2	리영길(군)	70.10705	27	오일정(당, 군)	38.47424
3	**박정천(군)	66.87404	28	리영호(군)	38.47424
4	리병철(군)	62.76808	29	김격식(군)	36.87519
5	장성택(당)	60.82130	30	**김정각(군)	36.87519
6	황병서(당)	58.77125	31	김경옥(당)	36.87519
7	**현영철(군)	58.62424	32	마원춘(군)	35.20465
8	조경철(군)	57.83244	33	김명국(군)	35.20465
9	김영철(군)	57.83244	34	리재일(당)	35.20465
10	**윤동현(군)	57.00938	35	김양건(당)	33.45711
11	**김원홍(군)	56.15407	36	리설주(당)	33.45711
12	장정남(군)	54.34226	37	림광일(군)	31.62615
13	홍영칠(당)	52.38748	38	김경희(당)	31.62615
14	서홍찬(군)	49.16262	39	오금철(군)	31.62615
15	렴철성(군)	49.16262	40	리명수(군)	27.68197
16	한광상(당)	48.00306	41	박태성(당)	27.68197
17	박재경(군)	45.54535	42	김명식(군)	25.54846
18	변인선(군)	42.88730	43	주규창(정)	25.54846
19	김영춘(당, 군)	41.47637	44	김병호(당)	23.28963
20	김기남(당)	41.47637	45	김창섭(정)	23.28963
21	현철해(군)	41.47637	46	김정식(당)	23.28963
22	**손철주(군)	40.00657	47	문경덕(당)	23.28963
23	박도춘(군)	40.00657	48	김영일(정)	20.88744
24	최부일(군)	40.00657	49	안지용(군)	20.88744
25	박영식(군)	40.00657	50	장동운(당)	20.88744

* '당·군·정'의 분류는 통일부, 『북한정보포털』 인물검색을 기준으로 분류하되, 통상 직책을 겸임하는 북한 특성을 고려하여 해당 시기에 직책을 기준으로 구별했다.
** 세부내용에서 부가적인 설명을 추가한 인물.

세부적으로 분석해보면 첫째, 상위 50명의 엘리트 중 '군 소속'으로 분류할 수 있는 인물이 28명으로 가장 많고, '당 소속' 19명, '정 소속' 3명으로 '군 소속' 인물의 비중이 높다. 이것은 김정은이 정권을 계승한 후 최고사령관으로서 면모를 과시하면서 군에 대한 '실질적 통제력'을 강화하려는 필요성에서 군부대 현지지도를 '증가'했기 때문으로 해석할 수 있다.

둘째, 군부세력 약화와 '군에 대한 당의 통제'를 확고히 하려는 의도가 드러난다는 점이다. 실례로 '최룡해'는 군 출신이 아닌 당 청년동맹을 이끌던 당 출신 인물임에도 불구하고, 2012년 4월 제4차 당대표자회의에서 군부 정치기관인 '총정치국장'으로 임명함으로써 '리영호' 중심의 '야전군인'을 견제했고 군에 대한 감시와 통제를 담당하는 총정치국 출신들을 인민무력부장(김정각), 국가안전보위부장(김원홍), 인민무력부 제1부부장 겸 후방총국장(현철해)에 임명하여 군에 대한 '당의 통제'를 확고히 하려는 의도로 볼 수 있다.[50] 그뿐만 아니라 현영철(군 총참모장), 조경철(보위사령관, 상장), 윤동현(상장), 박정천, 손철주 등이 동행했는데, 이들은 대부분 상장 또는 중장급의 비교적 젊은 군인들이다. 이는 구(舊)군부세력을 대신하여 군 권력의 상층부를 교체하면서 군내 중간급 간부들에 대한 장악력을 확대하고 있다는 점을 시사한다.

이와 함께 김정은 권력 과도기에 군사 분야 현지지도 '수행 인물'의 상위 50개 'TF-IDF' 값을 기반으로 '워드 클라우드'로 도식화하면 〈그림 4-10〉과 같이 표현할 수 있다.

또한, 'TF-IDF' 값을 기준으로 김정은 권력 과도기에 군사 분야 현지지도 상위 50개 '수행 인물'의 '의미연결망' 분석결과를 도식화하면

---

50 김갑식, "북한 군부의 세대교체와 향후 전망", 『이슈와 논점』 제496호(국회입법조사처, 2012), p. 2.

〈그림 4-11〉과 같이 표현할 수 있다.

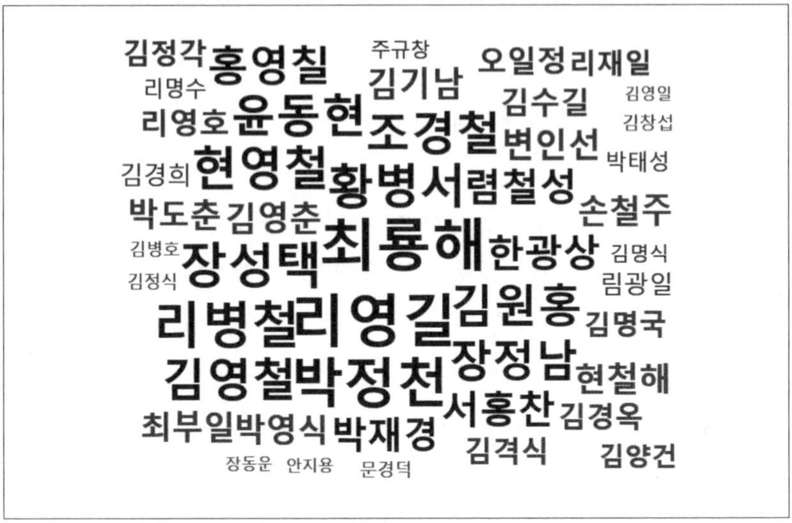

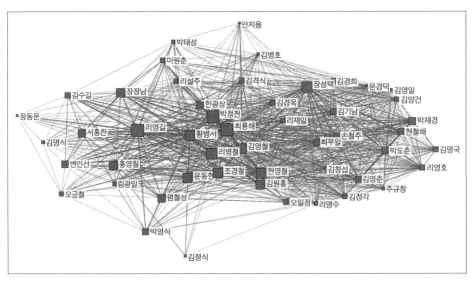

〈그림 4-10〉 권력 과도기 군사 분야 수행 인물 '워드 클라우드'

〈그림 4-11〉 권력 과도기 군사 분야 수행 인물 '의미연결망' 분석

'의미연결망'의 네트워크 구조 '속성'을 살펴보면, '노드'는 총 50개이며 '연결선'은 1,672개, '밀도'는 0.682, '평균 연결 강도'는 33.440, '평균 연결 거리'는 1.318, '컴포넌트'는 1, '지름'은 2로 나타났다. 노드의 '크기'는 '최룡해'가 가장 크게 나타났으며, '리영길', '박정천', '리병철', '장성택' 등이 비교적 큰 편으로 나타났다. 각 노드의 '연결 강도'와 '동시 출현빈도'를 통해 관계 속에서 영향력이 큰 인물들을 살펴보면 '최룡해'와 '황병서'가 45회로 가장 강했으며, '최룡해'와 '장성택'(25회), '최룡해'와 '박정천'(24회), '최룡해'와 '김영철'(23회) 등이 연결 강도가 크게 나타났다.

김정은 권력 과도기 현지지도 '수행 인물 네트워크'의 특징을 평가해보면, 우선 현지지도 수행 인물의 '분포' 면에서 '최룡해', '황병서', '장성택', '리영길', '박정천'이 노드의 크기가 큰 핵심노드로 중앙에 있으며, '최룡해'와 '황병서', '최룡해'와 '장성택' 이 밀접하게 연결되어 있다. 10위권 인물 중에는 군(6명)과 당(4명)이 일정하게 분포하고 있는데 이는 북한 체제 특성과 군사 상황이 반영된 결과로 김정일 시대와 큰 차이를 보이지 않고 있다. 특징으로는 김정은 권력 과도기에는 당·군·정에 걸쳐 권력 엘리트의 '인물 교체'가 폭넓게 이루어졌다는 점이다. 통일부가 북한 권력 엘리트 300명의 신상과 경력을 담아 발간한 『2017 북한 주요 인사 인물 정보(인명록)』[51]에 따르면, 김정은이 집권한 2012년부터 약 5년 동안 고위급 간부의 약 25%가 교체되었다. 또한, 2015년 국가정보원은 '국회 정보위원회' 보고에서 김정은 집권 이후 주요 간부들의 교체 실태를 분석해본 결과 '당과 정권기관'에 대한 인사는 20~30% 수준으로 최소화하여 '당 중심 통치'를 위한 조직의 안정성을 보장했지

---

51 통일부는 북한의 공식 발표와 관련 언론에 공개된 인물을 토대로 로동당 부부장급·내각의 상(장관)·군부의 상장(별 셋) 이상 300명 안팎의 인물 자료를 매년 공개하고 있다. 『중앙일보』, 2017년 1월 26일.

만, 김정일 시기에 비대해진 군부의 세력화를 차단하기 위해 군은 40% 이상 대폭 교체했다고 평가했다.[52]

이것은 결국 김정은의 권력 과도기에 '혁명 2세대'의 퇴보와 '혁명 3세대'의 중용으로 풀이할 수 있고, 2012년 하반기 주요 군 인사들에 대한 계급 강등이 이루어진 사례에서도 잘 알 수 있다. 총정치국장 최룡해, 총참모장 현영철은 차수에서 대장으로 강등되었고, 김영철은 대장에서 중장으로 두 단계나 강등되었다가 2013년 3차 핵실험 이후 군사적 긴장이 높아지는 과정에서 최룡해와 김영철은 계급이 원상 복귀되었다. 교체된 인물의 대부분 직책이 '집행기구'가 아닌 '의사결정기구'라는 점에서[53] 북한 군부의 보직은 고령화 및 세대교체를 위한 보직변경을 통해 김정은 권력의 공고화를 위한 '통치 기제'로 활용되었다고 할 수 있다.

(2) 군사 분야 수행 인물 '연결 중심성'

〈표 4-31〉의 '연결 중심성' 분석결과에 의하면 권력 과도기 김정은 현지지도에서 군사 분야 수행의 주요 인물은 '최룡해'(0.250), '황병서'(0.237), '리영길'(0.135), '장성택'(0.132), '김영철'(0.132), '박정천'(0.127), '조경철'(0.115), '리병철'(0.104), '현영철'(0.095), '윤동현'(0.094) 등이 10위 이내의 순위로 나타났다. 이러한 인물들의 당·군정 '분포'를 살펴보면, '군 관련' 인물(7명)과 '당 관련' 인물(3명)이 주축을 이루고 있는데 이는 김정은의 권력 과도기에 군사 분야 현지지도 '수행 인물'은 '군사력 강화활동'과 관련된 인물들이 주를 이루면서, '건설 분야'에 대한 군의 동원을 위해 '당 관련' 인물의 수행이 활발했다고 할 수 있다.

---

52 "김정은, 북한군 간부 40% 이상 교체", 『경향신문』, 2015년 7월 14일.

53 유용원·신범철·김진아, 『북한군 시크릿 리포트』(서울: 플래닛미디어, 2013), pp. 110~111.

〈표 4-31〉 권력 과도기 군사 분야 수행 인물 '연결 중심성' 분석

순위	수행인물	연결 중심성	순위	수행인물	연결 중심성
1	최룡해	0.250	26	서홍찬	0.059
2	황병서	0.237	27	김경희	0.058
3	리영길	0.135	28	김경옥	0.056
4	장성택	0.132	29	리재일	0.054
5	김영철	0.132	30	김격식	0.052
6	박정천	0.127	31	변인선	0.050
7	조경철	0.115	32	오일정	0.047
8	리병철	0.104	33	김창섭	0.046
9	현영철	0.095	34	문경덕	0.046
10	윤동현	0.094	35	김수길	0.043
11	김원홍	0.094	36	주규창	0.042
12	김영춘	0.086	37	김영일	0.041
13	김기남	0.085	38	마원춘	0.037
14	박재경	0.080	39	김명국	0.036
15	박도춘	0.078	40	림광일	0.035
16	최부일	0.078	41	리설주	0.034
17	장정남	0.073	42	리명수	0.034
18	한광상	0.071	43	박영식	0.031
19	손철주	0.071	44	박태성	0.025
20	리영호	0.070	45	오금철	0.024
21	김정각	0.070	46	김명식	0.023
22	현철해	0.065	47	김병호	0.023
23	렴철성	0.061	48	장동운	0.020
24	김양건	0.061	49	안지용	0.015
25	홍영칠	0.060	50	김정식	0.009

<표 4-32> 권력 과도기 군사 분야 수행 인물 '위세 중심성' 분석

순위	수행인물	위세 중심성	순위	수행인물	위세 중심성
1	황병서	0.394	26	변인선	0.103
2	최룡해	0.390	27	김경옥	0.101
3	리영길	0.256	28	김격식	0.095
4	박정천	0.231	29	김수길	0.094
5	김영철	0.222	30	리재일	0.091
6	조경철	0.202	31	김양건	0.090
7	장성택	0.201	32	오일정	0.087
8	리병철	0.188	33	김경희	0.084
9	현영철	0.177	34	마원춘	0.073
10	윤동현	0.166	35	박영식	0.068
11	김원홍	0.153	36	김창섭	0.068
12	장정남	0.149	37	문경덕	0.067
13	김영춘	0.133	38	림광일	0.064
14	한광상	0.127	39	주규창	0.063
15	박재경	0.127	40	리설주	0.059
16	최부일	0.127	41	김명국	0.054
17	렴철성	0.122	42	김영일	0.054
18	김기남	0.122	43	오금철	0.052
19	손철주	0.119	44	리명수	0.050
20	홍영칠	0.117	45	박태성	0.050
21	박도춘	0.116	46	김명식	0.043
22	서홍찬	0.115	47	김병호	0.042
23	김정각	0.108	48	장동운	0.037
24	현철해	0.106	49	안지용	0.030
25	리영호	0.105	50	김정식	0.017

김정은의 통치전략, 빅데이터로 풀다

(3) 군사 분야 수행 인물 '위세 중심성'

김정은 권력 과도기 '군사 분야' 수행 인물의 '위세 중심성'을 분석하여 상위 50명을 제시한 것으로 이들 중 아이겐 벡터 중심성 지수가 0.1을 넘는 수행 인물은 〈표 4-32〉와 같이 27명이다. 아이겐 벡터 중심성 지수 상위 10위권의 수행 인물을 지수가 높은 순으로 나열하면 '황병서, 최룡해, 리영길, 박정천, 김영철, 조경철, 장성택, 리병철, 현영철, 윤동현'인데 이들은 상대적으로 높은 아이겐 벡터값을 가지고 있으며 전체 연결망의 중앙에 위치하면서 중앙에 놓인 인물들과 연결되어 있기 때문에 높은 위세 점수를 갖는다.

(4) 군사 분야 수행 인물 'CONCOR'

권력 과도기 김정은의 군사 분야 수행 인물에 대한 'CONCOR' 분석결과는 〈그림 4-12〉와 같이 시각화할 수 있으며, 〈표 4-33〉과 같은 8개 군집이 형성되었다. 형성된 군집의 특징을 살펴보면, 전체 8개 군집으로 분류할 수 있으며, 이중 군집 A(14명), 군집 E(10명)가 가장 크게 밀집해 있고 서로 강하게 연결된 것을 알 수 있다. 이것은 '의미연결망'에서 분석된 결과와도 유사한 것으로 군의 핵심인물인 '황병서', 당의 핵심인물인 '최룡해'가 별도의 군집으로 분포하면서 이른바 '집단화' 현상은 보이지 않는다.

주목할 점은 '인민무력부'는 후방총국으로서 행정지원과 보급이 주임무인데 '현영철'(2014. 6월 임명)과 '박영식'(2015. 5월 임명)이 다른 군집에 분포되어 있으나 '인민무력상'의 잦은 교체로 군의 통제권을 확립하려는 김정은의 의도가 보이는 부분이며, '박영식'은 총정치국 출신으로 김정은의 군부 장악에 기여한 것으로 추정된다. 또한 '김창섭'과 '리영호'가 같은 군집에 등장하는데 '김창섭'은 2010년 9월 당 정치국 후보위원, 당 중앙위원회 위원이 되면서 현지지도 수행 횟수가 증가했고, '리영호'

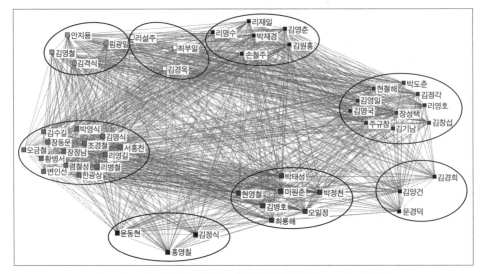

〈그림 4-12〉 권력 과도기 군사 분야 '수행 인물' 'CONCOR' 분석

는 2010년 9월 당 대표자회를 통해 당 정치국 실무위원, 당 중앙군사위 부위원장, 당 중앙위 위원 등 여러 직책을 겸직하면서 차수로 승진하여 '군부의 실세'로 급부상한 인물들이다. 또한, 2011년 인민군 총정치국 부국장으로 자리를 옮기면서 김정은의 현지지도를 활발히 수행한 '박재경', 총참모부 작전총국장 '리영길', 총참모부 포병국장 '박병천' 등을 새롭게 떠오르는 인물로 평가할 수 있다.

결론적으로 김정은 집권 초기 '당 중앙군사위원회'의 영향력 강화와 '총참모장' 및 '인민무력상'의 잦은 교체, 정치국 상무위원에서 '총정치국장 배제'[54] 등을 통해 '군부세력 약화'와 '군부 통제'를 강화하려는

---

54 이 당시 '총참모장'은 리영호 → 현영철(2012. 7. 16. 임명)→ 김격식(2013. 5월 임명)→ 리영길(2013. 8월 임명)로 교체되고, '인민무력상'은 김정각 → 김격식(2012. 10월 임명) → 장정남(2013. 5. 13. 임명) → 현영철(2014. 6월 임명) → 박영식(2015. 5월 임명)으로 교체되었다. 김태구, "김정은 위원장 집권 이후 군부 위상 변화 연구", 『통일과 평화』 제11집 제2호(2019), pp. 156~160.

김정은의 군사 부문 '통치전략'이 완성되었음을 입증해주고 있다.

<표 4-33> 권력 과도기 군사 분야 수행 인물 '군집 분석'

군집	주요 인물	인물 수
군집 A	오금철, 김수길, 박영식, 장동운, 조경철, 김영식, 황병서, 장정남, 서홍진, 리영길, 렴철성, 리병철, 변인선, 한광상	14
군집 B	윤동현, 홍영철, 김정식	3
군집 C	현영철, 김병호, 최룡해, 박태성, 마원춘, 오일정, 박정천	7
군집 D	김경희, 김양건, 문경덕	3
군집 E	박도춘, 현철해, 김정각, 김영일, 김명국, 장성택, 리영호, 주규창, 김기남, 김창섭	10
군집 F	안지용, 김영철, 김격식, 림광일	4
군집 G	리명수, 리재일, 박재경, 김영춘, 손철주, 김원홍	6
군집 H	리설주, 최부일, 김경옥	3

3) 행정 · 경제 분야 수행 인물

(1) 행정 · 경제 분야 수행 인물 'TF-IDF'

김정은 권력 과도기 '행정 · 경제 분야' 현지지도 수행 인물 'TF-IDF' 분석결과는 〈표 4-34〉와 같이 나타났다. 이는 권력 과도기 '행정 · 경제 분야' 현지지도 수행 상위 50명을 보여주는데 '황병서'(173.6668), '장성택'(165.3191), '최룡해'(161.8462), '김기남'(161.3468), '마원춘'(154.8336), '김양건'(154.8336), '최태복'(151.2641), '리재일'(142.9363), '한광상'(142.1655), '김평해'(132.8242) 순이다.

세부적으로 분석해보면 첫째, 상위 50명의 엘리트 중 '당 소속'으로 분류할 수 있는 인물이 19명으로 가장 많고, '군 소속' 18명, '정 소속' 13명으로 '당 소속' 인물의 비중이 높다. 이것은 권력 과도기 북한이 '경제 강국 건설'을 통한 '강성국가 건설'을 경제목표로 제시하고 지속해서 독려했기 때문일 것으로 해석할 수 있다.

둘째, 김정은 권력 과도기 현지지도에서 군사 분야와 행정 · 경제 분야를 '동시에 수행'한 인물로 식별된 인물은 33명이다.[55] 이들은 군사 분야와 행정 · 경제 분야에서 동시에 높은 현지지도 수행을 했다는 측면에서 김정은 권력 과도기에 권력의 '중첩성' 측면에서 비중이 높고 권력의 '집중성'이 높은 것으로 평가할 수 있다.[56]

셋째, 권력 과도기 행정 · 경제 분야 현지지도 수행에서 '군 관련' 인물이 많은 것은 '군의 경제건설 동원'과 연관이 높은 것으로 추정해볼 수 있다. 예컨대 이 시기 후방총국의 임무를 수행하는 '인민무력부'의 '인민무력상'이었던 '김정각, 김격식, 장정남, 현영철, 박영식' 등이 모두 김정은의 군사 분야와 행정 · 경제 분야 현지지도에 수행빈도가 높았다는 사실이 이를 뒷받침한다.

이와 함께 김정은 권력 과도기 '행정 · 경제 분야' 현지지도 수행 인물 상위 50위의 'TF-IDF' 값을 기반으로 '워드 클라우드'로 도식화하면 〈그림 4-13〉과 같이 표현할 수 있다.

또한, 'TF-IDF' 값을 기준으로 김정은 권력 과도기 행정 · 경제 분야 현지지도 수행 인물의 전체 네트워크 구조 '의미연결망'으로 도식화하면 〈그림 4-14〉와 같이 표현할 수 있다.

---

55 리병철, 조경철, 렴철성, 박재경, 변인선, 손철주, 김수길, 오일정, 김경옥, 김명국, 림광일, 오금철, 김명식, 김창섭, 김정식, 안지용, 장동운 등이 행정 · 경제 분야 현지지도에서 식별되지 않았다.

56 박영자, "북한의 권력 엘리트와 Post 김정일 시대", 『통일정책연구』 제18권 제2호(통일연구원, 2009), pp. 50~51.

〈표 4-34〉권력 과도기 '행정 · 경제 분야' 수행 인물 'TF-IDF' 분석

순위	수행 인물(소속)	TF-IDF	순위	수행 인물(소속)	TF-IDF
1	황병서(당)	173.6668	26	김영춘(당, 군)	105.8595
2	장성택(당)	165.3191	27	김영일(정)	103.1095
3	최룡해(당, 군)	161.8462	28	현철해(군)	103.1095
4	김기남(당)	161.3468	29	홍영칠(당)	101.6999
5	마원춘(군)	154.8336	30	김여정(당)	101.6999
6	김양건(당)	154.8336	31	오수용(정)	100.2665
7	최태복(정)	151.2641	32	조연준(정)	98.80864
8	리재일(당)	142.9363	33	양형섭(정)	98.80864
9	한광상(당)	142.1655	34	김정각(군)	95.81735
10	김평해(정)	132.8242	35	로두철(정)	94.28257
11	김원홍(군)	129.0060	36	서홍찬(군)	91.13116
12	박도춘(군)	127.0055	37	김격식(군)	89.51299
13	조용원(당)	125.9816	38	주규창(정)	86.18750
14	김경희(당)	124.9415	39	박정천(군)	84.47835
15	박봉주(정)	124.9415	40	박영식(군)	84.47835
16	문경덕(당)	122.8119	41	최부일(군)	82.73694
17	김영남(정)	121.7218	42	윤동현(군)	80.96219
18	박태성(당)	121.7218	43	리병삼(군)	77.30798
19	리영길(군)	119.4896	44	리용무(정)	75.42597
20	리설주(당)	116.0066	45	리명수(군)	73.50549
21	곽범기(정)	112.3536	46	리영호(군)	73.50549
22	최영림(당)	111.0965	47	오극렬(군)	73.50549
23	강석주(당)	111.0965	48	김영철(군)	73.50549
24	장정남(군)	109.8189	49	김병호(당)	71.54500
25	현영철(군)	108.5205	50	태종수(당)	71.54500

* '당 · 군 · 정'의 분류는 통일부, 『북한정보포털』인물검색을 기준으로 분류하되, 통상 직책을 겸임
하는 북한 특성을 고려하여 해당 시기에 직책을 기준으로 구별했다.

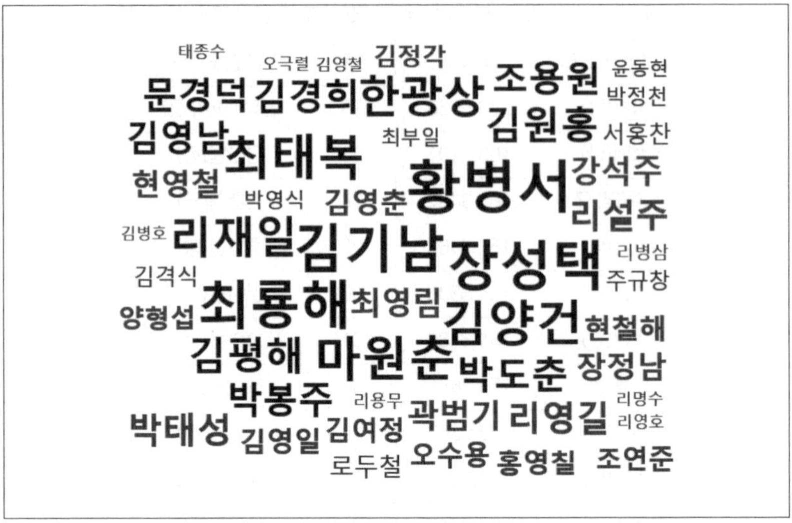

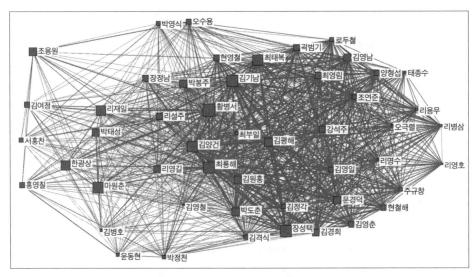

〈그림 4-13〉 권력 과도기 행정 · 경제 분야 수행 인물 '워드 클라우드'

〈그림 4-14〉 권력 과도기 행정 · 경제 분야 수행 인물 '의미연결망' 분석

네트워크 구조의 '속성'을 살펴보면, '노드'는 총 50개이며 '연결선'

은 1,976개, '밀도'는 0.807, '평균 연결 강도'는 37, '평균 연결 거리'는 1.193, '컴포넌트' 1, '지름'은 2로 나타났다. 노드의 '크기'는 '황병서'가 가장 크게 나타났으며 '장성택', '최룡해', '김기남', '마원춘' 등이 비교적 큰 편으로 나타났다. 각 노드의 '연결 강도'와 '동시 출현빈도'를 통해 관계 속에서 영향력이 큰 인물을 살펴보면 '황병서'와 '최룡해'가 77회로 가장 강했으며, '황병서'와 '마원춘'(58회), '황병서'와 '한광상'(47회), '황병서'와 '리재일'(44회), '황병서'와 '리영길'(35회), '황병서'와 '박태성'(30회) 등이 연결 강도가 크게 나타났다.

김정은 권력 과도기 '행정·경제 분야' 현지지도 '수행 인물 네트워크'의 특징을 평가해보면, 우선, 현지지도 수행 인물의 '분포' 면에서 '황병서', 최룡해', '마원춘', '한광상'의 노드 크기가 큰 핵심노드로 중앙에 있고, '당 관련' 인물(5명)과 '군 관련' 인물(2명)이 일정하게 분포하고 있어 당과 군의 엘리트가 균형을 이루고 있음을 알 수 있다.

(2) 행정·경제 분야 수행 인물 '연결 중심성'

김정은 권력 과도기 행정·경제 분야 현지지도에서 수행 인물의 '연결 중심성' 분석결과는 〈표 4-35〉와 같다. '연결 중심성' 분석결과에 의하면 김정은 권력 과도기 행정·경제 분야 현지지도 수행의 주요 인물은 '최룡해'(0.392), '김기남'(0.281), '장성택'(0.280), '김양건'(0.255), '최태복'(0.249), '김평해'(0.230), '김원홍'(0.208), '박도춘'(0.207), '문경덕'(0.195), '김영남'(0.192) 등이 10위 이내로 나타났다. 이러한 인물들의 당·군·정의 소속으로 살펴보면, 당 관련 인물(19명)과 군 관련 인물(20명)이 주축을 이루고 있는데, 이는 김정은의 권력 과도기 행정·경제 분야 현지지도 '수행 인물'의 연결 중심성을 통해 '당과 군'이 중심이 되어 김정은의 통치 핵심권력 엘리트였다는 점을 확인할 수 있다.

〈표 4-35〉권력 과도기 행정 · 경제 분야 수행 인물 '연결 중심성' 분석

순위	수행 인물	연결 중심성	순위	수행 인물	연결 중심성	순위	수행 인물	연결 중심성
1	최룡해	0.392	18	조연준	0.163	35	장정남	0.077
2	김기남	0.281	19	양형섭	0.162	36	마원춘	0.074
3	장성택	0.280	20	현철해	0.143	37	리영호	0.069
4	김양건	0.255	21	로두철	0.142	38	리재일	0.065
5	최태복	0.249	22	주규창	0.133	39	한광상	0.065
6	김평해	0.230	23	김정각	0.129	40	박태성	0.063
7	김원홍	0.208	24	현영철	0.124	41	오수용	0.057
8	박도춘	0.207	25	리병삼	0.116	42	김영철	0.048
9	문경덕	0.195	26	박봉주	0.114	43	박정천	0.042
10	김영남	0.192	27	리명수	0.105	44	김병호	0.040
11	김경희	0.190	28	리용무	0.102	45	박영식	0.038
12	강석주	0.183	29	태종수	0.099	46	조용원	0.036
13	곽범기	0.181	30	김격식	0.094	47	김여정	0.034
14	최영림	0.168	31	오극렬	0.094	48	윤동현	0.031
15	황병서	0.167	32	리설주	0.093	49	홍영칠	0.030
16	김영춘	0.167	33	리영길	0.092	50	서홍찬	0.028
17	김영일	0.167	34	최부일	0.085			

(3) 행정 · 경제 분야 수행 인물 '위세 중심성'

〈표 4-36〉은 김정은의 권력 과도기 '행정 · 경제 분야' 현지지도 수행 인물에 대한 '위세 중심성'을 분석하여 상위 50명을 제시한 것으로 이들 중 아이겐 벡터 중심성 지수가 0.1을 넘는 수행 인물은 27명이다. 아이겐 벡터 '중심성 지수' 상위 10위권의 수행 인물을 지수가 높은 순으로 나열하면, '최룡해, 김기남, 장성택, 최태복, 김양건, 김평해, 박도춘, 문경덕, 김경희, 김원홍'인데, 이들은 상대적으로 높은 아이겐 벡터 값을 가지고 있으며 전체 연결망의 중앙에 위치하면서 중앙에 놓인 인물들과 연결되어 있으므로 높은 위세 점수를 갖는다.

(4) 행정 · 경제 분야 수행 인물 'CONCOR'

김정은 권력 과도기 '행정 · 경제 분야' 현지지도 '수행 인물'의 CONCOR 분석결과를 도식화하면 〈그림 4-15〉와 같으며, 〈표 4-37〉과 같은 8개 군집이 형성되었다. 형성된 군집의 특징을 살펴보면, 전체 8개 군집으로 분류할 수 있으며, 이 중 군집 A(12명), 군집 B(16명)가 가장 크게 밀집해 있으며 서로 강하게 연결된 것을 알 수 있다.

주목할 점은 김정은 권력 과도기에 '경제사업'에서의 내각의 주동성을 강조하고 있다는 점이다. 예컨대 2012년 4월 김정은은 '당중앙위원회 일꾼대상 담화'에서 "경제사업에서 제기되는 모든 문제를 내각에 집중시키고 내각의 통일적인 지휘에 따라 풀어나가는 규율과 질서를 철저히 세워야 한다"라며 '경제 내각책임제'를 강화할 것을 지시했다.

〈표 4-36〉 권력 과도기 행정 · 경제 분야 수행 인물 '위세 중심성' 분석

순위	수행 인물	위세 중심성	순위	수행 인물	위세 중심성
1	최룡해	0.321	26	박봉주	0.104
2	김기남	0.267	27	리명수	0.102
3	장성택	0.264	28	리용무	0.099
4	최태복	0.240	29	태종수	0.097
5	김양건	0.237	30	리설주	0.091
6	김평해	0.224	31	오극렬	0.091
7	박도춘	0.200	32	김격식	0.088
8	문경덕	0.197	33	최부일	0.076
9	김경희	0.189	34	리영호	0.072
10	김원홍	0.188	35	리영길	0.071
11	김영남	0.188	36	장정남	0.065
12	곽범기	0.179	37	마원춘	0.052
13	강석주	0.179	38	박태성	0.049
14	김영일	0.168	39	리재일	0.046
15	최영림	0.167	40	한광상	0.046
16	김영춘	0.164	41	오수용	0.046
17	조연준	0.159	42	김영철	0.036
18	양형섭	0.156	43	김병호	0.033
19	현철해	0.138	44	박정천	0.027
20	로두철	0.137	45	박영식	0.025
21	주규창	0.130	46	김여정	0.022
22	김정각	0.125	47	조용원	0.019
23	리병삼	0.116	48	윤동현	0.018
24	현영철	0.115	49	홍영칠	0.016
25	황병서	0.106	50	서홍찬	0.015

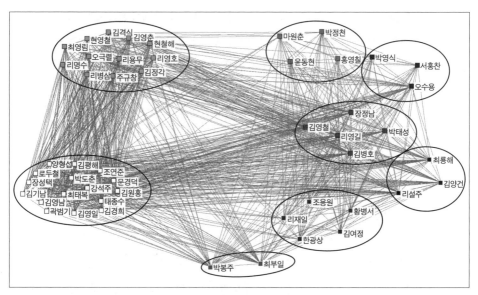

〈그림 4-15〉권력 과도기 행정·경제 분야 수행 인물 'CONCOR' 분석

〈표 4-37〉권력 과도기 행정·경제 분야 수행 인물 '군집' 분석

군집	주요 인물	인물 수
군집 A	김격식, 현영철, 최영림, 김영춘, 현철해, 오극렬, 리용무, 리영호, 리명수, 리병삼, 주규창, 김정각	12
군집 B	양형섭, 김평해, 로두철, 장성택, 김기남, 김영남, 곽범기, 최태복, 강석주, 조연준, 문경덕, 김원홍, 채종수, 김경희, 김영일, 박도춘	16
군집 C	조용원, 리재일, 황병서, 한광상, 김여정	5
군집 D	박봉주, 최부일	2
군집 E	마원춘, 박정천, 윤동현, 홍영철	4
군집 F	박영식, 서홍찬, 오수용	3
군집 G	최룡해, 김양건, 리설주	3
군집 H	김영철, 장정남, 리영길, 박태성, 김병호	5

"**내각은** 나라의 경제를 책임진 **경제사령부로서 경제발전목표와 전략**을 과학적으로 현실성 있게, 전망성 있게 세우며 **경제사업 전반을 통일적으로 장악하고 지도 관리하기 위한 사업**을 주동적으로 밀고 나가야 합니다."

또한, 2016년 5월 제7차 당 대회 사업총화 보고에서 김정은은 "내각책임제, 내각 중심제의 요구대로 나라의 전반적 경제사업을 내각에 집중시키고 모든 경제 부문과 단위들이 내각의 통일적인 작전과 지휘에 따라 움직이는 규률과 질서를 엄격히 세워야 한다"라며 내각의 역할과 위상 강화를 언급하기도 했다.

그 결과 내각에서는 '박봉주' 총리와 '로두철' 부총리 겸 국가계획위원장이 최측근 그룹에 포진하여 김정은 체제의 북한 경제를 이끌고 있다고 평가할 수 있다. 그러나 경제관리에서도 '당 위원회'의 '집체적 지도'가 중시되고 있다는 점을 고려할 때 '내각책임제'의 성격은 정권기관 일군들이 사업에서 자립성과 창발성을 발휘할 수 있도록 보장해주는 수준일 것이다.

제2절 권력 공고화기(2016. 6. ~ 2022. 12.)

1. 대내외 환경의 변화와 경제발전 전략

　김정은 권력 공고화의 가장 큰 '변곡점'은 2016년 5월 9일 '제7차 당 대회'라고 할 수 있을 것이다. 그 이유는 제7차 당 대회에서 김정은은 '당 위원장'으로 추대되었고, 6월 29일 최고인민회의 제13기 제4차 회의에서 '국무위원회 위원장'에 올랐다. 이어 2017년 10월 '당 중앙위원회' 제7기 제2차 전원회의를 개최하여 '당중앙위원회'와 '당 중앙군사위원회'에 대한 인사를 통해 '당의 통제력'을 강화했다. 또한, 2018년에는 당 회의 기구를 통해 주요 의사결정을 실행하면서 김정은을 중심으로 한 '당-국가 체제'를 완성했다. 예컨대 4월 9일 당중앙위원회 '정치국회의', 4월 20일 당 중앙위원회 '전원회의'를 통해 경제를 강조하는 이른바 '새로운 전략노선'[57]을 〈표 4-38〉과 같이 제시했고 5월 17일 당 중앙군사위원회 '확대회의'를 소집하여 새로운 전략노선에 대한 군의 역할을 강조하는 등 '당-국가 체제'에 기반한 정책 실행을 강조했다.

---

57 "김정은 동지의 지도 밑에 조선로동당 중앙위원회 제7기 제3차 전원회의 진행", 『조선중앙통신』, 2018년 4월 21일.

국가전략 목표	통치 방향(신년사, 주요행사)
• 경제 강국 건설 • 인민대중 생활 향상 • 자력갱생	• 경제건설 집중노선(2018.4.20) • 남북정상회담(2018.4.27, 9.19) • 싱가포르 북 · 미 정상회담(2018.6.12) • 하노이 북 · 미 정상회담(2019.2.27~28) • 정면 돌파전, 경제극복(2019.12, 제7기 5차 전원회의) • 국가경제목표 달성 미흡 인정(2020년 신년사) • 신 경제발전 5개년계획 발표(2021.1. 5, 8차 당대회) • 사회주의 농촌건설 강조(2021.12, 제8기 4차 전원회의)

출처: 『북한 신년사』, 『로동신문』 등을 참조하여 정리

이러한 정책 전환의 배경은 2017년 11월 29일 '핵무력 완성 선언'[58]이라고 할 수 있는데 '핵무력 완성'으로 인한 자신감을 바탕으로 당과 국가의 전반 사업을 사회주의 경제건설에 집중할 것을 '새로운 전략노선'으로 채택한 것으로 풀이된다.

그뿐만 아니라 2019년 4월에는 당과 국가기구의 주요 인사교체를 통해 '세대교체'를 추진하고 국무위원회의 '제1부위원장'을 신설함으로써 '국무위원회의 위상'을 강화했다. 2020년 이후에는 '인민대중제일주의'를 내세우며 김정은 중심의 '체제 결속'을 강조했고, 2021년 1월 제8차 당 대회에서 '총비서'에 추대되기에 이른다. 이러한 일련의 과정을 통해 김정은의 정치체제는 '당-국가 체제'의 권력구조와 더불어 한층 강화된 김정은 '1인의 권력체제'로 공고화되었다고 할 수 있다.

특히 이 시기 '경제적 측면'에서 '자원 배분 구조'와 이를 통제하는 '독점적인 권력구조'를 갖추고 있다는 점을 고려한다면, 김정은은 모든 정책에서 독립적인 결정 권한을 행사할 수 있는 '중앙집권적'이고 '강력

---

58 북한은 2017년 9월 3일 '6차 핵실험'을 강행했으며, 같은 해 11월 29일 '대륙간탄도미사일급 미사일'을 발사한 후 '핵무력 완성'을 선언했다.

한 리더십'을 갖추었다고 봐도 무방할 것이다. 예컨대 김정은은 '정치적'으로는 김정일 사망 직후 군부 장악을 시작으로 하여 이른바 '김정일 운구 7인방'으로 불리던 김정일의 인맥을 모두 제거하는 등 '권력분점 구조'를 소수의 '핵심 세력'으로 재편함으로써 정책 선택에 있어 독립적 수준의 '자율성'을 확보했다고 할 수 있다.[59]

한편 김정은 '권력 공고화기' 북한의 '경제 성장률' 추이를 보면 〈표 4-39〉와 같이 2017년 -3.5%, 2018년 -4.1%, 2019년 0.4%, 2020년 -4.5%의 성장률을 나타내고 있다. 2017년, 2018년에 마이너스 성장률을 기록했고 2019년에는 소폭의 플러스 성장을 했으나 이는 북한의 경제가 성장했다는 의미보다는 2017년, 2018년의 마이너스 성장에 따른 기저효과가 반영된 결과로 평가된다.[60] 이러한 경제적 위기는 북한 경제 관련 데이터를 통해 짐작할 수 있는데, 한국은행은 2017~2019년 3년 동안 북한의 국민소득이 10%가량 감소했으며, 2020년에는 북한의 경제 성장률이 −4.5%에 이른다고 발표했다.[61] 이는 2017년 이후 누적된 '대북 제재'와 2020년 이후 코로나19로 인한 국경봉쇄가 '대외무역' 하락으로 이어지고 수해까지 겹쳐 극심한 '경제적 위기'를 겪고 있는 것이라고 할 수 있다.

---

59   김정호, 『김정은의 통치전략과 딜레마』(성남: 북코리아, 2020), p. 76.

60   통일부, 『2022 북한이해』(서울: 늘품플러스 2022), p. 173.

61   한국은행, "북한 GDP 관련 통계", https://www.bok.or.kr/portal/mail/contents. do?menuNo=200091, 2021년 8월 발표(검색일: 2022. 12. 3.)

<표 4-39> 김정은 권력 공고화기(2017~2021) '경제 성장률' 추이

구분	2017	2018	2019	2020	2021
명목 GNI(십억 원)	36,663	35,895	35,561	34,970	36,253
1인당 GNI(만 원)	146.4	142.8	140.8	137.9	142.3
경제 성장률(%)	-3.5	-4.1	0.4	-4.5	-0.1

출처: 한국은행, 『북한 경제 성장률 추정결과』, 각 연도(전년 대비 증감률, %), 통계청, 『남북한 경제
사회상 비교』, 각 연도 수치(단위: 조 원)를 종합해 재작성.

'대외적'으로 북한은 「4·27 남북 판문점 선언」, 「6·12 북미 싱가
포르 선언」, 「9·19 남북 평양 공동선언」 등 남북 및 북미 정상회담에
나섰지만, 2019년 2월 북미 하노이회담이 결렬되자 '내부 결속'을 다지
고 '자력갱생' 기조를 강조하면서 당면한 '경제사업'의 목표를 다음과
같이 밝혔다.

> "현 단계에서 **우리 당의 경제전략**은 **정비전략, 보강전략**으로서 경제사
> 업 체계와 부문들 사이의 **유기적 련계를 복구 정비**하고 **자립적 토대를
> 다지기 위한 사업을 추진**하여 우리 경제를 그 **어떤 외부적 영향에도 흔
> 들림 없이 원활하게 운영되는 정상궤도**에 올려세우는 것을 **목적**으로 하
> 고 있다."[62]

그러나 김정은은 2021년 1월 '제8차 당 대회 사업총화' 보고에서
"국가경제발전 5개년 전략수행 기간이 지난해까지 끝났지만 내세웠던
목표는 거의 모든 부문에서 엄청나게 미달됐다"라고 평가[63]하면서,

---

62 "조선로동당 중앙위원회 제7기 제4차 전원회의에 관한 보도", 『조선중앙통신』, 2019년 4
월 11일.

63 "조선로동당 제8차 대회에서 한 중앙위원회 사업총화 보고", 『로동신문』, 2021년 11월 9일.

2021년 '전국 노병대회' 연설에서 이 사실을 다시 한번 확인했다.

> "오늘 우리에게 있어서 사상 초유의 **세계적인 보건 위기**와 **장기적인 봉쇄로 인한 곤란과 애로**는 전쟁 상황에 못지않은 시련의 고비로 되고 있다. … 전승 세대가 가장 큰 국난에 직면하여 가장 큰 용기를 발휘하고 가장 큰 승리와 영예를 안아온 것처럼 우리 세대도 그 훌륭한 전통을 이어 오늘의 어려운 고비를 보다 큰 새 승리로 바꿀 것이다."[64]

김정은이 스스로 경제적 위기를 토로한 것은 '이례적'이라는 점에서 그 '심각성'을 추정해볼 수 있으며, 북한이 핵과 장거리미사일 고도화를 지속하는 한 이에 대한 해결책 또한 '자력갱생'을 외치며 내부 주민을 대상으로 하는 강압적인 '대중동원'을 통해 극복할 수밖에 없을 것이다.

2. 대중동원 방식

김정은 권력 공고화기 '대중동원' 방식의 첫 번째 특징은 '당 조직 및 사회단체' 하부단위의 장악을 통해 '아래로부터'의 '총동원전'을 수행할 것을 요구했다는 점이다. 김정은은 2016년 12월, 사상 처음으로 제1차 전당 초급당위원장 대회를 개최하여 당 하부조직의 핵심인 '초급당'의 역할을 강조한 바 있다. 이는 당과 사회단체의 기층 및 하부단위까지 규율을 강화하여 구체적인 생산성과로 연결하고자 하는 '대중동원' 방식이 담겨 있다고 해석할 수 있다.

또한, 김정은은 아래 '2017년 신년사'를 통해 "당 제7차 대회 결정

---

64 『조선중앙통신』, 2021년 7월 28일; 『연합뉴스』, 2021년 7월 28일.

관철을 위한 올해 전투의 승패는 당 조직들과 근로 단체조직들의 역할"
에 달려있다고 강조하면서 조직 '하부단위'까지 정책이 철저히 관철되
어야 함을 주문했다.[65]

"**당 제7차 대회 결정관철**을 위한 올해 전투의 승패는 **당 조직들과 근로
단체조직들의 역할**에 달려있습니다. **당 조직**들은 자기 부문, 자기 단위
앞에 제시된 **당 정책, 기본혁명과업을 철저히 수행**하는데 **당 사업의 화
력**을 집중하여야 합니다. … **모든 초급당 조직**들은 **제1차 전당 초급당위
원장 대회의 기본정신**을 구현하여 올해의 전민 총돌격전에서 계속 혁신,
계속 전진의 기상이 세차게 나래치게 하여야 합니다."[66]

두 번째 특징은, 김정은은 당면한 고난 상황을 '자력갱생'을 통해
극복하고자 하며 그 방식은 노동당 중앙의 '위로부터'가 아니라 말단
'세포 단위'에서 시작하여 '아래로부터의 정풍운동' 형식이 될 것이라는
점이다. 김정은은 2021년 8차 당 대회 개회사에서 "현존하는 첩첩난관
을 가장 확실하게, 가장 빨리 돌파하는 묘술은 우리 자체의 힘, 주체적
력량을 백방으로 강화하는 데 있다"라며 당면한 위기와 고난 상황을 극
복할 방안이 '자력갱생'임을 암시했다.[67] 아래 '제8차 당 대회 결론의 김
정은 연설'에서도 국제 제재와 경제적 어려움을 '내부 단결'과 '자체 역
량'을 결집하여 돌파하겠다는 의지를 분명하게 강조했다.

"오늘 우리 혁명의 외부적 환경은 의연 준엄하고 첨예하며 앞으로도 우리

---

65   통일연구원, "2017년 북한 신년사 분석 및 대내외 정책 전망", 『Online Series』, 제17-
     01(2017. 1. 1.), pp. 3~4.

66   "2017년 신년사", 『로동신문』, 2017년 1월 1일.

67   유판덕, "김정은의 고난의 행군과 자력갱생 노선 선택 의도 및 미칠 영향", 『접경지역통일
     연구』 제5권 제1호(2021), pp. 52~54.

의 혁명사업은 순탄하게 이루어지지 않을 것 … **내부적 힘을 전면적으로 정리 정돈하고 재편성**하며 그에 토대하여 **모든 난관을 정면 돌파**하면서 새로운 전진의 길을 열어나가야 한다는 것이 본 대회를 통하여 재확인된 조선로동당의 혁명적 의지 …"[68]

특히 사회 전반에 확산된 '반사회주의, 비사회주의'와의 사상전에 돌입하겠다는 발언에서 청년 세대에 대한 사상적 이완에 대한 강력한 대응 의지가 눈에 띈다. 이는 김정은이 청년 세대의 사상적 이완을 '당 · 혁명 · 국가 · 전체 인민들의 사활적 문제'로 판단하고 누적된 사회 전반의 문제를 주민들의 '사상통제' 강화를 통해 돌파해나가려는 포석으로 보인다. 실례로 2021년 '당세포 비서대회 결론 연설'에서 김정은은 '당세포 10대 중요과업'을 제시하면서 '청년 교양에 특별한 힘을 넣는 것'을 아래와 같이 강조했다.

"지금 우리 청년들의 건전한 성장과 발전에 부정적 영향을 미치는 요소들이 적지 않고 **새세대들의 사상 정신 상태에서 심각한 변화**가 일어나고 있다. … 오늘날 **청년 교양 문제**를 당과 혁명, 조국과 인민의 사활이 걸린 문제, 더는 수수방관할 수 없는 **운명적인 문제**로 받아들여야 한다. … **청년들의 … 정신문화 생활과 경제 도덕 생활**을 바르게 고상하게 해나가도록 **교양하고 통제해야** 한다."[69]

셋째, 권력 공고화기에도 '자력자강'을 바탕으로 다양한 전투 구호를 통한 '속도전식 동원'을 여전히 강조하고 있다 . 〈표 4-40〉에 제시된

---

68 "조선로동당 제8차 대회에서 한 결론", 『로동신문』, 2021년 11월 13일.

69 "조선로동당 제6차 세포 비서대회에서 결론《현시기 당세포강화에서 나서는 중요과업에 대하여》를 하시였다." 『로동신문』, 2021년 1월 9일.

것처럼 2017년 '전민 총돌격전', 2018년 '전 인민적 총공세', 2020년 '정면 돌파전'에서 잘 알 수 있다.

<표 4-40> 김정은 권력 공고화기 '신년사 제시' 구호

연도	전투적 구호	핵심단어
2017	• 자력자강의 위대한 동력으로 사회주의 승리적 전진을 다그치자!	자력자강, 전민 총돌격전
2018	• 혁명적 총공세로 사회주의 강국건설의 모든 전선에서 새로운 승리를 쟁취하자!	전 인민적 총공세
2020	• 우리의 전진을 저애하는 모든 난관을 정면 돌파전으로 뚫고 나가자!	정면 돌파전, 자력갱생

출처: 통일연구원, 『북한 신년사(2017~2020)』 자료를 기준으로 정리.

'전민 총돌격전'은 2016년 당 대회 '국가경제발전 5개년 전략수행'을 위해 제시된 구호로 2017년 신년사에서 '국가경제발전 5개년 전략수행 총력 집중'을 위해 "전민 총돌격전을 힘차게 벌려야 한다"라고 제시한 이후 2017년 집중적으로 활용되었으나, 2020년 신년사를 통해 '정면 돌파전'으로 전략 및 정책적 용어가 변경되어 사용된 것으로 추정된다.[70] 2021년 이후에는 제재 속에서 주민을 동원하기 위한 '자력갱생 전략' 등 전략적 기조 차원에서 '자력' 담론을 강조하고 있다고 할 수 있다.

결론적으로 김정은의 권력 과도기에는 집권 초기 선대와의 '계승성', '정통성'을 강조했으나, 제7차 당 대회 이후에는 국방위원회를 '국무위원회'로 변경하는 등 '군사 중심주의'에서 벗어나기 위한 제도적 장치를 마련했고 '핵무력 완성 선언'과 자력갱생의 기치 아래 '사회주의 경제건설 총력집중'이라는 '신전략노선'을 발표하면서 김정은만의 '통

---

[70] 홍민 · 강채연 · 박소혜 · 권주현, "김정은 시대 주요 전략 · 정책용어 분석", 『KINU Insight 21-02』(2021. 5.), pp. 52~53, 75~76.

치행위'의 경향이 강해지고 있다고 할 수 있다.

3. '행동 궤적' 분석

1) 현지지도 '횟수' 비교

2016년 5월 제7차 당 대회를 기점으로 북한의 '최고 권력자'로서 통치기반을 확립한 김정은의 '권력 공고화기' 현지지도 '횟수'는 권력 과도기와 비교하여 〈표 4-41〉과 같은 변화가 나타난다. 즉 2016년 6월부터 2022년까지 총 576회의 현지지도 중 2017년과 2018년 현지지도를 90여 회 시행하다가 2020년 일시적으로 감소하고 2021년부터 점차 증가하는 특징이 있다.[71] 이것은 최고 권력자로서 김정은이 현지지도보다는 '당 중앙위원회 전원회의'나 '정치국 확대회의' 등을 주재하여 '정상국가의 지도자'로서 이미지를 대내외에 과시하려고 했던 것으로 평가할 수 있다.[72]

〈표 4-41〉 김정은 권력 공고화기 현지지도 '횟수' 현황

(단위: 횟수, %)

구분		2016	2017	2018	2019	2020	2021	2022
횟수	576	78	93	98	84	53	83	87
전(仝) 기간 대비 비율	100	13.5	16.1	17.0	14.6	9.2	14.4	15.1

출처: 북한정보포털, 『북한동향』 자료를 기준으로 재구성.

---

71 '권력 공고화기' 대상 기간은 2016년 6월부터 2022년 11월 30일까지로 한정한다.

72 박정하, 앞의 논문, pp. 154~155.

특히 '2020년' 김정은의 현지지도는 53회로 집권 후 가장 활발했던 2013년의 211회와 비교하면 '약 25% 수준'에 불과하며, 최근 2018, 2019년의 각각 98, 84회와 비교해도 전년 대비 '약 65% 수준'에 머물러 감소한 것으로 분석된다. 이것은 연초에 이루어진 순천 린비료공장 건설현장과 7월 광천 닭공장 건설현장을 제외하면 모두 '보건의료' 및 '자연재해'와 관련된 현지지도로 코로나19와 태풍 및 수해 피해로 인해 매년 진행되던 특정 지역 내 다수 공장에 대한 집중적인 현지지도가 실시되지 못한 영향으로 보여진다. 하반기에는 8, 9월 '수해 및 태풍피해'와 관련한 회의 및 현지지도 등이 이루어졌으며, '대외 부문'과 '경제 부문'의 현지지도가 현저히 감소하는 특징을 보이고 있다. '경제 부문'의 경우, 2018년 전체 현지지도 중 경제 부문이 차지하는 비중이 '약 44%'에 달했지만, 2020년에는 '25% 수준'으로 감소했다. 이는 북한이 '경제건설 총력집중노선'을 제시한 2018년 이후 가장 낮은 수준이다.

'2019'년에는 양덕군 온천관광지구, 삼지연군, 경성군 남새온실공장과 양묘장 등 주요 건설대상에 대한 현지지도와 함께 '준공의 성과'까지 공개할 수 있었던 것에 반해, '2020년' 이후에는 코로나19 등 경제외적 변수들에 의해 매년 정례적으로 진행되었던 특정 지역 내 다수 공장 및 건설현장에 대한 집중적인 현지지도는 줄이고 대신 각종 '당 회의'[73]를 통해 전략적 · 정책적 방향을 제시하는 형태로 진행된 것이라고 할 수 있다.[74]

---

73 2016년 이후 '당 중앙위원회 전원회의'는 10회, '정치국회의'는 6회, '당중앙군사위원회 회의' 6회 등 당 회의가 정기적으로 개최되었다. 통일부, 『2022 북한이해』, pp. 55~62.

74 최은주, "2020년 김정은 위원장 공개활동 특징과 함의", 『세종논평』, No. 2020-35(2020).

2) 현지지도 '부문' 및 '장소' 비교

권력 공고화기에 김정은이 실시한 현지지도 '부문별' 현황을 보면 〈표 4-42〉와 같다. 권력 공고화기 '부문별' 현황을 분석해보면, 전반적으로 군사 부문(20.3%)과 행정·경제 부문(30.2%)이 비슷한 비중을 두고 이루어지고 있으며, 기타 부문(49.5%)의 비중이 권력 과도기(31.6%)에 비해 증가되었다. 이는 코로나19 국면을 맞아 전제적인 공개활동의 횟수와 현지지도 방문 횟수가 줄고 '당 회의'를 통한 '지적, 결정' 등이 이를 대체한 점이 작용한 것으로 평가된다.

여기서 유의할 점은 '행정·경제 부문'과 '군사 부문'의 현지지도 빈도에는 이면의 '맥락'과 '차이'가 담겨 있다는 점이다. 예컨대 '행정·경제 부문'에 대한 현지지도 빈도가 감소한다는 것은 경제 분야의 '성과

〈표 4-42〉 김정은 권력 공고화기 현지지도 '부문별' 현황

(단위: 횟수, %)

구분		2016	2017	2018
군사 부문	117(20.3)	20(25.6)	37(39.8)	5(5.1)
행정·경제 부문	174(30.2)	34(43.6)	31(33.3)	44(44.9)
기타 부문	285(49.5)	24(30.8)	25(26.9)	49(50.0)
계	576(100)	78(100)	93(100)	98(100)

구분	2019	2020	2021	2022
군사 부문	21(25.0)	8(15.1)	7(8.4)	19(21.8)
행정·경제 부문	27(32.1)	13(24.5)	13(15.7)	12(13.8)
기타 부문	36(42.9)	32(60.4)	63(75.9)	56(64.4)
계	84(100)	53(100)	83(100)	87(100)

출처: 북한정보포털, 『북한동향』; 통일연구원, 『김정은 공개활동 보도분석 DB』 자료를 활용하여 정리.

가 없다'라는 것을 의미하는 것이지만, '군사 부문'의 빈도가 감소하는 것은 '복합적인 의미'가 내포될 수 있다. 예를 들어 2021년 김정은의 '군사 부문' 현지지도는 '7건'에 그쳤으나, 2022년 북한은 30여 차례에 걸쳐 60여 발의 탄도미사일을 발사했다.

이처럼 '군사 부문'의 현지지도 빈도가 '감소'한 '다음 해'에는 '신무기개발'의 성과가 나타나고 있다는 점을 고려할 때, '현지지도'와 신무기개발 등 '군사력 강화'와의 상관성이 매우 높다고 할 수 있을 것이다.

다음으로 김정은 권력 공고화기 현지지도 '장소별' 현황을 보면 〈표 4-43〉과 같이 '평양'이 51.7%(298회)이며, '평양 외' 지역이 48.3%(278회)로 권력 과도기(평양 73%, 평양 외 지역 27%)와 비교할 때 '평양 외' 지역에 대한 현지지도가 증가하고 있음을 알 수 있다.

〈표 4-43〉 김정은 권력 공고화기 현지지도 '장소별' 현황

(단위: 횟수, %)

구분		2016	2017	2018
평양시	298(51.7)	59(75.6)	54(58.0)	44(44.9)
평양 외 지역	278(48.3)	19(24.4)	39(41.9)	54(55.1)
계	576(100)	78(100)	93(100)	98(100)

구분	2019	2020	2021	2022
평양시	25(29.8)	28(52.8)	43(51.8)	45(51.7)
평양 외 지역	59(70.2)	25(47.2)	40(48.2)	42(48.3)
계	84(100)	53(100)	83(100)	87(100)

출처: 북한정보포털, 『북한동향』; 통일연구원, 『김정은 공개활동 보도분석 DB』 자료를 활용하여 정리.

이것이 의미하는 바는 첫째, 전체 현지지도 횟수가 권력 과도기 739회에서 권력 공고화기 576회로 약 22% 정도 감소한 측면이 고려될 수 있고, '평양 외 지역'에 대한 현지지도가 다소 증가한 것은 김정은의

통치와 리더십에 대한 자신감을 엿볼 수 있는 대목이자 평양 외 지역에 대한 '경제건설'을 위한 현지지도가 집중된 것으로 분석할 수 있다.

대표적인 '건설사업'으로는 대규모 '관광지 건설사업'인 삼지연 지구(2019. 12월 준공), 양덕 온천관광지구(평안남도, 2019년 준공), 갈마 해안관광지구(강원도 원산, 건설 중)와 자력갱생을 위한 인프라 건설사업으로 중평 남새온실지구(함경북도, 2019. 12월 준공), 혜산 시멘트공장(양강도, 2019. 11월 개건), 단천 수력발전소(양강도, 건설 중) 등을 추진했으며, 이러한 건설사업의 점검과 공사 독려를 위한 김정은의 현지지도가 집중되었다.

특히 '평양 이외' 지역에 대한 현지지도에서 눈에 띄는 지역은 '삼지연시'인데 2017년부터 2022년까지 김정은이 '삼지연시'를 현지지도한 횟수는 총 21회로 주요 현황은 〈표 4-44〉와 같이 2017년 6회, 2018년 7회, 2019년 6회, 2021년과 2022년 각 1회에 이른다.

〈표 4-44〉 김정은 권력 공고화기 '평양 외 지역' 현지지도 현황

구분	2017	2018	2019	2020	2021	2022
지역 (횟수)	• 평성시2 • 구성시1 • 함흥시1 • 삼지연시6	• 신의주시3 • 청진시5, • 삼지연시7	• 개성시1, 평성시1 • 개천시1, 순천시1 • 구성시2, 원산시5 • 강계시5 • 삼지연시6	• 순천시2 • 단천시1	• 삼지연시1	• 삼지연시1

출처: 북한정보포털, 『북한동향』; 통일연구원, 『김정은 공개활동 보도분석 DB』 자료를 활용하여 정리.

이것이 의미하는 것은 백두산과 김일성의 '항일혁명 전적지', 김정일 '생가'가 있는 '삼지연'을 부각함으로써 백두혈통 세습 권력의 '정당성'을 강조하고, '인민대중의 지지'를 끌어내기 위한 것으로 풀이된다. '삼지연 개발'[75]과 함께 전국 각지에서 '백두산지구 답사'를 조직적으로

---

75 삼지연은 최근 10년간 도시 면적 25% 이상, 건물 숫자 기준 50% 이상이 늘어나는 등 획

강화할 것을 강조하는 김정은의 교시가 하달[76]되면서 백두산 일대를 김일성, 김정일의 혁명전통 교양을 생생하게 학습할 수 있는 공간으로서 '백두산 혁명전적지 답사'는 '백두산 대학'이라 불렸다. "김정은 시대 일군이라면 누구나 백두산 대학을 나와야 한다"라는 것이며 북한 각 지역에서 주요 기관, 공장, 기업소 단위별로 '백두산 답사 행군'이 정례화되어 2022년에도 일종의 '제도'로 운영되고 있다.[77]

또한 '살림집 건설'과 '도시 현대화'를 통해 이상적인 사회주의 농촌의 '모범도시'로 내세우며 '인민대중제일주의'와 연계하여 선전함과 동시에, 삼지연 거리를 새로 정비하고 현대식 살림집을 대규모로 건설함으로써 사회주의 농촌 '모범도시'로 선전[78]하고 '애민주의' 상징으로 부각하고 있다. 전국 각지에서 시행하는 '백두산 답사 행군'의 여건을 개선하여 '백두산 답사 열풍'을 강조[79]함으로써 '자력갱생', '간고분투의 혁명정신'으로 기적을 창조하는 것으로 연결하고자 하는 김정은 '통치전략'의 일환으로 이해된다.

기적으로 꾸려진 사실이 확인되었다. 박성열·정원회·한지만, "북한의 상징정치: 김정은 시대 삼지연 중심으로", 『통일정책연구』 제31권 제1호(2022), pp. 54~58.

76　"백두산지구 혁명전적지, 혁명사적지 답사 활발히 진행-량강도에서", 『로동신문』, 2019. 12. 16; "백두산지구 혁명전적지 답사를 통한 혁명전통 교양 활발히 진행-성, 중앙기관 당조직들에서", 『로동신문』, 2020년 3월 24일.

77　"백두의 칼바람 맞으라는 북한 … 몸으로 하는 사상전", 『뉴스1』, 2022년 12월 4일, https://www.news1.kr/ articles/?4884148(검색일: 2022. 12. 4.)

78　양강도 농촌의 지역적 특색이 부각되도록 발전시켜 삼지연을 산간문화 도시의 표준, 농촌 마을 개발의 이상적인 본보기로 만들기 위한 것으로 보인다.

79　"우리 당이 백두산지구 혁명전적지 답사 열풍을 세차게 일으키도록 한 것은 항일의 나날에 발휘된 혁명정신으로 전대미문의 시련과 난관을 정면돌파해 나가기 위해서다." 『로동신문』, 2020년 3월 16일.

3) 현지지도 '방식' 비교

2016년 6월부터 2022년까지 김정은 권력 공고화기에 '군사 부문' 현지지도를 '군사력 강화활동'과 '군사 관리활동'으로 구분하여 정리한 결과는 〈표 4-45〉와 같다.

〈표 4-45〉 김정은 권력 공고화기 '군사 부문' 현지지도 현황

(단위: 횟수, %)

구분		2016	2017	2018
군사력 강화활동	64(54.7)	12(60.0)	22(59.5)	3(60.0)
군사 관리활동	53(45.3)	8(40.0)	15(40.5)	2(40.0)
군사 부문 현지지도	117(100)	20(100)	37(100)	5(100)

구분	2019	2020	2021	2022
군사력 강화활동	13(61.9)	5(62.5)	2(28.6)	7(36.8)
군사 관리활동	8(38.1)	3(37.5)	5(71.4)	12(63.2)
군사 부문 현지지도	21(100)	8(100)	7(100)	19(100)

출처: 북한정보포털, 『북한동향』; 통일연구원, 『김정은 공개활동 보도분석 DB』 자료를 활용하여 정리.

권력 공고화기 군사 부문 '방식'의 비중에서 나타나는 첫 번째 특징은 권력 과도기와 유사하게 '군사력 강화활동(54.7%)'의 비중이 상대적으로 높다는 것이다. 이는 2013년 3월 31일 당 중앙위원회 전원회의에서 김정은이 발표한 이른바 '핵 · 경제 병진노선'의 전략 목표 달성을 위한 수단으로서 아래 『로동신문』의 김정은 발언처럼 '군사력 강화'와 '독자적인 첨단무기 개발'을 강조하고 이를 독려하기 위한 '군사 부문'에 대한 현지지도가 지속적으로 이루어지고 있음을 시사한다.

"**군력이 약하면** 자기의 자주권과 생존권도 지킬 수 없고 나중에는 **제국주의자들의 롱락물로, 희생물**로 되는 오늘의 엄연한 현실 … **훈련을 실전의 분위기 속에서 진행**하여 … 쇠소리가 나는 **일당백의 만능병사**로 튼튼히 준비하여야 합니다. … **국방공업의 자립성**을 더욱 강화하고 국방공업을 최첨단 과학기술의 토대 우에 확고히 올려세워야 합니다. … **우리식의 최첨단 무장장비들을 더 많이 개발**하고 최상의 수준에서 질적으로 생산보장하여야 합니다."[80]

두 번째 특징은 '군사 부문' 현지지도의 증감은 '대외 환경변화'에 영향을 받는다는 것을 추론해볼 수 있다는 점이다. 예컨대 2018년 '군사 부문'의 현지지도가 급감(5회)했는데, '군사력 강화활동'과 '군사 관리활동'을 각각 3회와 2회 실시했다. 이와 같은 급감의 배경은 2018년 3차례 실시된 남북 정상회담, 북미 정상회담 준비와 대화 분위기 조성을 위한 것으로 해석할 수 있다. 따라서 김정은의 '군사 부문' 현지지도는 한국을 비롯한 주변국과의 정상회담 개최 시에 그 활동의 공세성이 약화되고 횟수 또한 감소했다는 점에서 향후 남북관계 및 북미 관계 개선 상황에서도 동일한 패턴과 행태가 나타날 수 있을 것이다.

4) '통치'와 '지배'를 통한 '현지지도' 비교

김정은의 권력 공고화기 현지지도를 '통치와 지배'의 분석으로 구분하면 〈표 4-46〉과 같다.

---

80 "위대한 김정일 동지를 우리 당의 영원한 총비서로 높이 모시고 주체혁명 위업을 빛나게 완성해나가자", 『로동신문』, 2012년 4월 19일.

〈표 4-46〉 연도별 김정은 현지지도 '통치-지배' 분석

(단위: 횟수, %)

구분	총계	2016	2017	2018
지배	111(19.3)	9(11.5)	13(14.0)	11(11.2)
통치 1	228(39.6)	28(35.9)	28(30.1)	32(32.7)
통치 2	237(41.1)	41(52.6)	52(55.9)	55(56.1)
소계	576(100)	78(100)	93(100)	98(100)

구분	2019	2020	2021	2022
지배	19(22.6)	11(20.8)	33(39.8)	15(17.2)
통치 1	26(31.0)	31(58.5)	41(49.4)	42(48.3)
통치 2	39(46.4)	11(20.7)	9(10.8)	30(34.5)
소계	84(100)	53(100)	83(100)	87(100)

출처: 북한정보포털, 『북한동향』; 통일연구원, 『김정은 공개활동 보도분석 DB』 자료를 활용하여 정리.

특징을 분석해보면, 우선 권력 공고화기 김정은의 현지지도는 '통치 1'이 39.6%, '통치 2'가 41.1%의 비중을 차지하여 상대적으로 '통치2'의 비중이 높다고 할 수 있다. 구체적으로 2016년부터 2018년까지는 '통치 2'의 비율이 50% 이상을 유지하다가, 2019년 이후부터는 '통치2'의 비율이 점차 감소하는 수치를 보여준다. 이것은 '2019년' 북미협상 교착 이후 '정세 불확실성'이 높아지고 지속되는 '경제 위기' 속에서 '내부 결속'과 내부 자원을 동원해야 하는 '상황적 요소'가 반영된 결과이며, 2020년 '정면 돌파전', 2021년 '자력 갱생전략' 등이 제시될 정도로 '현상 유지적' 통치전략을 추진할 수밖에 없던 결과라고 추정해볼 수 있다. 또한, 권력 과도기에는 '통치 1'과 '통치 2'가 비슷한 비율로 집중된 것에 비교하면 권력 공고화기에 '통치 2'에 집중된 결과에서 가시적인 '성과'를 도출하여 '체제 안정화'를 공고히 하고자 하는 김정은의 절박

함이 더 뚜렷하게 표출된다고 할 수 있다.

결론적으로 김정은의 현지지도를 '지배와 통치'로 나누어 분석한 결과, 시간이 지날수록 지배를 위한 '통치 1'보다 성과를 강조하는 '통치 2'의 비중이 높아졌다. 김일성·김정일 시대에는 '교시'를 강조했다면 김정은 시대에는 '성과'를 강조한 재방문과 지적 또는 포상을 통해 '경제발전과 인민생활 향상'에 역량을 집중함으로써 최고 권력자로서 '지배'를 공고히 하려는 것으로 분석되었다. 또한, 현지지도에서 '통치 1'과 '통치 2'의 상위 항목은 '군사와 행정·경제 부문'으로 이는 김정은이 '핵·경제 병진노선'을 현지지도라는 수단을 통해 철저히 수행하고 있음을 확인할 수 있었다.

4. '발언 내용' 분석

1) '기본량' 분석

(1) 발언 내용 'TF-IDF'

김정은 권력 공고화기 '발언 내용'의 'TF-IDF' 분석결과는 〈표 4-47〉과 같이 나타난다.

또한, 권력 공고화기에 김정은의 현지지도에서 '발언한 내용'을 상위 50개의 'TF-IDF' 값을 기반으로 '워드 클라우드'로 도식화하면 〈그림 4-16〉과 같이 표현할 수 있다.

〈표 4-47〉 권력 공고화기 발언 내용 'TF-IDF' 분석

순위	키워드	TF-IDF	순위	키워드	TF-IDF
1	공장	1049.177795	26	전원회의	422.399848
2	생산	861.840121	27	정치국 회의	422.355270
3	동지	765.786441	28	승리	422.043347
4	인민	757.209618	29	강화	414.902911
5	건설	643.457113	30	시험발사	399.812789
6	문제	591.353214	31	발전	397.305835
7	사업	576.690357	32	조국	391.945320
8	중앙위원회	575.443551	33	훈련	383.305835
9	일군	558.371908	34	과학기술	377.794122
10	군	545.995403	35	성과	367.775699
11	당	526.641433	36	군인	360.475500
12	조선로동당	516.133253	37	자력갱생	359.229965
13	로케트	497.347186	38	주체	351.704533
14	회의	494.680046	39	과업	347.443039
15	혁명	481.388694	40	미국	347.361888
16	사회주의	478.608618	41	종업원	344.307633
17	김일성	475.297482	42	보장	341.826587
18	대회	471.660998	43	지도	338.684740
19	조선인민군	468.932133	44	실현	338.611601
20	국가	467.613837	45	관철	327.508372
21	나라	452.947082	46	수령	326.660971
22	힘	451.059186	47	전투	325.055604
23	투쟁	428.457109	48	탄도	322.538048
24	김정일	426.710464	49	전략	318.155216
25	삼지연	424.069141	50	사상	316.571974

〈그림 4-16〉 권력 공고화기 발언 내용 '워드 클라우드'

이 결과가 의미하는 바는 첫째, '공장, 생산, 건설, 사업'의 중요도가 높게 나타났는데, 이는 2018년 정권 수립 70주년에 맞춘 경제 성과를 달성하기 위해 '국가경제발전 5개년 전략'을 독려한 결과로 풀이된다. 특히 국제사회의 강력한 대북 제제가 지속되자 '자력갱생'의 기조 속에서 2019년 4월 개정헌법 제33조를 통해 '내각의 역할'을 강조하고 '사회주의기업책임관리제'[81]를 명문화하는 등 '생산 활성화'를 독려했기 때문으로 판단된다.

두 번째 특징은 권력 과도기에 등장했던 '김일성 · 김정일주의', '김정일 애국주의' 등 선대와의 '계승성'과 '정통성'을 강조했던 것과 비교하여 '김일성'과 '김정일'에 대한 언급이 확연히 줄어들었다는 점을 들

---

81 사회주의 헌법 제33조(2019. 4월 개정)는 '국가는 생산자 대중의 집체적 지혜와 힘에 의거하여 경제를 과학적으로, 합리적으로 관리 운영하며 내각의 역할을 결정적으로 높인다. 국가는 경제관리에서 사회주의기업책임관리제를 실시하며 원가, 가격, 수익성 같은 경제적 공간을 옳게 리용하도록 한다.'

수 있다. 예컨대 2022년『로동신문』사설을 보면 '당 대회 결정', '당 결정관철', '당 중앙의 영도', '당 중앙의 뜨락', '당 중앙을 결사옹위' 등의 표현으로 '당'과 '김정은 중심'으로 위기와 고난을 극복해야 함을 강조함으로써 당의 첫째가는 과업은 김정은 '유일적 령도체계' 구축이라는 점에 방점을 두고 있다.

> "자력갱생, 견인불발의 투쟁정신으로 계속혁신 … **당 대회 결정**은 우리
> 식 사회주의 건설에서 새로운 승리를 이룩하기 위한 … **당 중앙**의 **영도**
> 따라 미증유의 국난을 주체조선 특유의 … **당 결정**을 **철저히 관철**하여
> … **당 중앙**의 **뜨락**에 운명의 피줄을 잇고 투쟁하는 우리 인민의 위대한
> 정신력 … 사회주의 강국건설의 강력한 추진력이다."[82]

세 번째는, '중앙위원회', '조선로동당', '회의', '전원회의', '정치국회의', '관철' 등의 키워드가 높게 등장한다. 이는 당 중앙위원회 '전원회의'나 '정치국 확대회의' 등을 김정은이 '직접 주재'하고 그 결과를 대중 앞에서 '육성 연설'[83]하는 방식을 통해 주민들에게는 김정은의 '애민정신'과 '통치철학'을 주입[84]하고, 대외적으로는 '정상국가의 지도자'라는 이미지를 과시하여 최고 권력자로서 김정은의 '절대 권력'을 공고히 하는 것으로 집약된다고 할 수 있다.

또한, 권력 공고화기에 김정은의 현지지도에서 발언한 내용을

---

82 "당 결정관철에서 무조건성의 혁명정신을 발휘하여 5개년계획 수행의 관건적인 올해를 빛나게 결속하자",『로동신문』사설, 2022년 11월 28일.

83 김정은은 2012년 4월 15일 김일성 탄생 100주년 열병식에서 육성 연설한 이후 2021년 4월까지 10년간 신년사를 포함, 총 34회의 공개 연설을 했다. 김호홍, "김정은 공개 연설을 통해 본 북한의 대남·대미전략",『INSS 전략보고』No. 124(국가전략연구원, 2021).

84 "올해 10차례 … 대중연설 확 늘린 김정은 통치철학 주입·애민정신 선전",『한국일보』, 2021년 10월 18일.

'TF-IDF' 값을 기준으로 상위 50개의 키워드를 전체 네트워크 구조 '의미연결망'으로 도식화하면 〈그림 4-17〉과 같이 표현할 수 있다.

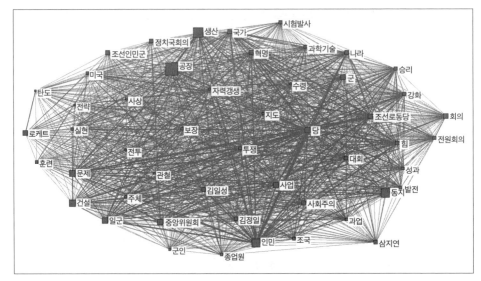

〈그림 4-17〉 권력 공고화기 발언 내용 '의미연결망' 분석

'의미연결망'의 네트워크 구조의 속성을 살펴보면, 노드는 총 50개이며 연결선은 2,418개, 밀도는 0.987, 평균 연결 강도는 48.360, 평균 연결 거리는 1.013, 컴포넌트는 1, 지름은 2로 나타났다. 노드의 크기는 '공장'이 가장 크게 나타났으며, '생산', '동지', '인민', '건설', '문제', '사업' 등이 비교적 큰 편으로 분석되었다. 각 노드의 '연결 강도'는 '당'과 '인민'이 가장 높았고, '생산'과 '공장', '당'과 '혁명', '당'과 '문제' 순으로 높게 나왔다. 이들 노드 간에 '동시 출현빈도'는 '당'과 '인민'이 5,065회, '생산'과 '공장'이 3,367회, '당'과 '혁명'이 2,138회였다. 이러한 분석을 통해 '김정은'과 '당'이 연결 중심성의 중심에 위치한다는 것을 확인함으로써 김정은이 권력 공고화기 현지지도에서 '당', '공장', '혁명', '생산'

등 경제 분야에 관심이 크다는 사실을 추정할 수 있었으며, 상위 순위의 키워드와 연결 강도가 높은 키워드를 통해 김정은의 현지지도가 '당'을 중심으로 정책을 추진하고자 하는 점과 '공장' 및 '생산'과도 상관관계가 크다는 점을 유추해볼 수 있을 것이다.

(2) 발언 내용 '연결 중심성'

김정은 권력 공고화기 '발언 내용'에 대한 '연결 중심성' 분석결과는 〈표 4-48〉과 같다. 제시된 '연결 중심성'을 분석해보면, 권력 공고화기 김정은의 현지지도 발언 내용에 대한 키워드는 '당'(0.216), '인민'(0.197), '문제'(0.110), '조선로동당'(0.109), '사업'(0.097), '투쟁'(0.093), '혁명'(0.092), '힘'(0.092), '생산'(0.089), '건설'(0.088) 등이 10위 이내로 나타났다. 이는 이 시기 김정은의 주요 관심이 '당'과 '사업', '생산', '건설' 등에 집중되어 있음을 확인할 수 있다.

(3) 발언 내용 '위세 중심성'

〈표 4-49〉는 김정은 권력 공고화기 '발언 내용'에 대한 '위세 중심성' 분석결과다. '위세 중심성'을 분석하여 상위 50위를 제시한 것 중 아이겐 벡터 '중심성 지수'가 0.1을 넘는 키워드는 24개다. '중심성 지수'가 높은 순으로 나열하면, '당, 인민, 조선로동당, 문제, 사업, 힘, 투쟁, 혁명, 나라, 일군'인데, 이러한 키워드는 상대적으로 높은 아이겐 값을 가지고 있으며, 전체 연결망의 '중앙에 위치'하면서 중앙에 놓인 키워드들과 연결되어 있으므로 높은 위세 점수를 갖는다. 분석결과 '위세 중심성'도 '연결 중심성'의 결과와 마찬가지로 '당'의 '위세 중심성'이 0.402로 가장 높다. 그리고 '인민', '문제', '사업', '투쟁', '혁명', '조선로동당' 등은 '연결 중심성'의 분석 수치와 유사하게 '위세 중심성'에서도 상위권으로 나타났다.

〈표 4-48〉 권력 공고화기 발언 내용 '연결 중심성' 분석

순위	키워드	연결 중심성	순위	키워드	연결 중심성
1	당	0.216	26	실현	0.049
2	인민	0.197	27	자력갱생	0.042
3	문제	0.110	28	보장	0.041
4	조선로동당	0.109	29	조국	0.040
5	사업	0.097	30	관철	0.040
6	투쟁	0.093	31	전원회의	0.039
7	혁명	0.092	32	과학기술	0.039
8	힘	0.092	33	군	0.036
9	생산	0.089	34	김정일	0.035
10	건설	0.088	35	수령	0.034
11	일군	0.087	36	사상	0.032
12	나라	0.086	37	대회	0.031
13	공장	0.083	38	조선인민군	0.027
14	국가	0.081	39	전투	0.027
15	강화	0.073	40	회의	0.026
16	승리	0.067	41	종업원	0.025
17	사회주의	0.061	42	지도	0.025
18	성과	0.059	43	로케트	0.023
19	발전	0.058	44	정치국회의	0.022
20	동지	0.057	45	전략	0.022
21	중앙위원회	0.057	46	삼지연	0.020
22	과업	0.055	47	군인	0.017
23	미국	0.052	48	시험발사	0.016
24	김일성	0.051	49	훈련	0.014
25	주체	0.049	50	탄도	0.014

〈표 4-49〉 권력 공고화기 발언 내용 '위세 중심성' 분석

순위	키워드	위세 중심성	순위	키워드	위세 중심성
1	당	0.402	26	김일성	0.095
2	인민	0.384	27	자력갱생	0.094
3	조선로동당	0.241	28	보장	0.084
4	문제	0.227	29	과학기술	0.082
5	사업	0.203	30	조국	0.081
6	힘	0.203	31	관철	0.079
7	투쟁	0.197	32	전원회의	0.075
8	혁명	0.189	33	수령	0.071
9	나라	0.187	34	군	0.067
10	일군	0.183	35	사상	0.066
11	생산	0.176	36	김정일	0.064
12	국가	0.174	37	대회	0.059
13	건설	0.171	38	종업원	0.050
14	공장	0.165	39	전투	0.046
15	강화	0.146	40	조선인민군	0.044
16	승리	0.142	41	회의	0.043
17	사회주의	0.122	42	지도	0.040
18	성과	0.120	43	전략	0.037
19	발전	0.118	44	삼지연	0.035
20	미국	0.117	45	정치국회의	0.034
21	과업	0.105	46	군인	0.030
22	동지	0.103	47	로케트	0.026
23	실현	0.101	48	시험발사	0.022
24	주체	0.100	49	훈련	0.018
25	중앙위원회	0.095	50	탄도	0.015

(4) 발언 내용 'CONCOR'

권력 공고화기 김정은의 현지지도 '발언 내용' 키워드를 'CON-COR'로 분석한 결과를 도식화하면 〈그림 4-18〉과 같다. 도출된 결과에 대한 특징을 살펴보면 '경제'와 관련된 다수의 군집과 '사상, 건설, 경제, 회의' 등을 범주로 하는 주요 키워드들이 각각의 군집을 형성하고 있는 것을 확인할 수 있다.

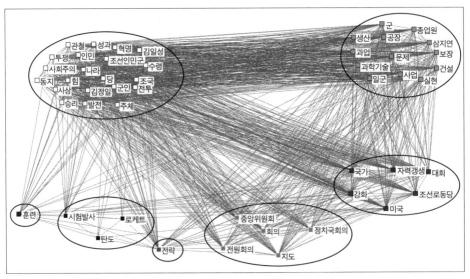

〈그림 4-18〉 권력 공고화기 발언 내용 'CONCOR' 분석

군집은 〈표 4-50〉과 같이 7개 군집으로 분류할 수 있으며, 형성된 '군집의 특징'을 살펴보면, 군집 A(사상, 21개), 군집 B(건설, 13개)가 가장 크게 밀집해 있으며, 서로 강하게 연결된 것을 볼 수 있다. 나머지 5개 군집은 1~6개의 키워드로 이루어진 소수 군집으로 구성되어 있다. 이러한 키워드 및 군집 분석결과, 권력 공고화기 김정은 현지지도에서 '발언 내용'의 주류는 '경제'와 '건설', '사상'과 '군사' 등 '핵·경제 병진 노

선'에 대한 김정은의 통치전략 메시지가 현지지도 발언 내용에도 그대로 반영되고 있음을 알 수 있다.

<표 4-50> 권력 공고화기 발언 내용 '군집' 분석

구분 / 군집명		키워드	키워드 수
군집 A	사상	인민, 나라, 조국, 사회주의, 당, 전투, 조선인민군, 군인, 투쟁, 사상, 혁명, 힘, 김일성, 김정일, 승리, 발전, 관철, 수령, 성과, 주체, 동지	21
군집 B	건설	군, 종업원, 생산, 공장, 실현, 일군, 과업, 과학기술, 삼지연, 사업, 건설, 문제, 보장	13
군집 C	회의	중앙위원회, 정치국회의, 회의, 전원회의, 지도	5
군집 D	신무기	탄도, 로케트, 시험발사	3
군집 E	훈련	훈련	1
군집 F	전략	전략	1
군집 G	경제	미국, 자력갱생, 대회, 강화, 국가, 조선로동당	6

2) 군사 분야 현지지도

(1) 군사 분야 'TF-IDF'

김정은 권력 공고화기 '군사 분야' 현지지도 'TF-IDF 값' 분석결과는 <표 4-51>과 같이 나타난다. 분석결과에 따르면 권력 공고화기 '군사 분야' 현지지도에서 김정은이 발언한 키워드는 '조선인민군', '대륙간탄도로케트', '참관', '시험발사', '화성', '군부대', '신형', '경축', '시험사격', '항공' 순이다. 이 결과가 의미하는 바는 첫째, '경축, 관람, 경기대회, 강습회' 등 '군사 관리활동'과 관련된 키워드가 다수 등장하는 점인데, '행동 궤적' 분석에서 '군사력 강화활동' 비중이 높았던 것에 비해 발언 내용에서는 '군사 관리활동'의 강조 발언이 많은 점이 특징이다.

〈표 4-51〉권력 공고화기 군사 분야 'TF-IDF' 분석

순위	키워드	TF-IDF	순위	키워드	TF-IDF
1	조선인민군	40.31204240	26	강습회	10.93895952
2	대륙간탄도로케트	35.66790571	27	방사포	10.93895952
3	참관	34.20936983	28	창건	10.93895952
4	시험발사	31.55749450	29	정치일군	10.93895952
5	화성	24.42347035	30	방문	10.93895952
6	군부대	22.92936796	31	미사일	10.93895952
7	신형	19.59315386	32	서부전선	10.93895952
8	경축	19.59315386	33	초대형	10.93895952
9	시험사격	19.59315386	34	성공	8.10356989
10	항공	17.71903595	35	신형전술유도무기	8.10356989
11	성원	17.71903595	36	축하	8.10356989
12	시찰	17.71903595	37	사격경기	8.10356989
13	열병식	15.67747108	38	훈련	8.10356989
14	반항공군	15.67747108	39	대연합부대	8.10356989
15	관람	15.67747108	40	무기	8.10356989
16	포병부대	13.43455107	41	전연	8.10356989
17	발사훈련	13.43455107	42	포사격대항경기	8.10356989
18	화력타격훈련	13.43455107	43	새벽	8.10356989
19	군인가족 예술소조공연	13.43455107	44	북극성	8.10356989
20	지휘관	13.43455107	45	열성자대회	8.10356989
21	전략	13.43455107	46	대구경조종방사포	8.10356989
22	경기대회	13.43455107	47	중대장	8.10356989
23	군단	12.15535484	48	비행훈련	8.10356989
24	직속	10.93895952	49	군사교육일군대회	8.10356989
25	전선	10.93895952	50	공헌	8.10356989

두 번째 특징은, '대륙간탄도로케트, 시험발사, 신형, 화성, 시험발사' 등과 관련한 키워드가 두드러진 점도 보인다. 이것이 의미하는 바는 2016~2017년까지는 핵과 장거리미사일에 대한 '능력을 과시'하는 데 초점을 맞춘 발언이 강조되다가 '핵무력 완성'을 선언한 2017년 이후에는 '핵무력 고도화'와 같은 담론을 활성화하고 있는 것으로 평가된다.

이와 함께 김정은 권력 공고화기 '군사 분야' 현지지도 발언 내용을 상위 50위의 'TF-IDF' 값을 중심으로 '워드 클라우드'로 도식화하면 〈그림 4-19〉와 같이 표현할 수 있다.

〈그림 4-19〉 권력 공고화기 군사 분야 '워드 클라우드'

또한, 김정은 권력 공고화기 '군사 분야' 현지지도 발언 내용을 'TF-IDF' 값을 기준으로 상위 50위의 '의미연결망'으로 도식화하면 〈그림 4-20〉과 같이 표현할 수 있다.

'의미연결망'의 네트워크 구조 속성을 살펴보면, 노드는 총 50개이며 연결선은 256개, 밀도는 0.104, 평균 연결 강도는 5.120, 평균 연결

거리는 2.424, 컴포넌트는 4, 지름은 6으로 나타났다. 노드의 크기는 '조선인민군'이 가장 크게 나타났으며, '대륙간탄도로케트', '참관', '시험발사', '화성' 등이 비교적 큰 편으로 분석되었다. 각 노드의 '연결 강도'와 '동시 출현빈도'는 '대륙간탄도로케트'와 '시험발사'가 가장 높았고, '시험발사'와 '화성', '조선인민군'과 '항공', '조선인민군'과 '반항공' 순으로 높게 나왔다.

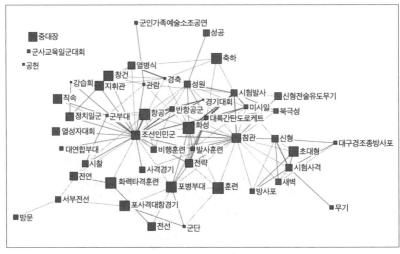

〈그림 4-20〉 권력 공고화기 군사 분야 '의미연결망' 분석

이러한 분석을 통해 권력 공고화기 '군사 분야' 현지지도에서 김정은의 발언 내용은 '조선인민군'과 '대륙간탄도로케트', '시험발사', '화성' 등이 연결 중심성의 중심에 위치한다는 것을 확인함으로써 김정은이 권력 공고화기 '군사 분야' 현지지도에서 '조선인민군 창건' 등 각종 기념일을 계기로 기념촬영과 경축, 성원 등의 '선전선동을 적절히 활용했다'는 사실을 추정할 수 있었으며, 상위 순위의 키워드와 연결 강도가 높은 키워드를 통해 김정은의 현지지도가 '핵과 장거리 탄도미사일 개발, 군

전투력 강화'에 집중되었음을 알 수 있을 것이다.

(2) 군사 분야 '연결 중심성'

김정은 권력 공고화기 '군사 분야' 현지지도 발언 내용에 대한 '연결 중심성' 분석결과는 〈표 4-52〉와 같이 나타난다. '연결 중심성'을 평가해보면, 권력 공고화기 김정은의 '군사 분야' 현지지도 발언 내용의 주요 키워드는 '조선인민군(0.129), 대륙간탄도로케트(0.076), 참관(0.065), 시험발사(0.065), 화성(0.053), 항공(0.035), 반항공군(0.033), 전략(0.033), 성원(0.031), 발사훈련(0.031)' 등이 10위 이내로 나타났다. 특히 '대륙간탄도로케트, 화성, 참관, 시험발사, 전략, 시험사격, 신형, 시험발사 성공' 등의 주요 키워드가 등장하는 점을 고려해볼 때 이 시기 군사 분야에 대한 김정은의 주요 관심이 '핵과 장거리탄도미사일 개발, 군 전투력 강화' 등에 있었음을 핵심 키워드 연결에서 확인할 수 있다.

(3) 군사 분야 '위세 중심성'

다음의 〈표 4-53〉은 김정은 권력 공고화기 '군사 분야' 현지지도 '발언 내용'에 대한 '위세 중심성' 분석결과다. 권력 공고화기 김정은의 '군사 분야' 현지지도 '발언 내용'을 중심으로 '위세 중심성'을 분석하여 상위 50위를 제시한 것 중 아이겐 벡터 '중심성 지수'가 0.1을 넘는 키워드는 14개다. '중심성 지수'가 높은 순으로 나열하면 '대륙간탄도로케트, 시험발사, 조선인민군, 화성, 참관, 발사훈련'인데, 이러한 키워드는 상대적으로 높은 아이겐 벡터값을 가지고 있으며, 전체 연결망의 '중앙에 위치'하면서 중앙에 놓인 키워드들과 연결되어 있으므로 높은 위세 점수를 갖는다.

〈표 4-52〉권력 공고화기 군사 분야 '연결 중심성' 분석

순위	키워드	연결 중심성	순위	키워드	연결 중심성
1	조선인민군	0.129	26	창건	0.012
2	대륙간탄도로케트	0.076	27	화력타격훈련	0.010
3	참관	0.065	28	군단	0.010
4	시험발사	0.065	29	훈련	0.010
5	화성	0.053	30	새벽	0.010
6	항공	0.035	31	북극성	0.010
7	반항공군	0.033	32	대구경조종방사포	0.010
8	전략	0.033	33	비행훈련	0.010
9	성원	0.031	34	축하	0.008
10	발사훈련	0.031	35	포사격대항경기	0.008
11	신형	0.029	36	직속	0.006
12	시험사격	0.029	37	전선	0.006
13	군부대	0.027	38	서부전선	0.006
14	포병부대	0.027	39	신형전술유도무기	0.006
15	경축	0.022	40	사격경기	0.006
16	지휘관	0.022	41	전연	0.006
17	미사일	0.022	42	군인가족 예술소조공연	0.004
18	경기대회	0.020	43	성공	0.004
19	열병식	0.018	44	대연합부대	0.004
20	강습회	0.018	45	무기	0.004
21	정치일군	0.018	46	열성자대회	0.004
22	관람	0.016	47	방문	0.002
23	시찰	0.014	48	중대장	0
24	방사포	0.014	49	군사교육일군대회	0
25	초대형	0.014	50	공헌	0

〈표 4-53〉권력 공고화기 군사 분야 '위세 중심성' 분석

순위	키워드	위세 중심성	순위	키워드	위세 중심성
1	대륙간탄도로케트	0.452	26	축하	0.043
2	시험발사	0.398	27	신형전술유도무기	0.042
3	조선인민군	0.390	28	열병식	0.041
4	화성	0.318	29	훈련	0.041
5	참관	0.266	30	대연합부대	0.035
6	발사훈련	0.209	31	열성자대회	0.035
7	전략	0.208	32	시험사격	0.029
8	성원	0.190	33	직속	0.028
9	미사일	0.175	34	화력타격훈련	0.020
10	항공	0.166	35	방사포	0.020
11	반항공군	0.163	36	초대형	0.020
12	경기대회	0.120	37	전연	0.019
13	군부대	0.117	38	새벽	0.019
14	포병부대	0.110	39	성공	0.017
15	북극성	0.088	40	군단	0.012
16	지휘관	0.077	41	대구경조종방사포	0.009
17	관람	0.076	42	군인가족 예술소조공연	0.007
18	강습회	0.073	43	전선	0.007
19	정치일군	0.073	44	포사격대항경기	0.006
20	시찰	0.071	45	서부전선	0.003
21	경축	0.067	46	무기	0.003
22	신형	0.063	47	방문	0
23	창건	0.061	48	중대장	0
24	비행훈련	0.049	49	군사교육일군대회	0
25	사격경기	0.047	50	공헌	0

분석결과 '위세 중심성'도 '연결 중심성'의 결과와 마찬가지로 '대
륙간탄도로케트'의 '위세 중심성'이 0.452로 가장 높다. 그리고 '시험발
사, 조선인민군, 화성, 참관' 등은 '연결 중심성'의 분석 수치와 유사하게
'위세 중심성'에서도 상위권으로 나타났다.

(4) 군사 분야 'CONCOR'

김정은 권력 공고화기 '군사 분야' 현지지도에서 발언한 내용의
'CONCOR' 분석결과를 도식화하면 〈그림 4-21〉과 같이 표현되며 〈표
4-54〉와 같이 8개의 군집이 형성되었다. 군집의 특징을 살펴보면 '시험
발사', '화력훈련'과 관련된 다수의 군집과 '신형무기, 기념행사, 축하' 등
을 범주로 하는 키워드들이 각각의 군집을 형성하고 있는 것을 확인할
수 있다.

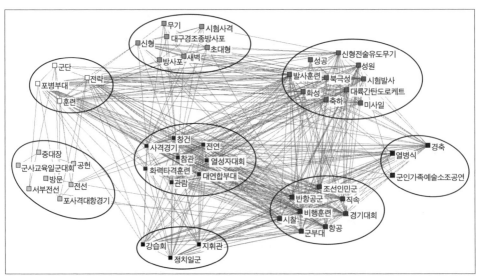

〈그림 4-21〉 권력 공고화기 군사 분야 키워드 'CONCOR' 분석

김정은의 통치전략, 빅데이터로 풀다

구분 / 군집명		키워드	키워드 수
군집 A	전투력	중대장, 군사교육일군대회, 서부전선, 포사격대항경기, 공헌, 전선, 방문	7
군집 B	사상	강습회, 정치일군, 지휘관	3
군집 C	기념행사	경축, 열병식, 군인가족예술소조공연	3
군집 D	기동부대	조선인민군, 반항공군, 직속, 비행훈련, 경기대회, 시찰, 군부대, 항공	8
군집 E	신형무기	무기, 신형, 대구경조종방사포, 시험사격, 초대형, 새벽, 방사포	7
군집 F	훈련	군단, 포병부대, 전략, 훈련	4
군집 G	발사훈련	창건, 사격경기, 전연, 참관, 열성자대회, 관람, 화력타격훈련, 대연합부대	8
군집 H	군사	화성, 축하, 성공, 발사훈련, 북극성, 시험발사, 미사일, 대륙간탄도로케트, 신형전술유도무기, 성원	10

형성된 '군집의 특징'을 살펴보면, 군집 H(군사, 10개), 군집 D(기동부대, 8개), 군집 G(발사훈련, 8개)가 가장 크게 밀집해 있으며, 서로 강하게 연결된 것을 볼 수 있다. 나머지 5개 군집은 3~7개의 키워드로 이루어진 소수 군집으로 구성되어 있다. 이처럼 키워드 및 군집 분석결과, 권력 공고화기 김정은의 '군사 분야' 현지지도에서 '발언 내용'의 주류는 기동부대 '전투력 강화'를 근간으로 '핵실험'과 '장거리탄도미사일' 개발에 관심이 집중되어 있음을 확인할 수 있었으며, 통치전략의 메시지가 일관되게 형성되어 있음을 알 수 있다.

위에서 살펴본 김정은 권력 공고화기 '군사 분야' 현지지도 특징을 요약하면, 첫째, 김정은의 '군사 분야' 현지지도는 대내외 상황 및 통치전략, 정책 기조와 '밀접한 연관' 속에서 치밀하게 추진되고 있음을 알 수 있다. 실례로 김정은은 2016년 11월 한 달간 '육군부대'를 6번이나 집중적으로 지도했는데, 이는 북한의 5차 핵실험(2016. 9. 9.)과 한미연합 훈련에 대응하면서 북한군의 군사대비태세를 점검한 것으로 추정된다. 당시 방문 부대는 작전국 직속 특수부대를 비롯하여 서해상 전자전 부대로 알려진 제1344부대, 마합도 방어대, 갈리도 전초기지, 장재도 방어대 등 서해 북방한계선 인근에 집중되었다.

또한, 2017년 김정은은 "김일성 탄생 105돌, 김정일 생일 75돌, 군 창건 85돌의 뜻깊은 해"라고 강조하면서 '핵 무력 완성'에 집중[85]했는데, 이의 목적으로 6차 핵실험(2017. 9. 3.)을 비롯하여 전략군 방문(4회), 전략 무기 시험 현지지도(10회) 등을 집중적으로 실시했다. 그뿐만 아니라 김 정은은 2019년 4월 최고인민회의 14기 1차 회의에서 '군사력 강화방침' 을 재천명한 시정연설[86] 이후 2019년과 2020년에는 전술무기 시험(13 회), 협동 군사훈련 지도(3회) 등 '전술무기 개발'과 '협동 군사훈련'에 대 한 집중적인 현지지도를 실시하기도 했다.

둘째, '김정일 시대'에는 '선군정치'를 앞세워 군을 중심에 두고 모 든 사업을 전개하는 방식이었다면, '김정은 시대' 군사 분야 통치전략의 큰 변화는 '선군정치'에서 벗어나 '인민대중제일주의'로 대체하고 이것 을 '정치방식'으로 전면에 내세워 '당을 통한 군부 통제'를 강화하려고 한다는 점을 들 수 있다.[87]

정치방식과 투쟁방법으로서 '국가제일주의', '인민대중제일주의', '자력갱생전략'을 하나로 묶어 제시하면서 '국가제일주의'라는 시대 인 식, '인민대중제일주의'라는 정치방식, '자력 갱생전략'이라는 방법론의

---

85 "김정은 핵 무력 완성 선언 … 북 대화국면 전환 가능성", 『한겨레』, 2017년 11월 29일, https://www.hani.co.kr/ arti/politics/defense/821244.html(검색일: 2022. 12. 4.)

86 "나라의 자주권과 안전을 철저히 보장하기 위한 적극적이며 공세적인 정치외교 및 군사 적 대응조치들을 준비하기 위한 문제들을 포괄적으로 제기하고 해결방법에 대해 언급."

87 홍민 외, "북한 조선노동당 제8차 대회 분석", 『KINU Insight』, No. 1(2021), p. 3.

조화를 추구하고 있다고 볼 수 있다. 특히 당규약에서 군사력을 기반으로 '체제 보위'와 '조국 통일'을 완수한다는 목표를 제시하고 '군사력 증강'과 관련하여 '전술 핵무기 개발, 각종 전략무기 개발 계획'을 밝혔다는 점에서 '핵 · 경제 병진' 노선을 고수할 것이다.[88]

3) 행정 · 경제 분야 현지지도

(1) 행정 · 경제 분야 'TF-IDF'

김정은 권력 공고화기 '행정 · 경제 분야' 현지지도 'TF-IDF' 분석 결과는 〈표 4-55〉와 같이 나타난다. 분석결과에 따르면 권력 공고화기 '행정 · 경제 분야' 현지지도에서 김정은이 발언한 키워드는 '중앙위원회', '기념사진', '조선인민군', '건설', '금수산태양궁전', '전원회의', '관람', '경축', '참배', '당대회' 순이다.

또한, 김정은 권력 공고화기 '행정 · 경제 분야' 현지지도 발언 내용을 상위 50위의 'TF-IDF' 값을 기반으로 '워드 클라우드'로 도식화하면 〈그림 4-22〉와 같이 표현할 수 있다.

이 결과가 의미하는 바는 '중앙위원회, 건설, 조선인민군'의 중요도가 높다는 것을 알 수 있다. 이는 북한이 '경제 강국 건설'을 통한 '강성국가 건설'을 경제목표로 제시하고 지속적으로 독려했기 때문일 것으로 평가된다. 특히 권력 공고화기에도 김정은은 '건설' 부문에 있어 군의 선도적 역할을 강조하고 있다고 할 수 있는데, 이는 김정은과 관련된 북한 공식 보도문에서 잘 나타나고 〈표 4-56〉과 같이 군부대 현지지도에서 발언한 내용에서도 잘 알 수 있다.

---

[88]   홍민 외, 위의 글, pp. 9~12.

〈표 4-55〉 권력 공고화기 행정 · 경제 분야 'TF-IDF' 분석

순위	키워드	TF-IDF	순위	키워드	TF-IDF
1	중앙위원회	104.68263160	26	공연	22.21325628
2	기념사진	96.89159831	27	건설현장	22.21325628
3	조선인민군	81.16116090	28	초급	22.21325628
4	건설	81.16116090	29	주석	22.21325628
5	금수산태양궁전	77.85900683	30	회담	22.21325628
6	전원회의	68.10407446	31	백두산	18.66317923
7	관람	63.15890136	32	예술단	18.66317923
8	경축	50.16058452	33	중앙보고대회	18.66317923
9	참배	47.78244575	34	개회사	18.66317923
10	당대회	45.33281755	35	초급당비서대회	18.66317923
11	김일성	42.80619023	36	착공식	18.66317923
12	접견	42.80619023	37	정권수립	18.66317923
13	삼지연	40.19613286	38	조선소년단	18.66317923
14	조선로동당	40.19613286	39	공화국창건	18.66317923
15	생일	37.49504076	40	온천관광지구	18.66317923
16	김정일	37.49504076	41	광명성절	18.66317923
17	수산사업소	35.54121005	42	경축행사	14.86043064
18	정치국회의	34.69378132	43	예술공연	14.86043064
19	중앙군사위원회	34.69378132	44	경성군	14.86043064
20	창건	31.78118102	45	군수공업대회	14.86043064
21	새해	31.78118102	46	황해북도	14.86043064
22	최고인민회의	31.09855880	47	사업총화보고	14.86043064
23	개건	25.56197820	48	대집단체조	14.86043064
24	열병식	25.56197820	49	농장	14.86043064
25	준공식	25.56197820	50	강습회	14.86043064

〈그림 4-22〉 권력 공고화기 행정 · 경제 분야 '워드 클라우드'

〈표 4-56〉 권력 공고화기 군부대 현지지도에서 '경제 분야' 활용 사례

일자	군부대 시찰 장소	경제 분야 강조 발언
2019. 10.25	평안도 양덕군 온천관광지구 건설소	"스키장에 설치할 수평승강기와 끌림식 삭도를 비롯한 설비제작을 모두 주요 군수공장들에 맡겨 보았는데, 나무랄 데 없이 잘 만들었다."
2022. 1.28	함경도 경성군 중평리 채소 온실농장 건설	"방대한 규모의 현대적인 온실농장을 연포지구에 일떠 세움으로써 인민들의 식생활 향상에 이바지하게 할 구상을 밝히고 설계사업을 지도"

출처: 『북한 동향』, 『로동신문』을 참조하여 정리.

"**인민군 군인들은 함북도 북부피해 복구 전선**으로 폭풍 치며 달려나가 북변천리에 **사회주의 선경을 펼쳐놓고** 적대세력들의 **제재 압살 책동을 과감히 짓부수면서 려명거리를 단숨에 일떠 세워** 조선로동당의 붉은 당기를 제일 군기로 들고 나가는 **영웅적 조선인민군의 혁명적 기상**을 뚜렷이 보여주었다."[89]

---

[89] "김정은 군 최고사령관 추대 7주년 기념", 『로동신문』, 2018년 12월 30일.

특히『조선중앙통신』은 김정은이 평안남도 양덕군 온천관광지구 건설장 현지지도에서 아래와 같이 언급했다고 보도하는 등 군의 '건설사업'에 대한 김정은의 신뢰와 함께 전문적인 건설부대 외에 일반 군부대도 '국가적 건설사업'에 투입되고 있다는 것을 확인시켜주고 있다.

> **"당에서 구상한 대로** 자연지대적 특성을 잘 살리고 주변의 환경과 정교하게 어울리는 특색있는 관광지구가 형성되었다. … 모든 것이 인민을 위한 것이며 인민의 요구가 반영 … **인민군적으로 제일 전투력 있는 이 부대에 건설을 맡기기 잘했다. 전문건설부대 못지않게 건설을 잘하고 정말 힘이 있는 부대…"**

또한, 김정은의 '군부대 투입 건설'은 단순한 건축물 외에 '관광산업' 관련 시설 건립 등 미래 국가건설을 위한 자금확보 활동까지 포함되어 있다는 점에서 흥미롭다고 할 수 있고, 조선노동당 제8차 대회에서도 금강산관광지구 개발 등 관광사업을 활성화한다는 것을 강조하기도 했다.[90]

또한, 김정은 권력 공고화기 '행정 · 경제 분야' 현지지도 발언 내용을 'TF-IDF' 값을 기준으로 상위 50위의 전체 네트워크 구조 '의미연결망'으로 도식화하면 〈그림 4-23〉과 같이 표현할 수 있다.

'의미연결망'의 네트워크 구조의 속성을 살펴보면, 노드는 총 50개이며 연결선은 210개, 밀도는 0.086, 평균 연결 강도는 4.200, 평균 연결거리는 3.115, 컴포넌트는 4, 지름은 8로 나타났다. 노드의 크기는 '중앙위원회'가 가장 크게 나타났으며, '기념사진', '조선인민군', '건설' 등이 비교적 큰 편으로 분석되었다. 각 노드의 '연결 강도'와 '동시 출현빈도'는

---

90 홍민 외, 앞의 글, pp. 17~18.

'전원회의'와 '중앙위원회'가 가장 높았고, '금수산태양궁전'과 '참배', '중앙위원회'와 '조선로동당', '조선인민군'과 '삼지연' 순으로 높게 나왔다.

이러한 분석을 통해 김정은이 권력 공고화기 '행정·경제 분야' 현지지도에서 '건설 분야'에 관심이 크다는 사실을 추정할 수 있었으며, '중앙위원회, 전원회의' 등 상위 순위의 키워드와 연결 강도가 높은 키워드를 통해 '당의 영도적 역할'을 강화하고 있음을 알 수 있다.

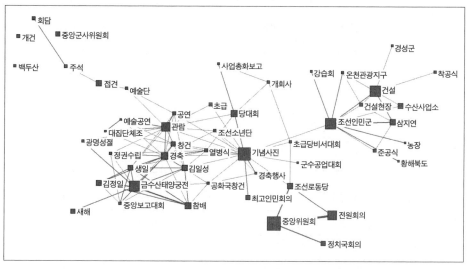

〈그림 4-23〉 권력 공고화기 행정·경제 분야 '의미연결망' 분석

(2) 행정·경제 분야 '연결 중심성'

김정은 권력 공고화기 '행정·경제 분야' 현지지도 발언 내용에 대한 '연결 중심성' 분석결과는 〈표 4-57〉과 같이 나타난다.

순위	키워드	연결 중심성	순위	키워드	연결 중심성
1	중앙위원회	0.034	26	경축행사	0.005
2	경축	0.034	27	건설현장	0.004
3	금수산태양궁전	0.032	28	주석	0.004
4	조선인민군	0.029	29	예술단	0.004
5	기념사진	0.028	30	초급당비서대회	0.004
6	생일	0.027	31	조선소년단	0.004
7	관람	0.025	32	광명성절	0.004
8	전원회의	0.023	33	사업총화보고	0.004
9	참배	0.022	34	새해	0.003
10	김일성	0.019	35	최고인민회의	0.003
11	김정일	0.019	36	회담	0.003
12	건설	0.014	37	개회사	0.003
13	삼지연	0.012	38	황해북도	0.003
14	조선로동당	0.012	39	농장	0.003
15	창건	0.012	40	강습회	0.003
16	열병식	0.011	41	접견	0.002
17	당대회	0.010	42	수산사업소	0.002
18	공연	0.010	43	준공식	0.002
19	중앙보고대회	0.009	44	초급	0.002
20	예술공연	0.007	45	착공식	0.002
21	대집단체조	0.007	46	경성군	0.002
22	정치국회의	0.006	47	군수공업대회	0.001
23	정권수립	0.006	48	중앙군사위원회	0
24	공화국창건	0.006	49	개건	0
25	온천관광지구	0.006	50	백두산	0

분석결과에 의하면 김정은의 권력 공고화기 행정 · 경제 분야 현지지도 주요 '발언 내용'은 '중앙위원회(0.034)', '경축(0.034)', '금수산태양궁전(0.032)', '조선인민군(0.029)', '기념사진(0.028)', '생일(0.027)', '관람(0.025)', '전원회의(0.023)', '참배(0.022)', '김일성(0.019)' 등이 10위 이내로 나타났다. 이러한 결과는 2018년 제기된 '경제건설총력집중노선'[91]과 2019년 핵심과제로 제시된 '인민 생활 향상'과 '경제건설'을 달성하기 위해 '대중동원 전략'과 '각종 전투'를 통해 독려했던 시대적 상황이 김정은의 현지지도 발언 내용에도 영향을 미친 것이라고 할 수 있다.

(3) 행정 · 경제 분야 '위세 중심성'

김정은 권력 공고화기 '행정 · 경제 분야' 현지지도 '발언 내용'에 대한 '위세 중심성' 분석결과는 〈표 4-58〉과 같이 나타난다. 분석결과 '중앙위원회'의 '위세 중심성'이 0.692로 가장 높다. 그리고 아이겐 벡터 중심성 지수가 0.1을 넘는 키워드는 4개로 '전원회의', '조선로동당', '정치국회의', '초급당비서대회', '기념사진' 등이 전체 연결망의 중앙에 위치하면서 높은 위세 점수를 나타내고 있다.

---

91 정영철, "북한의 우리국가제일주의: 국가의 재등장과 체제 재건설의 이데올로기", 『현대북한연구』 제23권 제1호(2020), p. 26.

〈표 4-58〉권력 공고화기 행정 · 경제 분야 '위세 중심성' 분석

순위	키워드	위세 중심성	순위	키워드	위세 중심성
1	중앙위원회	0.692	26	정권수립	0.001
2	전원회의	0.637	27	조선소년단	0.001
3	조선로동당	0.285	28	예술공연	0.001
4	정치국회의	0.184	29	군수공업대회	0.001
5	초급당비서대회	0.022	30	대집단체조	0.001
6	기념사진	0.014	31	건설	0
7	경축	0.004	32	접견	0
8	금수산태양궁전	0.003	33	수산사업소	0
9	참배	0.003	34	중앙군사위원회	0
10	김일성	0.003	35	새해	0
11	생일	0.003	36	개건	0
12	관람	0.002	37	준공식	0
13	당대회	0.002	38	건설현장	0
14	김정일	0.002	39	주석	0
15	창건	0.002	40	회담	0
16	최고인민회의	0.002	41	백두산	0
17	열병식	0.002	42	예술단	0
18	공연	0.002	43	착공식	0
19	공화국창건	0.002	44	온천관광지구	0
20	경축행사	0.002	45	광명성절	0
21	조선인민군	0.001	46	경성군	0
22	삼지연	0.001	47	황해북도	0
23	초급	0.001	48	사업총화보고	0
24	중앙보고대회	0.001	49	농장	0
25	개회사	0.001	50	강습회	0

(4) 행정 · 경제 분야 'CONCOR'

김정은 권력 공고화기 '행정 · 경제 분야' 현지지도에서 발언한 내용의 'CONCOR' 분석결과를 도식화하면 〈그림 4-24〉와 같이 표현되며 〈표 4-59〉와 같이 총 8개의 군집이 형성되었다. 군집의 특징을 살펴보면 '우상화', '건설'과 관련된 군집이 가장 밀집되어 있으며, '외교', '대회' 등을 범주로 하는 키워드들이 각각의 군집을 형성하고 있는 것을 확인할 수 있다.

형성된 '군집의 특징'을 살펴보면, 군집 F(우상화, 10개), 군집 C(건설, 9개), 군집 A(외교, 8개)가 가장 크게 밀집해 있으며 서로 강하게 연결된 것을 볼 수 있다. 나머지 5개 군집은 3~7개의 키워드로 이루어진 소수 군집으로 구성되어 있다. 이러한 키워드 및 군집 분석결과, 권력 공고화기 김정은의 행정 · 경제 분야 현지지도에서 '발언 내용'의 주류는 '건설', '개건', '준공식', '온천관광지구', '초급' 등 계속되는 대북 제재와 대외 고립 속에서 '자력자강의 위력'과 '전민 총돌격전'을 내세워 70일 전투, 200일 전투 등의 '성과로 선전'하면서 주민의 희생에 기반한 '노력 동원'에 초점이 맞춰져 있음을 알 수 있다.

권력 공고화기 행정 · 경제분야 김정은의 현지지도 '행적 궤적'의 특징을 정리해보면 첫째, 김정은은 당 · 군 · 정 간부들에게 '김정일 생존 시 선대와의 약속 이행'과 '현장 중심의 역할'을 강조하는 한편, 경제부문에 대한 '불시방문' 형태의 현지지도 등 생산단위에 대한 '불신'이 식별되고 있다는 점이다. 실례로 2018년 12월 3일 김정은의 원산 구두공장 방문과 관련한 북한 보도를 보면 "불쑥 예고 없이 찾아왔는데 신발 풍년을 보았다"라며 사전에 준비되지 않은 상태에서 방문했음을 강조한 것은 김정은 머릿속에 '보여주기식으로 준비된 거짓 생산능력'에 대한 불신이 자리 잡고 있음을 방증한다고 할 수 있다.

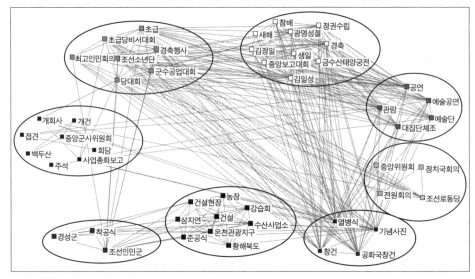

〈그림 4-24〉권력 공고화기 행정 · 경제 분야 'CONCOR' 분석

〈표 4-59〉권력 공고화기 행정 · 경제 분야 키워드 '군집' 분석

구분 /군집명		키워드	키워드 수
군집 A	외교	중앙군사위원회, 개회사, 개건, 접견, 회담, 사업총화보고, 주석, 백두산	8
군집 B	기념	기념사진, 열병식, 창건, 공화국창건	4
군집 C	건설	건설현장, 건설, 삼지연, 준공식, 온천관광지구, 강습회, 수산사업소, 황해북도, 농장	9
군집 D	건설2	경성군, 착공식, 조선인민군	3
군집 E	대회	초급, 최고인민회의, 조선소년단, 경축행사, 당대회, 군수공업대회, 초급당비서대회	7
군집 F	우상화	참배, 새해, 광명성절, 정권수립, 김정일, 생일, 경축, 중앙보고대회, 금수산태양궁전, 김일성	10
군집 G	공연	공연, 관람, 예술공연, 예술단, 대집단체조	5
군집 H	회의	전원회의, 중앙위원회, 정치국회의, 조선로동당	4

"**공장에 불쑥 예고 없이 찾아왔는데** 신발 풍년을 보았다. … 공장에 생산 정상회의 동음이 높이 울리고 질 좋은 신발이 폭포처럼 쏟아져 나오는 모습을 보니 정말 흡족하고 기분이 좋다. … **위대한 장군**님께서 생애 마지막 시기 공장을 돌아보시고 **못내 심려하시던 이 공장**이 오늘은 전국적으로 손꼽히는 우리나라 신발공장의 본보기, 표준으로 전변되었다."[92]

두 번째 특징은 '국가경제발전 5개년 전략'의 실질적 성과를 내기 위해 생산성과와 연계한 '노력 동원'에 집중했고, 대북 제재 국면에 대응하기 위해 주민의 희생에 기반한 '자력자강'을 강조하면서 이에 맞춰 김정은의 현지지도가 집중되었다는 점이다. 실례로 아래 2017년 '북한 신년사'를 보면 '국가경제발전 5개년 전략수행'에 집중과 '집단주의적 생산 투쟁'을 강조하고 있다.

"**올해는 국가경제발전 5개년 전략수행에의** 관건적 의의를 가지는 중요한 해입니다. … 우리는 **자력자강의 위력**으로 5개년 전략 고지를 점령하기 위한 **전민 총돌격전을 힘차게 벌려야** 합니다. … **모든 초급당 조직들은** 제1차 전당초급당위원장대회의 기본정신을 구현하여 올해의 **전민 총돌격전에서 계속혁신, 계속전진의 기상**이 나래치게 하여야 합니다."[93]

세 번째 특징은 제재와 압박에 대응한 장기전 체제와 주민결속 차원의 '혁명적 총공세'를 구호로 제시하면서, 각종 '경제 성과' 내기에 초점을 둔 현지지도를 활성화하고 있다는 점이다. 이를 위해 대규모 건설보다는 대형 공장 및 기업소나 산업 부문의 생산성과 효율성 제고, 자원절약, 국산화 등을 강조하는 경제전략을 구사하면서 '수산사업소', '초급

---

92   "김정은 동지께서 원산 구두공장을 현지지도 하시었다", 『로동신문』, 2018년 12월 3일.
93   통일연구원, "2017년 북한 신년사 분석", 『KINU 통일나침반』 17-02(2017. 2), pp. 33~34.

당비서대회', '개건' 등 김정은의 현지지도 '발언 내용' 또한 이러한 정책적 방향에 맞추어 이루어지고 있다는 점을 들 수 있다.

5. '수행 인물' 분석

1) '기본량' 분석

김정은 권력 공고화기 현지지도 수행 인물 '기본량' 분석결과는 〈표 4-60〉과 같다. '최대 수행 인원'은 24~30여 명이며, '평균 수행 인원'도 4~7명 안팎으로 시기별로 큰 변화가 보이진 않는다. 다만 '총수행자 수'에 있어서는 2019년까지는 60~70명 내외를 유지하다가 2020년부터 50명 내외로 규모가 축소된 점이 특징으로 도출된다. 그 배경에는 대내외적 상황 요인이 김정은의 현지지도 축소로 연결된 영향으로 추정된다. 코로나19와 수해 및 태풍 피해가 겹치는 상황에서 대외적인 행보보다 대내적인 '당 관련 회의' 개최[94], 각종 '담화와 연설'을 통한 통치행위에 집중한 결과라고 할 수 있다.

실례로 김정은은 2020년 10월 10일 새벽, 조선로동당 창건 75주년 '대규모 심야 열병식'에서 '공개 연설'을 했고, 2021년 제8차 당 대회 '개회사'를 통해 '자력갱생'과 '자급자족'을 강조하며 주민들의 내부 결속을 강조하기도 했다. 그 외에도 2020년 이후 김정은의 현지지도는 대부분 '보건의료' 및 '자연재해'와 관련한 현장이었다는 점이 이러한 주장을 뒷받침한다.

---

94 2020년 북한은 정치국 확대회의(6회), 정치국회의(5회), 정무국 회의 개최가 함께 공개되었다. 최은주, "2020년 김정은 위원장 공개활동 특징과 함의", 『세종논평』, No. 2020-35(2020. 12. 24.)

(단위: 명)

구분	2016	2017	2018	2019	2020	2021	2022
최대 수행인원	25	24	25	31	24	31	34
최소 수행인원	1	1	1	1	1	1	1
평균	4	5	5	5	5	7	6
총수행자 수	78	67	64	78	55	56	59

출처: 북한정보포털, 『북한동향』 자료를 기준으로 재구성.

다음으로, 권력 공고화기 김정은 '수행 인물 순위'는 〈표 4-61〉과 같이 제시할 수 있으며, 가장 큰 특징은 2017년에 접어들면서 '당 엘리트'로의 '권력 집중'이 강화되는 양상을 확인할 수 있다는 점이다.[95]

2016~2017년에는 '황병서, 조용원'이 주를 이루고, 2018년부터 2019년까지는 '조용원과 최룡해'가 최측근에서 수행하면서 '리일환, 박정천, 현송월' 등이 뒤를 잇고 있다. '권력 공고화기' 7년간의 동행횟수를 종합해보면 조용원(217회), 최룡해(129회), 황병서(85회), 박정천(76회), 오수용(63회), 박봉주(54회), 김용수(54회), 리설주(50회), 김여정(49회), 마원춘(48회), 김덕훈(48회), 김영철(44회) 순으로 나타났다.

이를 통해 볼 때 우선, '최룡해, 황병서, 마원춘, 오수용' 등은 권력 과도기 이후 김정은의 측근으로 현지지도에 꾸준히 수행하고 있는 반면, '장성택, 김기남, 김양건, 리만건' 등은 사망했거나 현지지도 수행에서 배제되었다. 그런가 하면 '조용원' 당 조직지도부 부부장, '오수용' 당 경제부장, '리일환' 당 근로단체부장, '김덕훈' 내각 총리의 빈도가 확연하게 늘어났다. 이들은 '당 엘리트'이면서 '경제 분야 전문가'라는 점에

서 당으로의 권력이 집중되고 전문가 집단을 측근에서 중용하고 있음을 알 수 있다.

또 다른 특징은 김정은 현지지도 수행 인물 중 '친족의 범주'에 포함되는 부인 '리설주'와 여동생 김여정의 수행이 눈에 띄게 활발해진 점을 들 수 있다.[96] '리설주'는 평양제약공장 등 경제 분야 외에도 특사단 영접 및 각종 공연관람, 군부대 방문 등에 수행이 많았는데, 이는 정상국가의 퍼스트레이디와 같은 역할을 통해 '정상국가 이미지'를 과시하고자 한 것이라 할 수 있다. 또한 '김여정'의 경우 외국 특사단 방문, 기념공연 관람, 중앙보고대회, 경제현장, 남북 정상회담, 북미 정상회담 등에 김정은을 빠짐없이 수행하면서 권력 실세로 등장한 점이 특징이라 할 수 있다.[97]

〈표 4-61〉 권력 공고화기 김정은 '수행 인물 순위'

구분	2016	2017	2018	2019	2020	2021	2022
1위	황병서 (29회)	황병서 (41회)	조용원 (55회)	조용원 (37회)	박정천 (19회)	조용원 (28회)	조용원 (29회)
2위	조용원 (23회)	조용원 (40회)	최룡해 (34회)	최룡해 (24회)	박봉주 (12회)	박정천 (19회)	리일환 (20회)
3위	최룡해 (22회)	최룡해 (29회)	황병서 (32회)	현송월 (19회)	리병철 (12회)	김덕훈 (18회)	김덕훈 (17회)
4위	오수용 (16회)	리병철 (17회)	김용수 (30회)	박정천 (18회)	조용원 (12회)	리일환 (15회)	박정천 (16회)
5위	마원춘 (11회)	김정식 (16회)	김창선 (23회)	유진 (16회)	리일환 (12회)	권영진 (14회)	최룡해 (10회)

---

96 '리설주'는 2016년 최초 수행 후 2018년 가장 활발하게 수행했고, '김여정'은 2017년 최초 수행 후 2018년과 2019년에 활발하게 수행했다.

97 "金 아바타 조용원, 권력 핵심 … 김여정, 장기 실세로 군림",『세계일보』, 2021년 12월 22일.

〈표 4-62〉권력 공고화기 김정은 수행 인물 '소속기관별' 수행빈도

(단위: 명, %)

구분		2016	2017	2018	2019	2020	2021	2022
당	414 (42.2)	90 (43.3)	72 (40.4)	88 (40.7)	64 (43.0)	23 (33.8)	29 (43.3)	48 (50.5)
군	366 (37.3)	86 (41.3)	78 (43.8)	47 (21.7)	58 (38.9)	30 (44.1)	31 (46.3)	36 (37.9)
정	201 (20.5)	32 (15.4)	28 (15.7)	81 (37.5)	27 (18.1)	15 (22.1)	7 (10.4)	11 (11.6)
계	981 (100)	208 (100)	178 (100)	216 (100)	149 (100)	68 (100)	67 (100)	95 (100)

출처: 북한정보포털, 『북한동향』 자료를 기준으로 재구성, https://www.kinu.or.kr/ nksdb/ accompanier/departmentRank.do(검색일: 2023. 1. 20.)

또한, 김정은 권력 공고화기 김정은 수행 인물 '소속기관별' 수행빈도는 〈표 4-62〉와 같이 '당과 군'이 평균 37~42%로 비슷한 비율을 나타내고 있으나 그 이면을 살펴보면 당 · 군 · 정 엘리트의 균형을 이루면서도 '당의 통제'라는 특성이 강화된 관계설정으로 '군부의 위상'은 하락하고 상대적으로 '당과 내각의 위상'이 강화되었다고 할 수 있다.[98]

특히 여기서 주목할 점은 첫째, 김정은 권력 공고화기에 '당 · 군 · 정'의 권력 엘리트는 매우 빠른 속도로 새로운 인물로 교체되고 있다. 전체적으로 전문성과 현장에서 성과를 거두었던 '젊은 엘리트' 위주로 고위직에 진입했다고 할 수 있다. 당 간부 중에 내각이나 지방당에서 활동한 행정 · 경제 분야 전문관료들이 다수 발탁되었는데 군부에서는 군사작전이나 야전지휘 경험이 풍부한 인물들이 다수 진입했고, 핵과 미

---

98 이상숙, "북한 최고인민회의 제14기 1차 회의 결과", 『주요국제문제분석』 2019-08(국립외교원, 2019), pp. 5~6.

사일 개발과 관련된 과학자 출신 군인들이 신임되었다.

둘째, 김정은 권력 공고화기에 들어 '당을 중심'으로 국가를 운영하는 '당-국가 체제' 구축을 확고히 한 것으로 평가할 수 있다. 예컨대 2016년 5월 제7차 당 대회를 개최하여 당의 정상화를 선포했고 군부의 당내 위상을 약화시켰다. 실례로 '정치국 상무위원'이었던 '군 총정치국장'은 제7차 당 대회에서는 '정치국 위원'에만 선출되었고, '당 중앙군사위원회 부위원장'이었던 '총참모장'도 '위원'으로 하락했다.[99] 특히 2016년 6월 29일 사회주의 헌법 개정을 통해 '국무위원회'를 명실공히 '국가 주권의 최고 정책적 기관'으로 만들었다. 국무위원회 '부위원장'에 '황병서, 최룡해, 박봉주'를 선출하여 '당 · 군 · 정 엘리트'의 균형을 이루면서 군부의 위상이 하락하고 당과 내각의 위상이 확대되었다고 할 수 있다.

2) 군사 분야 현지지도

(1) 군사 분야 수행 인물 'TF-IDF'

김정은 권력 공고화기 '군사 분야' 현지지도 수행 인물 'TF-IDF' 분석결과는 〈표 4-63〉과 같다. 이는 권력 과도기 '군사 분야' 현지지도 수행 상위 50명을 보여주는데 '김정식'(29.22218), '조용원'(29.22218), '리병철'(29.09265), '박정천'(28.89535), '리영길'(28.40165), '황병서'(27.72589), '장창하'(23.62200), '최룡해'(22.76544), '오수용'(21.82544), '정승일'(21.82544) 순이다.

99 신명숙, "북한 최고인민회의 제14기 1차 회의 결과: 엘리트 변화와 대외정책에 대한 함의", 『주요국제문제분석』, 2019-08(국립외교원, 2019. 4.), pp. 5~6.

〈표 4-63〉 권력 공고화기 군사 분야 수행 인물 'TF-IDF' 분석

순위	수행 인물(소속)	TF-IDF	순위	수행 인물(소속)	TF-IDF
1	김정식(당)	29.22218	26	김여정(당)	9.850243
2	조용원(당)	29.22218	27	리영철(당)	9.850243
3	리병철(당)	29.09265	28	리성국(정)	9.850243
4	**박정천(군)	28.89535	29	박태덕(당)	9.850243
5	리영길(군)	28.40165	30	김영남(정)	9.850243
6	**황병서(정)	27.72589	31	박태성(당)	9.850243
7	장창하(군)	23.62200	32	홍영성(당)	9.850243
8	최룡해(정)	22.76544	33	김영철(당)	9.850243
9	오수용(당)	21.82544	34	안정수(당)	9.850243
10	정승일(당)	21.82544	35	태종수(당)	9.850243
11	리명수(군)	20.79442	36	박영식(당)	9.850243
12	리만건(당)	20.79442	37	박광호(정)	9.850243
13	리설주(당)	20.79442	38	김영환(당)	7.377759
14	김평해(정)	19.66322	39	정경택(당)	7.377759
15	김수길(당)	19.66322	40	최휘(당)	7.377759
16	전일호(당)	19.66322	41	홍승무(당)	7.377759
17	유진(당)	18.42068	42	서홍찬(군)	4.382027
18	노광철(군)	18.42068	43	김정각(군)	4.382027
19	**오일정(당)	13.86294	44	김정관(군)	4.382027
20	박봉주(정)	13.86294	45	리용호(정)	4.382027
21	리수용(정)	13.86294	46	오금철(군)	4.382027
22	김락겸(군)	13.86294	47	최부일(정)	4.382027
23	권영진(당)	11.98293	48	현송월(당)	4.382027
24	리일환(당)	9.850243	49	최영림(당)	4.382027
25	김덕훈(정)	9.850243	50	조연준(당)	4.382027

* '당 · 군 · 정'의 분류는 통일부, 『북한정보포털』 인물검색을 기준으로 분류하되, 통상 직책을 겸임하는 북한 특성을 고려하여 해당 시기에 직책을 기준으로 구별했다.

** 세부내용에서 부가적인 설명을 추가한 인물.

또한, 김정은 권력 공고화기 '군사 분야' 현지지도 수행 인물 상위 50위의 'TF-IDF' 값을 기반으로 '워드 클라우드'로 도식화하면 〈그림 4-25〉와 같이 표현할 수 있다.

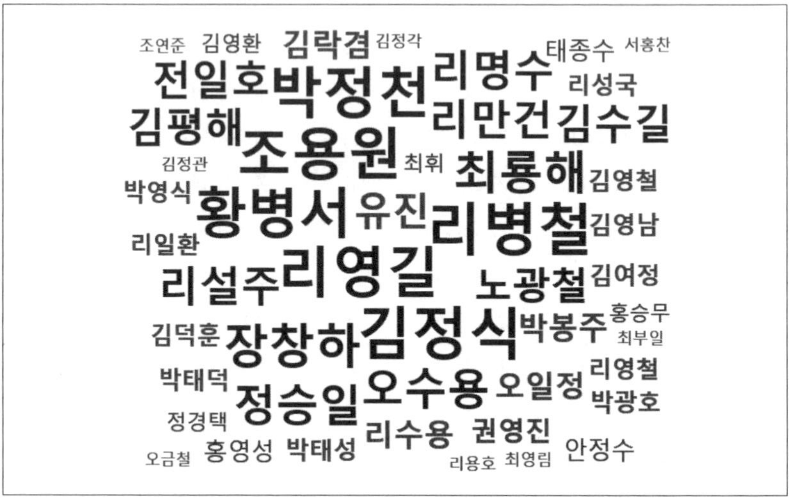

〈그림 4-25〉 권력 공고화기 군사 분야 수행 인물 '워드 클라우드'

세부적으로 살펴보면 첫째, 상위 50명의 엘리트 중 '당 소속'으로 분류할 수 있는 인물이 29명으로 가장 많고, '정 소속' 11명, '군 소속' 10명으로 '당 소속'인물의 비중이 높다. 이것은 '당 조직'의 기능을 정상화하고 군에 대한 '당의 통제'가 권력 공고화기에 완성되었음을 알 수 있다.

둘째, 김정은은 권력 공고화기에 북한의 국방전략을 핵과 미사일 등의 대량살상무기 중심으로 전환하면서 군부 내 과학기술을 가진 '전략군'에 대한 자원 배분과 우대 정책을 활용하여 '군의 전문화'(professionalism)를 확대하고자 노력했다. 특히 '전략군'은 조선노동당의 당 중앙군사위원회의 직접적 통제를 받기 때문에 '당의 군에 대한 통제' 강화와도 일맥상통한다고 할 수 있다. 실례로 '박정천'의 총참모장 임명(2019. 9. 6.)을 들 수 있는데 이는 대구경 방사포와 기존의 장사정포를 새로이 조합하여 강력한 '화력 전투'를 수행하려는 의도가 반영된 것으로 볼 수 있다.

실제 김정은은 2016년 핵실험을 비롯하여 중거리탄도미사일, 신형 대구경방사포, 잠수함발사탄도미사일 등 '신무기 시험'에 대한 참관 및 지도활동(13회)을 집중적으로 실시했다.[100] 특히 2016년에 신무기 시험 횟수가 많았는데 김정은은 "신형대구경 발사포 발사시험에 앞서 비공개 발사시험을 13회 현지지도 했고, SLBM 시험 발사의 경우도 사전 비공개 지도활동을 13회나 실시했다"라고 밝힌 바 있다.[101]

셋째, 2017년부터 정권의 보위 역할을 수행하는 공안 및 감시기구에 대한 검열을 통해 군부 인사 숙청에 앞장섰던 국가안전보위부장 '김원홍', 총정치국장 '황병서' 및 호위사령부와 보위국 주요 직위자들을 교체시킨 점이다.[102] 이는 '선군정치'의 흔적을 지우고 군부의 정치적 영향력을 약화시켜 김정은의 '위상 강화'와 '당 중심'의 통치력 강화, 정상국가 차원으로의 '당과 군의' 관계를 정립하려는 의도로 볼 수 있다.

또한, 김정은 권력 공고화기 '군사 분야' 현지지도 수행 인물을 'TF-IDF' 값을 기준으로 상위 50위의 전체 네트워크 구조 '의미연결망'으로 도식화하면 〈그림 4-26〉과 같이 표현할 수 있다.

'의미연결망'의 네트워크 구조의 속성을 살펴보면, 노드는 총 50개이며 연결선은 1,034개, 밀도는 0.422, 평균 연결 강도는 20.680, 평균 연결 거리는 1.625, 컴포넌트는 1, 지름은 3으로 나타났다. 노드의 크기는 '김정식'이 가장 크게 나타났으며, '조용원', '리병철', '박정천', '리영

---

100 "北, 초대형방사포 시험사격 성공… 김정은, 무기개발 지시", 『KBS』, 2019년 8월 25일, https://news.kbs.co.kr/ news/view.do?ncd=4269699(검색일: 2022. 11. 30.)

101 조선중앙통신사, 『조선중앙연감 2017』, p. 196.

102 김태구, "김정은 위원장 집권 이후 군부 위상 변화 연구", 『통일과 평화』, 제11집 제2호 (2019), pp. 145~146.

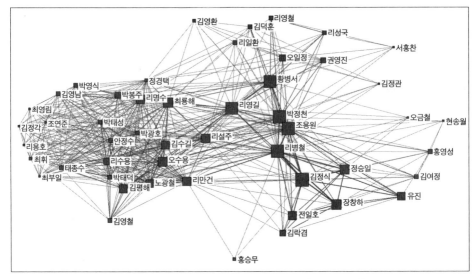

〈그림 4-26〉 권력 공고화기 군사 분야 수행 인물 '의미연결망' 분석

길' 등이 비교적 큰 편으로 분석되었다.

　각 노드의 '연결 강도'와 '동시 출현빈도'를 통해 관계 속에서 영향력이 큰 인물을 살펴보면 '리병철'과 '김정식'이 22회로 가장 강했으며, '리병철'과 '조용원'(14회), '리병철'과 '박정천'(12회), '리병철'과 '장창하'(11회), '리병철'과 '정승일'(11회) 등이 연결 강도가 크게 나타났다.

　김정은 권력 공고화기 '군사 분야' 현지지도 '수행 인물 네트워크' 특징을 평가해보면, 우선, 현지지도 수행 인물 '분포' 면에서 '리병철', '김정식', '조용원', '황병서'의 노드 크기가 큰 핵심노드로 중앙에 있으며, '리병철'과 '김정식', '리병철'과 '조용원'이 밀접하게 연결되어 있다. 이는 군사 부문에서는 여전히 '김정식' 전략군 소장, '장창하' 제2과학원장 등 '군 엘리트'가 네트워크에 핵심을 이루고 있지만, '리병철' 당 중앙위 제1부부장, '조용원' 당 조직부 부부장 등 '당 엘리트'들이 권력 과도기보다 강화된 영향력을 행사하고 있음을 알 수 있다.

(2) 군사 분야 수행 인물 '연결 중심성'

〈표 4-64〉의 '연결 중심성' 분석결과에 의하면 김정은 권력 공고화기 '군사 분야' 현지지도 수행의 주요 인물은 '리병철'(0.133), '조용원'(0.108), '김정식'(0.099), '리영길'(0.086), '박정천'(0.083), '최룡해'(0.076), '김평해'(0.075), '오수용'(0.071), '김수길'(0.068), '리설주'(0.067) 등이 10위 이내의 순위에 들었다.

이러한 인물들의 당 · 군 · 정 '분포'를 살펴보면, '당 관련' 인물(7명)과 '군 관련' 인물(3명)이 주축을 이루고 있다. 이는 김정은의 권력 공고화기 '군사 분야' 현지지도 '수행 인물'은 '군 관리활동'과 관련해서는 '당 관련' 인물들이 주로 수행하고, '군사력 강화활동'과 관련된 현지지도는 '군 관련' 인물이 주로 수행했음을 알 수 있다. 예를 들어 당 군수공업부장 '리병철'과 당 조직지도부장 '조용원'은 전승절 기념행사, 경축행사, 인민군창건 혁명열사능 방문, 국방발전전람회, 노병대회, 당 중앙군사위원회 회의 등 '군사 관리활동'을 주로 수행했다. 또한, 총참모장 '박정천'과 제1부참모장 '리영길'은 방사포 연발시험사격, 구분대 포사격훈련, 장재도방어대, 대연합부대 지휘부 등 '군사력 강화활동'과 관련한 현지지도 수행을 빈번하게 실시했다.

(3) 군사 분야 수행 인물 '위세 중심성'

김정은 권력 공고화기 '군사 분야' 현지지도 수행인물 '위세 중심성'을 분석하여 상위 50명을 제시한 것으로 이들 중 아이겐 벡터 중심성 지수가 0.1을 넘는 수행 인물은 〈표 4-65〉와 같이 20명이다. 아이겐 벡터 중심성 지수 상위 10위권의 수행 인물을 지수가 높은 순으로 나열하면 '리병철, 김정식, 조용원, 장창하, 박정천, 정승일, 리영길, 전일호, 오수용, 유진'인데 이들은 상대적으로 높은 아이겐 벡터값을 가지고 있으며, 전체 연결망의 중앙에 위치하면서 중앙에 놓인 인물들과 연결되어 있기 때문에 높은 위세 점수를 갖는다.

〈표 4-64〉 권력 공고화기 군사 분야 수행 인물 '연결 중심성' 분석

순위	수행인물	연결 중심성	순위	수행인물	연결 중심성
1	*리병철	0.133	26	최휘	0.032
2	*조용원	0.108	27	정경택	0.030
3	김정식	0.099	28	김영남	0.028
4	*리영길	0.086	29	김영철	0.028
5	*박정천	0.083	30	김락겸	0.027
6	최룡해	0.076	31	박영식	0.025
7	김평해	0.075	32	*오일정	0.022
8	오수용	0.071	33	김정각	0.021
9	김수길	0.068	34	리용호	0.021
10	리설주	0.067	35	최부일	0.021
11	리만건	0.061	36	최영림	0.021
12	리수용	0.060	37	조연준	0.021
13	장창하	0.058	38	권영진	0.020
14	리명수	0.058	39	리일환	0.016
15	노광철	0.056	40	김덕훈	0.016
16	정승일	0.051	41	김여정	0.014
17	황병서	0.048	42	리영철	0.014
18	전일호	0.045	43	리성국	0.014
19	박태덕	0.043	44	홍영성	0.013
20	박태성	0.043	45	김영환	0.009
21	안정수	0.043	46	서흥찬	0.006
22	박광호	0.043	47	김정관	0.006
23	박봉주	0.040	48	현송월	0.006
24	태종수	0.039	49	오금철	0.005
25	유진	0.035	50	홍승무	0.004

* 세부내용에서 부가적인 설명을 추가한 인물.

〈표 4-65〉 권력 공고화기 군사 분야 수행 인물 '위세 중심성' 분석

순위	수행 인물	위세 중심성	순위	수행 인물	위세 중심성
1	리병철	0.441	26	태종수	0.064
2	김정식	0.378	27	김여정	0.061
3	조용원	0.331	28	권영진	0.056
4	장창하	0.246	29	홍영성	0.056
5	박정천	0.243	30	김영철	0.054
6	정승일	0.221	31	오일정	0.052
7	리영길	0.217	32	김덕훈	0.049
8	전일호	0.200	33	최휘	0.045
9	오수용	0.169	34	정경택	0.044
10	유진	0.164	35	김영남	0.040
11	김평해	0.163	36	리일환	0.035
12	리만건	0.152	37	박영식	0.034
13	리설주	0.144	38	리영철	0.031
14	최룡해	0.141	39	리성국	0.031
15	김수길	0.135	40	김정각	0.028
16	황병서	0.131	41	리용호	0.028
17	김락겸	0.119	42	최부일	0.028
18	노광철	0.118	43	최영림	0.028
19	리수용	0.108	44	조연준	0.028
20	리명수	0.106	45	현송월	0.022
21	박태덕	0.074	46	오금철	0.020
22	박태성	0.074	47	김정관	0.019
23	안정수	0.074	48	김영환	0.017
24	박광호	0.074	49	홍승무	0.016
25	박봉주	0.073	50	서홍찬	0.012

(4) 군사 분야 수행 인물 'CONCOR'

권력 공고화기 김정은의 '군사 분야' 현지지도 수행 인물에 대한 'CONCOR' 분석결과는 〈그림 4-27〉과 같이 시각화할 수 있으며, 〈표 4-66〉과 같은 8개 군집이 형성되었다. 형성된 군집의 특징을 살펴보면, 전체 8개 군집으로 분류할 수 있으며 이 중 군집 E(9명), 군집 C(7명), 군집 G(7명)이 가장 크게 밀집해 있으며 서로 강하게 연결된 것을 알 수 있다. 이것은 '의미연결망'에서 분석된 결과와도 유사한 것으로 군의 핵심인물과 당의 핵심인물들이 혼재된 모습으로 이른바 '집단화' 현상은 보이지 않는다.

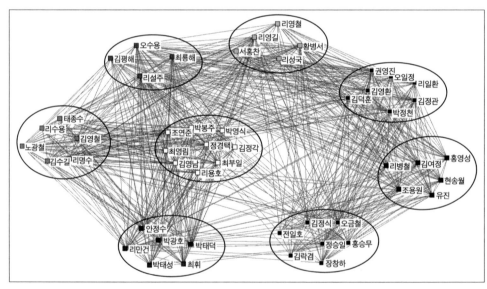

〈그림 4-27〉권력 공고화기 군사 분야 수행 인물 'CONCOR' 분석

주목할 점은 당의 '군부 통제' 강화를 보여주는 사례로 '당 중앙군사위원회'의 권능을 정상화하는 '제도적 통제'를 강화했다는 점이다. 예컨대 당 중앙군사위원회 인적 구성의 변화를 살펴보면, 2021년 제8차

당 대회에서 선출된 '당 중앙군사위원회' 위원 11명 가운데 조용원(당 중앙위 비서), 오일정(군정지도부장), 오수용(제2경제위원장), 박정천(총참모장), 권영진(총정치국장), 김정관(국방상), 정경택(국가보위상), 리영길(사회안전상) 등 8명(약 73%)이 '당 정치국' 상무위원 및 위원으로 동시에 임명되었다. 당 정치국 위원이 당 중앙군사위원회 위원을 '겸임'하도록 한 것은 '당의 군부 통제'를 강화하고, 국방 분야의 당 사업 전반에서 '신속하고 효율적인 의사소통'을 높이기 위한 것으로 평가할 수 있다.[103]

〈표 4-66〉 권력 공고화기 군사 분야 수행 인물 '군집' 분석

군집	주요 인물	인물 수
군집 A	*오수용, 김평해, 최룡해, 리설주	4
군집 B	리명철, *리영길, 서홍찬, 리성국, 황병서	5
군집 C	*권영진, *오일정, 리일환, 김영환, 김덕훈, *김정관, *박정천	7
군집 D	태종수, 리수용, 김영철, 노광철, 김수길, 리명수	6
군집 E	박봉주, 조연준, 박영식, 최영림, *정경택, 김정각, 김정남, 최부일, 리용호	9
군집 F	리병철, 김여정, 홍영성, 현송월, *조용원, 유진	6
군집 G	김정식, 오금철, 전일호, 정승일, 홍승무, 김락겸, 장창하	7
군집 H	안정수, 리만건, 박광호, 박태덕, 박태성, 최휘	6

* 세부내용에서 부가적인 설명을 추가한 인물.

---

103 홍민, "북한 제7기 제4차 당 중앙군사위원회 확대회의 분석", 『Online Serise』(통일연구원, 2020); 『로동신문』, 2021년 2월 25일.

3) 행정 · 경제 분야 현지지도

(1) 행정 · 경제 분야 수행 인물 'TF-IDF'

김정은 권력 공고화기 '행정 · 경제 분야' 현지지도 수행 인물 'TF-IDF' 분석결과는 〈표 4-67〉과 같다. 이는 김정은 권력 공고화기 행정 · 경제 분야 현지지도 수행 상위 50명을 보여주는데, '최룡해'(116.9684), '황병서'(103.7782), '조용원'(101.5641), '김용수'(99.38632), '오수용'(95.74564), '박봉주'(94.96325), '리일환'(94.16200), '마원춘'(90.76092), '김여정'(89.85948), '김영철'(88.93686) 순이다.

김정은 권력 공고화기 '군사 분야'와 '행정 · 경제 분야' 현지지도 수행 인물의 'TF-IDF' 분석결과에서 동시에 식별된 인물은 '최룡해, 황병서, 마원춘, 김영철, 박정천, 리설주, 박태성, 리병철, 오일정, 김수길, 리영길, 김기남, 한광상, 서홍찬, 리명수, 박영식, 최부일' 등 17명이다. 이들은 군사 분야와 행정 · 경제 분야에서 동시에 높은 현지지도 수행을 했다는 측면에서 김정은 권력 공고화기에 권력의 '중첩성' 측면에서 비중이 높고 권력의 '집중성'이 높은 인물로 판단할 수 있다.[104]

이와 함께 김정은 권력 공고화기 '행정 · 경제 분야' 현지지도 상위 50개의 'TF-IDF' 값을 '워드 클라우드'로 도식화하면 〈그림 4-28〉과 같이 표현할 수 있다.

또한, 'TF-IDF' 값을 기준으로 김정은 권력 공고화기 '행정 · 경제 분야' 현지지도 상위 50개의 '수행 인물'을 '의미연결망'으로 도식화하면 〈그림 4-29〉와 같이 표현할 수 있다.

---

[104] 박영자, "북한의 권력 엘리트와 Post 김정일 시대", 『통일정책연구』 제18권 제2호(통일연구원, 2009), pp. 50~51.

<표 4-67> 권력 공고화기 행정 · 경제 분야 수행 인물 'TF-IDF' 분석

순위	수행 인물	TF-IDF	순위	수행 인물	TF-IDF
1	최룡해(정)	116.9684	26	유진(당)	58.76220
2	황병서(정)	103.7782	27	리만건(당)	53.53464
3	조용원(당)	101.5641	28	박태덕(당)	53.53464
4	김용수(당)	99.38632	29	리영길(군)	53.53464
5	오수용(당)	95.74564	30	김기남(당)	51.69023
6	**박봉주(정)	94.96325	31	최휘(당)	47.83140
7	리일환(당)	94.16200	32	한광상(당)	45.81002
8	**마원춘(정)	90.76082	33	김영환(당)	45.81002
9	김여정(당)	89.85948	34	최태복(당)	45.81002
10	김영철(당)	88.93686	35	정상학(당)	43.72192
11	박정천(군)	87.02592	36	홍영성(당)	41.56233
12	김덕훈(정)	81.84110	37	서홍찬(군)	41.56233
13	리설주(당)	81.84110	38	김성남(당)	41.56233
14	리수용(정)	80.72968	39	권영진(당)	41.56233
15	김재룡(당)	80.72968	40	김능오(정)	39.32574
16	박태성(당)	79.59194	41	리명수(군)	39.32574
17	리병철(당)	77.23462	42	박영식(당)	39.32574
18	오일정(당)	73.48210	43	김정관(군)	37.00572
19	현송월(당)	65.10283	44	박광호(정)	37.00572
20	안정수(당)	63.57939	45	박명순(당)	37.00572
21	리용호(정)	62.01594	46	태종수(당)	34.59466
22	김수길(당)	62.01594	47	태형철(정)	34.59466
23	김영남(정)	60.41081	48	정경택(당)	32.08344
24	김평해(정)	58.76220	49	최부일(정)	32.08344
25	노광철(군)	58.76220	50	리정남(당)	32.08344

* '당 · 군 · 정'의 분류는 통일부, 『북한정보포털』 인물검색을 기준으로 분류하되, 통상 직책을 겸임하는 북한 특성을 고려하여 해당 시기에 직책을 기준으로 구별했다.
** 세부내용에서 부가적인 설명을 추가한 인물.

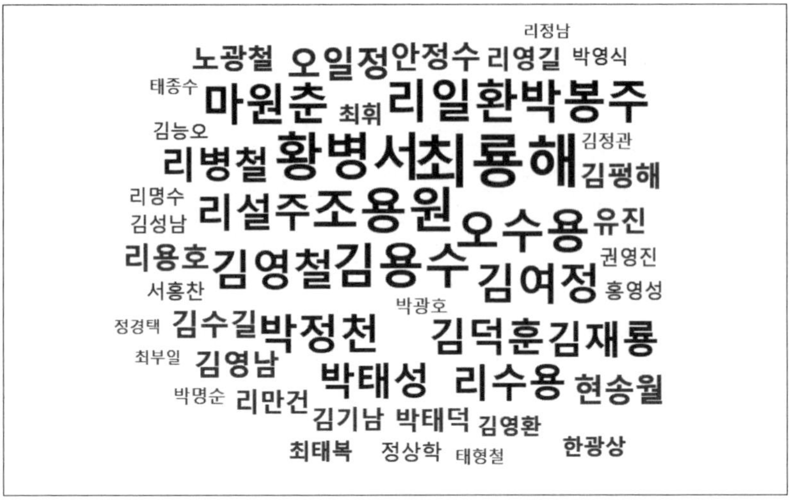

〈그림 4-28〉 권력 공고화기 행정 · 경제 분야 수행 인물 '워드 클라우드'

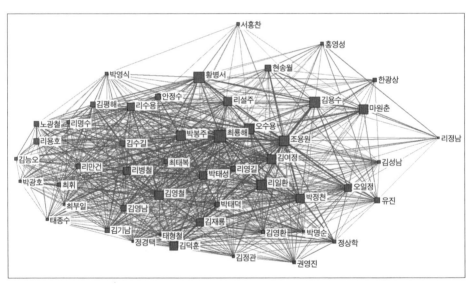

〈그림 4-29〉 권력 공고화기 행정 · 경제 분야 수행 인물 '의미연결망' 분석

　김정은의 통치전략, 빅데이터로 풀다

'의미연결망'의 네트워크 구조의 속성을 살펴보면, 노드는 총 50개이며 연결선은 1,760개, 밀도는 0.718, 평균 연결 강도는 35.200, 평균 연결 거리는 1.282, 컴포넌트는 1, 지름은 2로 나타났다. 노드의 크기는 '최룡해'가 가장 크게 나타났으며, '황병서', '조용원', '김용수', '오수용', '박봉주', '리일환' 등이 비교적 큰 편으로 분석되었다. 각 노드의 '연결 강도'와 '동시 출현빈도'를 통해 관계 속에서 영향력이 큰 인물을 살펴보면 '조용원'과 '김용수'가 58회로 가장 강했으며, '조용원'과 '최룡해'(52회), '조용원'과 '마원춘'(44회), '최룡해'와 '박봉주'(39회), '조용원'과 '황병서'(37회) 등이 연결 강도가 크게 나타났다.

(2) 행정 · 경제 분야 수행 인물 '연결 중심성'

〈표 4-68〉의 '연결 중심성' 분석결과에 따르면 권력 공고화기 김정은 현지지도에서 '행정 · 경제 분야' 수행의 주요 인물은 '조용원'(0.258), '최룡해'(0.229), '오수용'(0.160), '김영철'(0.158), '리일환'(0.123), '박봉주'(0.120), '리수용'(0.117), '김여정'(0.116), '박태성'(0.101), '황병서'(0.100) 등이 10위 이내의 순위로 나타났다.

이러한 인물들의 당 · 군 · 정 '분포'를 살펴보면, '당 관련' 인물(6명)과 '정 관련' 인물(4명)이 주축을 이루고 있는데 이는 권력 공고화기 '행정 · 경제정책'은 '당의 인물'이 주축을 이루면서 동시에 '내각 중심의 경제 운영'을 추진하기 위한 엘리트 기용으로 볼 수 있다. 실례로 김정은은 2016년 5월 제7차 당 대회 사업총화 보고에서 아래와 같이 '내각의 역할과 위상' 강화를 언급하기도 했다.

〈표 4-68〉권력 공고화기 행정·경제 분야 수행 인물 '연결 중심성' 분석

순위	수행 인물	연결 중심성	순위	수행 인물	연결 중심성
1	조용원	0.258	26	김기남	0.065
2	최룡해	0.229	27	마원춘	0.062
3	오수용	0.160	28	최휘	0.062
4	김영철	0.158	29	태형철	0.061
5	리일환	0.123	30	정경택	0.061
6	*박봉주	0.120	31	최태복	0.056
7	리수용	0.117	32	최부일	0.055
8	김여정	0.116	33	김영환	0.054
9	박태성	0.101	34	정상학	0.052
10	황병서	0.100	35	안정수	0.051
11	김덕훈	0.098	36	*유진	0.051
12	*김재룡	0.097	37	김능오	0.051
13	박정천	0.096	38	박명순	0.050
14	박태덕	0.090	39	현송월	0.044
15	*리병철	0.088	40	권영진	0.044
16	김수길	0.086	41	리명수	0.044
17	김용수	0.080	42	박광호	0.040
18	김영남	0.078	43	김성남	0.039
19	리용호	0.077	44	*태종수	0.034
20	김평해	0.077	45	박영식	0.032
21	오일정	0.076	46	김정관	0.030
22	리설주	0.074	47	한광상	0.019
23	리영길	0.072	48	홍영성	0.019
24	노광철	0.071	49	리정남	0.015
25	*리만건	0.071	50	서홍찬	0.012

* 세부내용에서 부가적인 설명을 추가한 인물.

"나라의 **경제사령부인 내각**은 요령주의, 형식주의, 패배주의와 단호히 결별하고 당과 인민 앞에 경제사업을 책임진 주인답게 **당의 로선과 정책에 기초**하여 **국가경제발전전략과 단계별 계획**을 현실성 있게 세우고 그 집행을 위한 경제조직사업을 빈틈없이 짜고 들며 끝장을 볼 때까지 완강하게 내밀어야 하고 **내각책임제, 내각중심제의 요구대로** 나라의 **전반적 경제사업을 내각에 집중시키고** 모든 경제부문과 단위들이 **내각의 통일적인 작전과 지휘에 따라** 움직이는 **규률과 질서를 엄격히 세워야** 한다."[105]

(3) 행정 · 경제 분야 수행 인물 '위세 중심성'

김정은 권력 공고화기 '행정 · 경제 분야' 현지지도 수행 인물 '위세 중심성' 결과는 〈표 4-69〉와 같이 나타난다. 분석결과 '조용원'의 '위세 중심성'이 0.377로 가장 높다. 그리고 아이겐 벡터 중심성 지수가 0.1을 넘는 인물은 27명이다. 이들은 전체 연결망의 중앙에 위치하면서 높은 위세 점수를 보이고 있다.

(4) 행정 · 경제 분야 수행 인물 'CONCOR'

김정은 권력 공고화기 '행정 · 경제 분야' 현지지도 '수행 인물 CONCOR' 분석결과를 도식화하면 〈그림 4-30〉과 같이 표현되며, 키워드 군집 분석 결과는 〈표 4-70〉과 같이 8개의 군집이 형성되었다.

형성된 군집의 특징을 살펴보면, 전체 8개 군집으로 분류할 수 있으며 이 중 군집 C(11명), 군집 A(8명), 군집 H(8명)가 가장 크게 밀집해 있으며 서로 강하게 연결된 것을 알 수 있다.

---

[105] 『조선중앙통신』, 2016년 5월 8일.

〈표 4-69〉 권력 공고화기 행정 · 경제 분야 수행 인물 '위세 중심성' 분석

순위	수행 인물	위세 중심성	순위	수행 인물	위세 중심성
1	조용원	0.377	26	김기남	0.103
2	최룡해	0.355	27	노광철	0.102
3	오수용	0.247	28	태형철	0.095
4	김영철	0.230	29	최휘	0.092
5	리일환	0.210	30	김영환	0.091
6	박봉주	0.193	31	정경택	0.091
7	김여정	0.182	32	최태복	0.087
8	김덕훈	0.177	33	정상학	0.087
9	리수용	0.176	34	안정수	0.084
10	박정천	0.171	35	유진	0.083
11	황병서	0.167	36	현송월	0.079
12	김재룡	0.164	37	박명순	0.079
13	김용수	0.163	38	최부일	0.078
14	박태성	0.159	39	김능오	0.076
15	리병철	0.146	40	권영진	0.071
16	박태덕	0.136	41	김성남	0.069
17	리설주	0.133	42	리명수	0.062
18	오일정	0.133	43	박광호	0.061
19	김수길	0.128	44	태종수	0.047
20	마원춘	0.122	45	김정관	0.046
21	김영남	0.119	46	박영식	0.045
22	김평해	0.116	47	한광상	0.039
23	리용호	0.115	48	홍영성	0.028
24	리만건	0.106	49	서홍찬	0.024
25	리영길	0.106	50	리정남	0.024

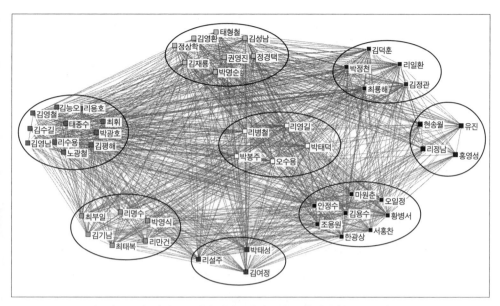

〈그림 4-30〉권력 공고화기 행정 · 경제 분야 수행 인물 'CONCOR' 분석

〈표 4-70〉권력 공고화기 행정 · 경제 분야 수행 인물 키워드 '군집' 분석

군집	주요 인물	인물 수
군집 A	태형철, 김영환, 김성남, 정상학, *김재룡, 권영진, 정경택, 박명순	8
군집 B	*김덕훈, 박정천, 리일환, 최룡해, 김정관	5
군집 C	김영철, 김능오, 리용호, 김수길, *태종수, 최휘, 박광호, 김영남, 리수용, 노광철, 김평해	11
군집 D	*리병철, 리영길, *박봉주, 오수용, 박태덕	5
군집 E	현송월, 리정암, *유진, 홍영성	4
군집 F	최부일, 리명수, 김기남, 박영식, 최태복, *리만건	6
군집 G	리설주, 박태성, 김여정	3
군집 H	마원춘, 오일정, 안정수, 김용수, 황병서, 조용원, 한광상, 서홍찬	8

* 세부내용에서 부가적인 설명을 추가한 인물

권력 공고화기에 '행정 · 경제 분야' 현지지도 수행 인물의 특징은 첫째, 내각 총리에 '박봉주'와 '김재룡', '김덕훈'을 연이어 임명한 것은 내각이 추진하는 '경제사업'과 연관이 있다고 볼 수 있다. '박봉주'는 2003년부터 2007년까지 내각 총리로서 경제개혁을 이끌었던 인물로 '당 중앙군사위원회' 제7기 1차 확대회의(2018. 5. 7.)에서 당 중앙군사위원회 '위원'으로 포함했다. 이는 내각에서도 핵 개발을 적극적으로 지원하여 핵 무력 달성에 기여하도록 한 것, 군에 대한 군수지원 사업, 즉 후방보장사업을 원활하게 협조하기 위함이라고 평가하거나[106] 군 인력을 경제 분야로 전환하기 위해서는 총리의 의견을 반영할 필요가 있어서 총리가 포함되었다는 주장이 제기되었다.[107]

이러한 주장은 중앙위원회 7기 4차 전원회의(2019. 4. 10.)에서 '박봉주' 총리 후임인 '김재룡' 총리도 계속해서 당 중앙군사위원회에 포함된 사실에서 설득력을 더해 준다. '김재룡'은 군수 산업기지인 '자강도 당위원장'을 역임한 인물로 북한의 경제정책을 앞서 제시한 '새로운 전략적 노선'과 '자력갱생'에 기반한 가운데 군수산업의 '민수경제 전환'에 중점을 두겠다는 김정은의 의지가 반영된 결과라는 주장도 있다.[108] 또한, 군수공업부장 '유진'이 당 중앙군사위원회 위원인 것은 '군사력'과 '군수공업 강화'를 적극적으로 지원하고 국방 부문을 중심으로 자원을 재분배하라는 의미로 평가된다.

둘째, 권력 공고화기 '행정 · 경제 분야' 현지지도에 '군수 분야 전문가'들의 수행빈도가 높다는 점이다. 실례로 '리병철' 군수공업부 제1

---

106 김태구, "김정은 위원장 집권 이후 군부 위상 변화 연구", 『통일과 평화』 제11집 제2호 (2019), pp. 153~154.

107 "北 박봉주 당 중앙군사위 포함 … 병진노선 경제측면 지원", 『연합뉴스』, 2016년 5월 10일, https://www. yna.co.kr/view/AKR20160510142700014?section=search(검색일: 2022. 12. 5.)

108 이상숙, 앞의 논문, p. 17.

부부장, '리만건' 조직지도부장, '태종수' 군수공업부장 등이 대표적인 '군수 분야' 전문가들이라고 할 수 있다. 이들은 군사 장비를 더욱 발전된 '첨단장비'로 개발하는 임무와 함께 김정은이 밝힌 군수공업의 '민수장비' 개발에 필요한 핵심 역할을 수행하기 위한 임명이라고 할 수 있을 것이다.[109]

109 홍민 외, "2019년 김정은 신년사 분석과 정세전망", 『KINU Insight 2019 No 1』(서울: 통일연구원, 2019), p. 8.

제5부

김정은의 현지지도에
기반한 통치전략 평가

제1절 현지지도 평가

    북한의 최고 권력자 김정은의 '현지지도'는 일반적으로 공개되지 않는 북한의 '정책적 내용', 최고 권력자의 '활동궤적'과 '통치 스타일', '관심 사항' 등을 간접적으로 파악할 수 있는 중요한 수단이 될 수 있다. 왜냐하면, 앞에서도 수차례 언급했지만 북한에서 현지지도는 '수령'과 '인민대중'이 직접 만나는 지점이고, 정치리더십의 중요한 '표현양식'으로 자리 잡고 있기 때문이다. 따라서 김정은의 현지지도를 '권력 과도기'와 '권력 공고화기'로 구분하여 비교하고 그 특징과 메커니즘을 분석함으로써 김정은의 '정책 방향'과 '통치전략'을 읽어낼 수 있는 것이다.

    도출된 특징을 중심으로 김정은의 현지지도를 평가해보면, 첫째, 정치적으로는 '전통적 성격'[1]과 경제적으로는 '속도전적 성격'[2]을 적절히 활용하면서 그 결과물이 현지지도 특성으로 나타난다는 점이다. '전통적 성격' 측면에서는 선대 '김일성과 김정일'의 정통성을 그대로 이어

---

1   '할아버지의 화신, 백두혈통의 계승' 등과 같이 자신의 정당성을 '김일성과 김정일'의 '권위'로부터 찾고 있다는 데서 확인할 수 있다.

2   이는 '마식령 속도, 조선속도' 등과 같이 단시간 내 업적을 쌓음으로써 자신들의 권력을 강화하기 위해 강조되는 것이다. 임재천, "북한 지도자 리더십 비교: 성장과정 및 사상적 기반, 정당성, 리더십 특징을 중심으로", 『동북아연구』 제29권 제1호(조선대학교 동북아연구소, 2014), p. 38.

받아 자신의 '통치 정당성'으로 연결시키고 있다. 예컨대 김일성으로부터는 '백두혈통'의 계승자 이미지를 이어받고, 김정일로부터는 '군사주의'와 '속도전'을 이어받아 계승하고 발전시켜 나가는 이미지를 만들어 가는 것이다.

다시 말해 선대와의 '계승성', '정통성'을 기반으로 '자력갱생'과 '대중동원'을 통해 주민을 결집시키고 정치 · 사상적으로 무장시켜 당면한 위기를 극복하는 것이다. 실례로 선대와의 '계승성' 차원에서 집권 초기 김정은은 '김일성-김정일주의'나 '김정일 애국주의'를 주민결속을 위한 통치 담론으로 활용한 반면, 권력 공고화기로 갈수록 '독자성'을 강조하면서 '인민대중제일주의'와 '국가 제일주의'가 김정은 체제의 정당성과 주민 동원을 위한 '통치 담론'으로 자리 잡아 가고 있다고 할 수 있다.[3]

또한, 경제적으로 '속도전적 성격' 측면에서 김정일이 1974년 '속도전' 개념을 발전시킬 때와 유사하게 김정은도 짧은 시간 내에 성과를 냄으로써 자신의 '통치 정당성'을 강화하기 위해 '속도전' 원칙을 이용하고 있다고 할 수 있다. 즉 김정은식 '조선속도'에 기반한 다양한 노력 동원 '전투'를 통해 '자력자강'의 동력으로 '사회주의 승리'를 달성하자고 독려하고 있다는 것이다.

둘째, 김정은의 '현지지도'는 대내외 환경에 맞춰 '경제발전전략'과 '대중동원'의 방식과 연계하면서 다양한 형태로 '제도화'되고 변화하고 있다고 할 수 있다. 예컨대 군사 부문의 경우 '권력 과도기'에는 '군사력 강화활동'에 비중을 두거나 '특정 부대'에 대한 반복적인 현지지도를 통해 '대내적'으로 '군부의 사기진작'과 '군사대비태세'를 점검하면서 '군부에 대한 통제력'을 강화하고 '대외적'으로는 '정권의 안정성'과 '군사

---

3   강채연, "김정은 집권 10년 통치 담론의 동학: 계승성과 독자성, 도전요인", 『국제정치연구』 제25집 제3호(2022), pp. 147~148.

능력'을 과시하고 '군사정책의 방향'을 제시하는 '다목적의 기능'으로 작용하고 있다.

또한, 김정은의 현지지도가 '최초로 이루어진 장소와 대상'에 대해 분석해봄으로써 김정은의 '관심'과 '통치전략'의 방향성을 '현지지도'를 통해 예측할 수 있음을 확인했다. 예를 들어 '군사 부문'에서 김정은은 2012년 1월 1일 '선군정치'의 상징 부대인 '서울 류경수 105근위 탱크사단'에서 시작하면서 북한군 장병들에게 '대를 이어 총대를 중시할 것'을 강조하는 행보를 보였다.

그리고 '문화예술 부문'에서는 2012년 1월 2일 '은하수 신년음악회'를 관람하여 '문화 · 예술'을 활용해 '강성대국 건설의 희망'을 제시하고자 했고, '경제 부문'에서는 1월 11일 인민군 '군인들이 맡은 여러 건설대상'을 처음으로 시찰하여 '군이 건설하는 건설단위'에 대해 김정은의 '관심'과 '정책적 방향'이 집중되어 있음을 읽어낼 수 있었다.

그뿐만 아니라 '김정일'과 '김정은'의 집권 초기 3년간의 '현지지도'를 비교해봄으로써 권력승계의 '안정성' 부분을 확인할 수 있었다. '김정은'은 집권 초기 '김정일'보다 '약 3.6배' 이상의 활발한 현지지도를 실시했다. 이를 통해 볼 때 '김정일'은 김일성 사망 당시 이미 모든 권력을 장악한 승계자로서 '안정적인 권력 기반'을 구축했던 반면, '김정은'은 김정일의 갑작스러운 사망으로 인해 상대적으로 '대중적 지지'나 '권력 기반'이 취약한 상태에서 주민과의 접촉을 넓히면서 권력의 안정성을 과시하기 위해 활발한 현지지도를 실시했다고 할 수 있다.

그 외에도 김정은이 주요 '전략과 정책'의 변곡점마다 '특정 지역'을 현지지도하고 있는 점도 '현지지도'가 '통치전략 수단'으로서 기능하고 있음을 보여준다. 실례로 북한은 '백두산'을 김일성의 항일투쟁 본거지이자 김정일의 출생지라고 주장하며 '김씨 일가'의 정치적 배경으로 내세워왔다. 김정은도 2018년부터 삼지연 일대를 '대대적'으로 개발했고, 2019년 12월 '삼지연시'로 승격하고, 2021년 2월 김정일 생일 80주년 '중앙보고대회'를 삼지연시에서 개최했다.[4] 김정은은 대내외적 고비마다 '삼지연'에서 '정책적 노선전환'을 시도했는데 2013년 11월 말 '장성택 처형' 직전 삼지연을 방문했고, 2017년 11월 대륙간탄도미사일 화성-15형을 발사하고 '국가 핵 무력 완성'을 선언한 후 삼지연을 현지지도했으며, 이듬해에 대외 강경노선을 '유화노선'으로 급전환하는 메시지를 아래와 같이 발표했다.

> "지금은 서로 등을 돌려대고 자기 입장이나 밝힐 때가 아니며 **북과 남이 마주 앉아 우리민족끼리 북남 관계개선 문제를 진지하게 논의**하고 그 출로를 과감하게 열어나가야 할 때입니다. 남조선에서 머지않아 열리는 겨울철 올림픽 경기대회에 … 우리는 대표단 파견을 포함하여 … **북남 당국이 시급히 만날 수도 있습니다.**"[5]

또한, 2018년 남북 및 북미 '정상회담'을 전후한 국면에서도 삼지연을 현지지도했고, 2020년 10월 '일주일' 동안 백두산 현지지도 후 '금강산 관광지구 남측 시설' 철거를 지시했다.

이러한 일련의 과정을 통해 볼 때, 김정은은 '삼지연'이 백두혈통으로 불리는 김씨 일가와 김정은 정권의 '정통성'을 상징하는 장소이기 때문에 중요한 '정책적 변화'를 시도하거나 '새로운 정치구호'를 제시하는 과정에서 방문하여 북한 주민과 엘리트들의 '충성과 결속'을 유도하는 패턴을 나타내고 있다.

따라서 북한 최고 권력자의 '현지지도' 분석은 김정은 '통치전략'의

---

4   "김정은 최근 삼지연 갔다 … 이번에도 중대 결정하나", 『중앙일보』, 2022년 12월 27일.
5   "2018년 북한 신년사", 『중앙일보』, 2018년 1월 1일.

중요한 변곡점을 읽어내는 도구이자, 김정은 사후 '권력승계 과정'에서도 북한 체제와 '권력의 안정성'을 진단해볼 수 있는 '유용한 지표'로서 정책적 의의와 다양한 시사점을 제공할 수 있을 것이다.

셋째, 김정은의 현지지도를 '통치와 지배'의 관점에서 볼 때, 집권 이후 시간이 지날수록 '지배'를 위한 통치보다 성과를 강조하는 '통치 2'의 비중이 높아지고 있음을 알 수 있다. 이는 김정은의 당면 목표가 '핵·경제 병진노선'에서 최고 권력자로서 '지배'를 공고히 하는 수단으로서의 '경제건설 총력노선'으로 변화해가며 역량을 집중하고 있음을 알 수 있다.

넷째, '현지지도'는 최고 권력자의 현장지시를 정책에 직접 반영하는 중앙집권적 '통치행위'이자 최고 권력의 위상을 대내외에 과시하는 중요한 장치라고 할 수 있다. '1월 8일 수산사업소' 건설이 단적인 예라고 할 수 있는데, 아래 내용과 같이 김정은이 현지지도에서 했던 '발언'이 곧바로 '교시'이자 '정책'이 된다는 것을 알 수 있다.

> **"전국의 육아원, 애육원, 초등 및 중등학원, 양로원들에** 물고기를 전문적으로 보장하는 **수산사업소를 인민군대에 조직할 데 대한** 조선인민군 **최고사령관 명령을 현지에서 하달**하셨습니다."[6]

김정은은 2014년 1월 초 인민무력부 소속 후방총국으로 알려진 제534군부대가 새로 건설한 '수산물 냉동시설' 현지지도에서 취약계층을 위한 '수산사업소' 건설을 지시했고,[7] 3개월 후 김정은의 생일 때는 '1월 8일 수산사업소'가 건립되었다.

---

6   『조선중앙 TV』, 2014년 1월; "북 현지지도에 담긴 정치학", 『KBS』, 2015년 3월 21일. https:// news.kbs.co.kr/news/view.do?ncd=3041115(검색일: 2022. 12. 12.)

7   『조선중앙통신』, 2014년 1월 6일.

다섯째, '은밀성'을 강조했던 김정일과는 달리 김정은은 '공개연설'이나 현지지도에서 주민과 허심탄회한 대화나 접촉 등 김일성과 유사한 '인민친화적 이미지'를 연출하는 '실용주의적' 접근을 하고 있다는 점이다. 이것은 '백두혈통'의 유사성을 통해 김일성의 '카리스마적 이미지'를 김정은에게 전이함으로써 북한 주민들의 권력 세습에 대한 부정적인 태도를 누그러뜨리려는 고도의 전략 전술이라고 할 수 있을 것이다.

'실용주의적인 접근 경향'을 보이는 '현지지도' 사례로는 2012년 4월 인공위성 로켓발사 실패 인정, 2014년 5월 평양 평천구역 아파트 붕괴사고에서 인민보안부장 최부일을 통한 '사과', 당과 내각 인사에서 경제와 전문성 중시 성향, '모란봉악단' 여성 단원들의 파격적인 의상이나 노래 선곡 등이다.[8]

또 다른 사례는 '인민 중시', '청년 중시' 담론을 들 수 있는데, '조선소년단 창립'을 기념하는 행사[9]를 매년 성대하게 치르고 관영매체들은 "원수님께 끝없이 충직한 선군시대의 소년혁명가가 되어야 한다"라고 강조했다. 이는 김정은에 대한 '청년 세대'의 충성심을 반복적으로 세뇌하여 자신의 권력 기반으로 육성하겠다는 의지를 표출한 것이라 할 수 있다. 이의 일환으로 김정은은 청소년들을 위한 각종 '위락시설' 건설과 '아동 관련' 시설에 대한 빈번한 현지지도를 실시하기도 했다.[10]

---

8 최부일 인민보안부장은 "이번 사고의 책임은 조선노동당 인민사랑의 정치를 잘 받들지 못한 자신에게 있다"면서 "인민의 생명재산에 위험을 줄 수 있는 요소를 제 때에 찾아내고 철저한 대책을 세우지 못해 상상도 할 수 없는 사고를 발생시킨 데 대해 반성한다"고 말했다. "인민들 앞에 지은 이 죄는 무엇으로써도 보상할 수 없으며, 용서받을 수 없다"면서 "유가족들과 평양시민들에게 거듭 심심히 사과한다"고 전했다. 『조선중앙통신』, 2014년 5월 18일.

9 김정은은 2012년 6월 조선소년단 창립기념 행사의 일환인 '조선소년단 전국연합 단체대회'에 참석하기도 했다.

10 "北, 김정은 집권 후 체육·위락시설 건설 늘어나", 『뉴스1』, 2013년 10월 9일, https://news.mt.co.kr/mtview.php?no=2013100909598256379(검색일: 2022. 12. 14.)

여섯째, 사전 예고 없이 '불시 혹은 즉흥적'인 현지지도가 수시로 나타나고 있다는 점이다. '김정일'은 사전에 치밀한 검열과 보고를 통해 상황파악을 한 후 현지지도 현장에서 결론을 제시하는 방식을 선호했으나, '김정은'은 이와는 전혀 다른 방식을 취하고 있다. 이는 '보여주기식' 시연에 대한 불신이 자리 잡고 있음을 방증할 수 있고, 다른 측면에서는 '현장 중심의 역할'과 '공포정치'를 강조하는 포석으로 해석할 수도 있다.

예를 들어 2012년 1월 인민군 항공륙전병 구분대 야간훈련[11], 2012년 5월 조선인민군 제1501부대 현지지도에서 예정에 없던 막사를 방문하여 지휘관을 당황하게 한 사례, 함경남도 함흥지역 현지지도에서 민가를 불시에 방문한 사례, 2012년 8월 동부전선 인민군 제4302부대 산하 '감나무여성포중대'[12] 현지지도 사례 등이다.

일곱째, 김정은의 현지지도에서 나타나는 뚜렷한 특징은 '본보기 단위' 창출을 위해 지도 대상의 시작부터 준공에 이르는 '모든 건설 공정'들을 직접 '점검하고 확인'한다는 점이다. 실제로 김정은은 김정일 사망 이후 당·군·정 간부 및 각종 기관, 기업소 간부들에게 "사무실에 앉아 펜대만 굴리지 말고, 현장을 직접 돌아다니며 문제점을 개선하고 그 결과에 대해 인민 앞에 책임을 져라"라고 지시하고 이를 주민에게 공표하기도 한다. 그리고 2015년 말부터 2016년 초까지 함경도 등 일부 지방당에 검열단을 파견하여 '현장 중심의 활동을 하지 않은 간부들을 해임'했다.[13] 이처럼 김정은은 현지지도를 '본보기' 창출과 '선전전'에 배

---

11 "각 군종, 병종 부대의 야간 실전능력을 대단히 중시하는 최고사령관(김정은) 동지는 항공육전병 구분대들이 야간전에 대처할 수 있게 준비되였는가를 검열하고자 불의에(불시에) 야간훈련을 조직하고 검열지도했다." 『로동신문』, 2012년 1월 20일.

12 김정은이 현지지도 현장에서 "중대장과 정치지도원이 보이지 않는데 어디에 갔는가?"라고 질문했다고 보도해 당시 방문이 예고되지 않았다는 점을 시사했다. 『조선중앙통신』, 2012년 8월 24일.

13 김정호, 앞의 책, p. 163.

합하여 당·군·정 관료들의 '길들이기'와 자신의 위상을 높이는 수단으로 적절히 활용하고 있다고 할 수 있다.

여덟째, 권력 공고화기로 갈수록 김정은은 '유일 지배체제'와 '권력'에 대한 자신감을 보이는 증표가 증가하고 있음을 '현지지도' 통계를 통해 확인할 수 있다. 예를 들어 '회의체 소집'과 '행사중심'의 활동 증가, 권력 공고화기부터 군부대 현지지도 빈도 감소, 현지지도 수행 인물 인원의 감소와 수행 인물 변동 수준의 감소 등이 이의 주장을 뒷받침하고 있다.

제2절 통치전략 평가: 추이, 변화, 특징

앞에서 살펴본 바와 같이 '김일성'의 정치적 정당성은 '정치사상 강국'을 건설하는 데 있었으며, '김정일'은 '군사 강국 건설', '김정은'은 '경제 강국 건설'을 통한 '사회주의 강성국가 건설'에 있다고 할 수 있다.[14] 김정은은 2012년 4월 15일 김일성 출생 100주년 기념 열병식에서 가진 첫 공개 연설에서 "일심단결과 불패의 군력에 새 세기 산업혁명을 더하면 그것은 곧 사회주의 강성국가"라고 주장했고, 자신의 과업이 새 세기 산업혁명 완수를 통한 '사회주의 강성국가 건설'에 있다고 밝히면서 '3대 세습'을 정당화하고자 했다. 이러한 '정당성 확보' 과정에서 나타나는 김정은의 '통치전략'의 추이와 변화, 특징을 정리하면 〈표 5-1〉과 같다.

그리고 김정은 '통치전략'을 추이와 변화, 특징을 중심으로 평가해 보면, 첫째, 집권 초기 '통치전략'의 목표는 '김일성 조선의 영속성'을 유지하는 데 있었다고 할 수 있을 것이고, 이를 위한 전략이 '우리 국가제일주의'와 '인민대중제일주의'라고 정리할 수 있을 것이다. 이는 아래 '북한 헌법' 전문에 명시된 내용을 통해서 잘 알 수 있다.

---

14 조성렬,『김정은 시대 북한의 국가전략』(서울: 백산서당, 2021), pp. 40~41.

<표 5-1> 김정은 '현지지도'와 '통치전략'의 추이와 특징

구분		권력 과도기	권력 공고화기
경제발전 전략		핵·경제 병진노선(7차 당대회 / 2013.3) 국가경제발전 5개년 전략(2016~2020)	경제건설 총력노선(8차 당대회 / 2021.1) 국가경제발전 5개년 계획(2021~2025)
대중동원 방식		자력자강 '속도전식 동원'	자력갱생으로 '정면 돌파전'
현지지도	행동 궤적	• '지배'와 '통치 1' 비중 • '군사 부문'에 현지지도 집중 • 군사력 강화 활동에 비중	• 성과 중심 '통치 2'에 비중 • 군사력 강화 활동 + 군사관리 활동 • 각종 '회의 주재' 집중, '정상국가 지도자' 이미지 과시
	발언 내용	• '계승성', '정통성' 강조 • 군사: 군사관리 활동 관련 발언 집중 • 행정·경제: 자립적 민족경제 토대, 경제발전 군 활용 강조	• '유일적 영도체계' 강조, 김정은 '절대 권력 공고화' 과시 • 군사: '핵무력 고도화' 담론 강조 • 행정·경제: 관광산업·건설 분야 강조, '국가경제발전 5개년 전략' 성과 부각 위한 '노력동원' 강조
	수행 인물	• 2014년 기점 수행자 수 감소 특징 • '조선속도' 기반 '노력 동원' 강조 • 당 중심 경제관료, 군 소수인물 주류 • 군사: 군 소속 인물 비중 높으나 군에 대한 당의 통제 강화 특징 • 행정·경제: 내각 주도성 강조 인물	• 2020년 기점 수행자 수 감소 특징 • 보건의료, 자연재해, 신무기개발 강조 • 당 엘리트로 권력 집중 강화, 친족 등장 • 군사: 군에 대한 당 통제 완성, 전략군 등 군의 전문화 우위 • 행정·경제: 당 주축 + 내각 중심 경제운영 인물 + 군수분야 전문가
통치 전략	목표	'김일성 조선'의 영속성 유지	'사회주의 강성국가' 건설
	단계 목표	• 정치: 당의 기능 정상화와 통제 강화 • 군사: 군사력 강화 + 첨단무기 개발 • 경제: 국가경제 + 인민생활 향상	• 정치: 3대 세습 정권의 안정성 획득 • 군사: 핵보유국 지위 획득 • 경제: 경제강국 건설 + 인민경제 발전전략

출처: 앞 장에서 분석한 결과와 홍제환·최지영·정은이·정은미·조정아, "조선노동당 제8차 대회 분석(2): 경제 및 사회분야", 『Online Series』, CO 21-02(통일연구원: 2021. 1. 15.), p. 4. 참조하여 정리.

"**조선민주주의인민공화국**은 위대한 수령 **김일성 동지**의 사상과 령도를 구현한 **주체의 사회주의조국**이다. 조선민주주의인민공화국과 조선인민은 조선로동당의 령도밑에 위대한 수령 김일성동지를 공화국의 영원한 주석으로 높이 모시며 **김일성동지**의 사상과 업적을 **옹호고수**하고 계승발전시켜 주체혁명위업을 **끝까지 완성하여 나갈 것이다.**"[15]

이를 위해 권력 과도기 김정은의 '당면 목표'는 '독재적 권위주의 권력'의 유지와 '외부의 위협으로부터 체제 생존'을 지키는 것이라고 할 수 있다. 아래 제시한 2012년 4월 6일 '당 중앙위 책임 일군들과의 담화'에서 발표한 김정은의 연설문이 이 주장을 뒷받침한다. 이날 연설에서 김정은은 '국가경제'와 '인민 생활 문제 개선'의 필요성을 언급했다.

"인민대중 중심의 우리식 사회주의를 고립압살하려는 제국주의자들과 반동들의 악랄한 책동으로 정세는 의연히 첨예하고 긴장하며 우리 앞에 는 **경제와 인민생활문제를 원만히 해결**하여 **사회주의의 우월성과 위력**을 더욱 높이 발양시키고 **사회주의 강성국가를 건설하여야 할 중대한 과업**이 나서고 있습니다."

또한, 이러한 '외부의 압력'에 대응하는 수단으로 '군사력 강화'와 독자적인 '첨단무기 개발' 필요성을 역설했는데, 이를 위한 구체적인 방 안으로 '군인들의 평시훈련 강화'와 '최첨단 과학기술'을 아래와 같이 제 시했다.

"군력이 약하면 자기의 자주권과 생존권도 지킬 수 없고 나중에는 제국주 의자들의 롱락물로 희생되는 오늘의 엄연한 현실 … **평시에는 훈련을 잘 하는 군인이 영웅** … 훈련을 실전의 분위기 속에서 진행하여 … **쇠소리 가 나는 일당백의 만능병사**로 튼튼히 준비하여야 … **국방공업의 자립성**

---

15 2019년 8월 29일 제9차 수정 보충. 통일부, 『통일법제데이터베이스』, http://www.unilaw. go.kr/ bbs/selectBoardArticle.do(검색일: 2022. 12. 15.)

을 더욱 강화하고 **국방공업을 최첨단 과학기술의 토대 우에 확고히 올려세워야** 합니다. … 우리 식의 최첨단 무장장비들을 더 많이 개발하고 **최상의 수준에서 질적으로 생산보장"**

결국, 김정은이 지향하는 '김일성 조선의 미래'는 '온 사회의 김일성-김정일주의화'와 '정치·군사적 위력의 강화'라고 요약할 수 있을 것이다. 예컨대 김정은은 국제사회의 대북 제재 등 외부환경 속에서 외세에 의존하지 않고 자체적인 내부동력으로 '사회주의 강국'을 달성하겠다는 의지를 천명하고 있다.

둘째, 김정은 '통치 시스템'의 가장 주목할 만한 특징은 당 규약과 북한 헌법에서 규정하고 있는 주요 권력 기구들의 '공식 회의 소집'과 정기적인 '개최'를 들 수 있다. 김일성과 유사하게 '당 정치국'이나 '중앙위원회'의 결정을 통해 중요한 정책을 수립하는 방식으로 '당'을 정책결정의 중심 조직으로 활용하고 있다. 다시 말해 비공식 회합을 통해 정책을 결정한 김정일 시대와는 달리 김정은은 '공식적인 정치제도' 운영 및 제도화를 통해 정책을 결정하고 이후 현지지도를 통해 '절차적 정당성'을 확보하는 패턴을 나타내고 있다. 이를 통해 '3대 세습'에 대한 정당성을 부여하고 '체제 안정성'을 대내외에 과시하고 있는 것이다.

실제로 김정은은 당 정치국, 비서국, 중앙군사위원회 구성원들을 교체, 보강하고 당의 공식 회의를 빈번하게 개최하는 등 '당 기능' 정상화에 노력을 집중해왔다. 이 중에서 '당 정치국'은 5명의 상무위원과 11명의 위원, 15명의 후보위원 편제를 갖추었다.[16]

부연하면 '권력 과도기'에는 선대와의 '계승성'과 '정통성'에 무게중심을 두었으나, '권력 공고화기'에는 점차 '국무위원회'를 통한 '정상

---

16   통일부, 『북한 권력 기구도』(통일부 정세분석국, 2022. 2.)

국가 방식'의 국정운영을 강화하고 있다. '당'의 중요인사들을 '국무위원회'에 포진시킴으로써 당과 국무위원회를 '유기적으로 결합'하여 실질

〈표 5-2〉 국무위원회 '국무위원' 변화와 '겸직' 현황

직책	2016		2022	
	이름	겸직	이름	겸직
위원장	김정은	• 당위원장, 최고사령관	김정은	• 총비서, 최고사령관
제1 부위원장	최룡해	• 최고인민회의 상임위원장	최룡해	• 정치국 상무위원, 최고인민회의 상임위원장
부위원장	박봉주	• 당 중앙위원회 부위원장	김덕훈	• 내각 총리, 정치국 상무위원
위원	김재룡	• 내각 총리	조용원	• 당중앙군사위원회 위원 정치국 상무위원
	리만건	• 당 중앙위원회 부위원장	박정천	• 정치국 위원, 비서국 비서
	리수용	• 당 중앙위원회 부위원장	오수용	• 정치국 위원, 비서국 비서, 예산위원회 위원장
	김영철	• 당 중앙위원회 부위원장	김영철	• 정치국 위원, 통일전선부장, 최고인민회의 상임위원회 위원
	태종수	• 당 중앙위원회 부위원장	김성남	• 정치국 후보위원
	리용호	• 외무상	리영길	• 당중앙군사위원회 위원, 국방성, 정치국 위원
	박정천	• 총정치국장	정경택	• 당중앙군사위원회 위원, 국가보위상, 정치국 위원
	로광철	• 인민무력상	리선권	• 정치국 후보위원, 외무성, 외교위원회 위원
	정경택	• 국가보위상	리태섭	• 당중앙군사위원회 위원, 사회안전성, 정치국 후보위원
	최부일	• 인민보안상	김여정	
	최선희	• 외무성 제1부상		

출처: 통일부, 『2022년 북한 권력기구도』; 이상숙, 앞의 논문 등을 참조하여 재구성.

* 2016년(최고인민회의 제14기 1차 회의 / 2019. 4. 11.), 2022년(최고인민회의 제14기 제5차회의 / 2021. 9. 29.) 결과 반영.

적 정책 결정의 핵심으로 자리매김하도록 하고 있는데, 〈표 5-2〉의 '국무위원회' 국무위원 변화와 이들의 겸직 현황을 보면 그 사실은 더욱 명확해진다.

셋째, 김정은의 '통치전략'은 각 분야의 성과 및 환경변화가 다른 분야에 영향을 미치고 있으며, 향후 현재의 변화된 '분야별 환경'들이 새로운 분야별 정책에 지속적으로 '상호작용'할 것이며, 그 중심에 '김정은의 통치전략'이 자리 잡고 있다고 할 수 있다. 예컨대 '핵과 대외정책'은 외부로부터의 '정권의 안정성'을 보장하는 역할을 하면서 '대외협상력'을 높이지만 동시에 '대외관계 악화'와 '주민의 경제적 빈곤'의 원인이 되기도 한다.

또한 '경제'와 '사회통제 정책'은 내부로부터의 '정권 안정성'의 위협을 관리하는 역할을 하지만 '대외관계 개선'을 통해 외부지원을 획득해야 하는 '동기'이자 주민들에게 발전의 기대감을 고취하는 '사회통제 정책'의 수단일 수 있는 것이다.

넷째, 신속한 '권력 엘리트 구조조정'과 '공포정치'를 통해 자신의 측근을 관리하고 '유일 지배체제'를 확고히 했다는 점이다. 이를 위해 김정은은 군에 대한 '당적 통제'를 강화하고 〈표 5-3〉과 같이 군 주요 인물의 빈번한 보직인사를 단행했으며, 군사 관련 직종에 있는 당 간부들에게 군복과 군사계급을 수여하는 '인사 패턴'을 보여왔다. 예를 들어 최룡해와 황병서 같은 '당 출신 인사'를 '총정치국장'에 기용함으로써 군에 대한 '당적 통제력'을 확보하고자 했다.

구분	인물 교체 현황
총정치국장	• 최룡해(2012.4) → 황병서(2014.4) → 김정각(2018.2) → 김수길 (2018.5) → 권영진(2021.1) → 정경택(2022.6)
총참모장	• 리영호(2009.2) → 현영철(2012.7) → 김격식(2013.5) → 리영길 (2013.8) → 리명수(2016.2) → 리영길(2018.6) → 박정천(2019.9) → 림광일(2021.9)
인민무력부장 (국방상, 2020년 명칭 변경)	• 김영춘(2009.2) → 김정각(2012.6) → 김격식(2012.12) → 장정남 (2013.1) → 현영철(2014.1) → 박영식(2015.6) → 로광철(2018.5) → 김정관(2019.12) → 리영길(2021)
작전국장	• 김명국(2007.4) → 최부일(2012.4) → 리영길(2013.3) → 변인선 (2014.6) → 림광일(2015.1) → 방두섭(2014.1) → 최두용(2022.4)

출처: 통일부, 『북한 권력기구도』; 『2021 북한 주요 인물정보』 등을 토대로 정리.

다섯째, '새로운 전략적 노선'을 통해 경제건설에서 군의 역할을 축소하고 '전략군'을 통한 '핵무력 완성'으로 당의 위상을 정상화하고, 당·군·정 엘리트의 균형을 확보하여 김정은의 '제도적 리더십'을 공고히 했다고 할 수 있을 것이다. 예컨대 2018년 4월, 경제건설에 총력을 집중한다는 '새로운 전략적 노선'을 선포하면서 경제건설에서 군을 제외하고 "당과 국가가 총력을 다할 것"을 명시했다.[17] 김정일 시대 '선군정치'는 경제 분야에서 '군을 우선시'하는 정책을 표방했기 때문에 경제건설에서도 군이 '핵심 세력'이었으나, 김정은 '권력 공고화기'에는 경제건설에서 군의 역할이 '축소'된 것으로 평가할 수 있다. 그뿐만 아니라 김정은 시대의 '핵 무력 건설'은 '전략군' 중심으로 이루어졌기 때문에 군의 '정치력 강화'보다는 '전문성 강화'에 초점이 맞춰졌다고 볼 수 있을 것이다.

---

17 『로동신문』, 2018년 4월 21일.

특히 '전략군'은 '당 중앙군사위원회'가 강력히 통제하면서 군에 대한 당의 '통제'를 강화했다. 따라서 과학기술력을 보유하고 있는 '전략군'은 '혁명적 군'이라기 보다는 '직업적 전문성'을 가진 군의 특성이 강하기 때문에 '전략군'에 대한 우대는 자연스럽게 '야전군'의 정치력을 약화시켰다고 할 수 있다. 이것은 '전략군'에 대한 김정은의 빈번한 현지지도와 잦은 소통에서 전략군의 정치적 영향력이 커졌음을 확인할 수 있다.

결국 '전략군'[18]을 중심으로 '직업적 군'의 영향력 강화로 '국가 핵무력 완성'을 선포했고, 이에 따라 군에 대한 당의 통제가 강화되고 군의 경제정책에 대한 영향력을 하락시켜 당·군·정 엘리트의 균형을 이루어냈다. 이로써 '당 위상의 정상화'를 통한 제도적 리더십을 통해 김정은의 권력을 강화할 수 있었던 것이다.

이상의 내용을 종합해보면 김정은 '통치전략'의 최종 목적은 '공산주의 사회건설'이며,[19] 이를 위한 목표는 '사회주의 강성국가 건설'에 있고, 구체적인 달성방안으로 정치적 측면에서 '3대 세습 정권의 안정성' 획득, 군사적 측면에서 '핵보유국 지위' 확보, 경제적 측면에서 '자립적 민족경제 건설', 사회적 측면에서 '지식경제 강국 건설' 등의 단계적 목표를 예상해볼 수 있을 것이다. 우리는 이러한 검토과정을 통해 김정은 시대 북한 사회의 '안정과 변화'를 좀 더 정확하고 객관적으로 읽어내고

---

18 북한 '전략군'은 육·해·공군에 이어 '제4군'으로 불리는 '전략로켓군'을 2014년 5월 '전략군'으로 명칭을 바꾸면서 사령관 계급이 별 2개에서 별 4개로 격상되는 등 위상이 강화되었다. 이상숙, "김정일 시대와 김정은 시대의 당·군 관계특성 비교", 『북한학연구』 제14권 제2호(2018), pp. 57~58.

19 북한은 8차 당대회 당규약 서문에서 "조선노동당의 당면목적은 공화국북반부에서 부강하고 문명한 사회주의 사회를 건설하며 전국적범위에서 사회의 자주적이며 민주주의적인 발전을 실현하는데 있으며, 최종목적은 인민의 리상이 완전히 실현된 공산주의 사회를 건설하는데 있다."고 밝힌 바 있다. 김태경·이정철, "조선노동당 제8차대회 당규약 개정과 북한의 전국 혁명론 변화", 『통일정책연구』 제30권 제2호(2021), p. 17.

'적확한 대비책'을 마련하는 수단이 될 수 있을 것이다.

앞으로도 김정은은 명실상부한 '핵보유국'의 지도자로서 어려운 경제 상황을 감내하고 주민들에게 고통을 요구할 의지와 능력이 충분한 것으로 평가할 수 있다. 왜냐하면, 김정은의 '통치전략'은 '핵무장을 우선한 가운데 경제발전'을 모색하고 있기 때문이다. 결국, 대내외적 상황 변수의 큰 변화가 없다면 김정은은 주민들에 대한 '억제와 통제'를 바탕으로 '정권의 안정성'을 추구해나갈 것이다.

따라서 향후 김정은의 '통치전략' 바로 보기는 북한이 국제 환경과 국제 제재 속에서 "언제까지 핵과 장거리미사일 도발을 앞세운 '핵·경제 병진노선'을 유지할 수 있을 것이며, 당면한 경제 위기와 시장화 속에서 어떻게 주민의 의식변화를 관리하고 체제를 유지할 수 있을 것인가?"에 있다고 할 수 있을 것이다.

제3절 정책적 시사점

이 연구는 김정은 집권 11년여간의 북한 체제 전반을 평가할 수 있는 최고 권력자의 '현지지도' 평가를 기초로 '통치전략'의 요체를 진단해 봄으로써 다음과 같은 정책적 시사점을 도출했다.

첫째, 김정은 통치전략의 '궁극적 목표'는 '3대 세습 정권'과 '백두 혈통의 계승성'에 있다고 할 것이다. 김정은은 '체제 연속성 유지'를 위해 핵과 장거리미사일 개발을 포기하지 않을 것이라는 점을 본 연구에서 확인했다. 또한, 이러한 목표 달성을 위해 자력갱생을 통한 '대중동원'과 더욱 강력한 '주민 통제'를 수단으로 활용할 것이라는 점도 확인할 수 있었다.

둘째, 빅데이터(Big Data)와 '텍스트 마이닝'을 활용한 북한 연구는 북한이 나아가는 방향과 북한 체제를 보다 과학적으로 읽어내는 방법으로써 유용한 수단임을 확인할 수 있었다. 따라서 이러한 연구방법을 활용한 추가 연구를 통해 김정은이 장기간 종적을 감추는 이유, 핵과 장거리 미사일 개발을 포기하지 않을 것이라는 사실 등에 대한 로드맵과 대비책을 만들 수 있는 깊이 있는 연구결과를 예상할 수 있을 것이다.

셋째, '현지지도' 분석에서 '행정·경제 부문'과 '군사 부문' 빈도 비교에서는 '숨겨진 맥락'을 깊이 있게 고찰해볼 필요가 있을 것이다. 예컨대 '행정 · 경제 부문'에 대한 현지지도 빈도가 감소한다는 것은 경제 분야의 '성과가 없다'라는 것을 의미하는 것이지만, '군사 부문'의 빈도가 감소하는 것은 '복합적인 의미'가 내포될 수 있음을 간과해서는 안 된다는 점이다. 예를 들어 2021년 김정은의 '군사 부문' 현지지도는 '7건'이었으나, 2022년 북한은 30여 차례에 걸쳐 60여 발의 탄도미사일을 발사했다. 이처럼 '군사 부문'의 현지지도 빈도가 '감소'한 '다음 해'에는 '신무기개발'의 성과가 나타나고 있다는 점을 고려할 때 '현지지도'와 신무기개발 등 '군사력 강화'와의 상관성을 더욱 세밀하게 주시할 필요가 있을 것이다.

넷째, 김정은 '현지지도' 특징 중 군부대 시찰, 훈련 및 연습 참관, 신무기 개발 참관 등의 '군사 부문' 현지지도는 남북 및 북미협상, 신무기개발, 국내외 정세 등에 민감하게 반응하는 특징을 갖고 있다는 점이다. 앞에서 살펴본 바와 같이 '지배와 통치'의 성격으로 구분해볼 때, 김정은은 권력 공고화기로 갈수록 성과를 드러낼 수 있는 '통치 2'에 대한 현지지도 비중을 높여왔다. 김정은의 현지지도는 대외적으로 전달하는 '메시지'가 중요한 비중을 차지하며, 성공한 '신무기개발' 현장을 현지지도 하고 이를 공개함으로써 자신의 '치적'을 과시하고 '위상'을 높이고 있다고 할 수 있다. 예컨대 '신무기개발'의 단계를 '개발 초기', '성숙기', '개발 완료기' 등으로 구분할 때, 신무기개발의 '성숙기'나 '완료 시점'에 김정은의 현지지도가 집중하고 있다는 점을 주시해야 한다는 것이다.

다섯째, 김정은이 7차 당 대회 이후 '내각책임제'를 강조하면서 '경제 부문'에 대한 현지지도 유형을 차별화하는 특징을 갖고 있다는 점이다. 예컨대 권력 과도기에는 '행정 · 경제 부문'에 291회(39.3%)에 해당하는 활발한 현지지도를 통해 경제 현황 파악에 주력했다면, 권력 공고화기에는 167회(28.9%)로 감소세를 보였고, 2020년 이후에는 코로나19 등의 영향으로 급격히 감소하는 특징을 나타내고 있다. '권력 공고화기'부터 '경제 부문'에 대한 현지지도는 내각 총리를 중심으로 이른바 '현지 료해'라는 명목으로 실시하고, 대규모 건설현장 등 성과를 드러낼 수 있는 '경제 부문'은 김정은이 직접 현지지도 하는 행태를 보이는 것이다. 이는 '당 중심의 통치'와 경제정책 '실패'에 대한 김정은의 '책임'에 거리를 두기 위한 포석으로 평가할 수 있다.

여섯째, 최고 권력자의 '현지지도'는 '행동 궤적', '발언 내용', '수행 인물'과 같은 지표를 통해 김정은의 '생각', '정책 방향', '권력 엘리트'의 지형을 알 수 있는 '중요한 지표'라고 할 수 있다. 다시 말해 북한 최고 권력자의 '현지지도'는 단순한 '현장 시찰'이 아니라 '전통적인 통치 활동'으로서 그 속에는 '정책 기조'와 '통치 스타일', '전략 기조', '내부 상황' 등을 읽을 수 있는 중요한 데이터가 담겨 있다고 할 수 있다.

따라서 향후 대북정책 수립 시에도 현지지도의 '패턴', '추이', '특징' 등에 대한 '범주화'를 통해 더욱 면밀한 대비책이 뒤따라야 할 것이다. 특히 김정은의 동향을 파악하고 평가하는 수준에 그치는 것이 아니라 이를 '정책 및 전략적' 수준에서 분석하고 패턴과 범주화를 이루어냄으로써 북한 체제의 '방향성'과 통치전략의 '지향성'을 사전에 읽어내야 할 것이다.

제6부

결론

제1절 연구결과 요약

 이 책은 김정은 '현지지도'(On-The-Spot Guidance)의 특징과 패턴을 빅 데이터(Big Data)를 활용해 분석함으로써 김정은 '통치전략의 요체'를 찾는 데 목적이 있다. 책을 작성하기 위한 '연구방법'은 연구 신뢰도를 높이기 위해 '문헌연구'를 활용한 질적 연구방법과 '텍스트 마이닝', 'SNA'를 활용한 양적 연구방법을 혼합하여 혼합적 연구방법을 적용했다.

 연구의 전체적인 전개와 설명을 위해 '종속변수'는 이 연구의 목적을 궁극적으로 설명할 수 있는 '통치전략'으로 선정했으며, '독립변수'는 김정은 '통치전략'의 다양한 변수 중 '현지지도'를 설정했다. '분석의 수준'은 북한의 최고 권력자인 김일성, 김정일, 김정은을 대상으로 이들의 공개적인 '현지지도'로 한정했다. 그 이유는 북한에서 최고 권력자의 '현지지도'는 일반적으로 공개되지 않는 북한의 '정책적 내용', 최고 권력자의 '활동궤적'과 '통치 스타일', '관심 사항' 등을 파악할 수 있는 '전통적인 통치 활동'이기 때문이다.

 주지하는 바와 같이 북한의 핵과 미사일 위협이 날로 고도화되는 엄중한 안보 상황 속에서 상존하는 북한의 위협에 효과적으로 대처하기 위해 최고 권력자 김정은의 '통치전략' 요체를 정확히 알고 대비하는 것은 우리의 국익과 생존과 직결되는 매우 '중차대한 문제'라고 할 수 있을 것이다. 따라서 이러한 연구목적을 달성하기 위해 3개 항목의 문제를 제기하면서 연구를 진행했다. 첫째, 김정은의 '현지지도 행태'가 '정책 기조 변화' 및 '통치전략'에 어떤 영향을 미치고 있는가? 즉 지배를 위한 통치와 성과를 위한 통치 중 어느 부분에 집중하고 있는가?

둘째, 어떤 메커니즘을 통해 현지지도를 '대중동원' 방식과 연계시키고, '체제 유지'와 '통치수단'으로 활용하고 있는가?

셋째, 김정은의 현지지도 연결망에 나타난 당·군·정 엘리트들의 '사회적 관계' 특성은 북한의 '정책변화'에 어떤 영향을 미칠 것인가?

또한, 제기한 연구 문제를 설명하기 위해 먼저, 김정은 이전 지도자인 '김일성'과 '김정일'의 현지지도 실태와 특징을 분석했다. 김일성과 김정일의 현지지도는 각기 다른 '정치·경제적' 상황에서 '대중동원'을 가장 중요한 '통치전략'의 수단으로 활용하면서 '대중동원 방식'의 차이에 따라 그에 걸맞은 '현지지도' 방식을 취했다. 예컨대 '김일성' 시대 '경제발전 전략'은 '사회주의 경제발전의 토대'를 구축하는 것이었고 이를 위해 '중공업 우선전략'과 '자력갱생론'을 추진했다. 반면 '김정일' 시대에는 '경제 악화'와 '체제 불안정'의 위기 속에서 대안적인 '경제발전 전략'으로 '강성대국 건설'을 추진했다.

김일성의 '대중동원'은 '사회주의 경제체제 구축'에서 출발해 경제건설 '속도운동'을 통해 '사회주의 공업화'를 달성하고자 했다. 이를 위한 '통치전략'은 '대중으로부터의' 군중노선을 바탕으로 '아래로부터의 자발성'을 중시하고 '사회적 동원'과 '집단적 혁신'을 통해 '정치와 생산의 결합'을 추구했다. 반면 김정일의 '대중동원'은 노동당을 중심으로 '위로부터의 지도'를 통해 실행해나가는 방식을 취했다. 다양한 '대중동원' 방식과 '선군정치'를 통해 후계 권력체제를 공고히 하는 '정치적 목적'을 달성하고자 했다.

또한, 김일성과 김정일의 '행동 궤적'을 비교해보면 '김일성'의 현지지도는 '근거리 위주'로 '비군사 분야'에 치중했고 '후계체계 구축기'에 보다 활발하게 실시한 특징을 나타냈다. '대중연설'을 통해 '구호'를 제시하고 현지지도를 실시하는 방식으로 '체계적인 현지지도'를 각급 단위와 지역에서 시행함으로써 '통치의 핵심수단'으로 현지지도를 활용했다.

반면 '김정일'의 현지지도는 '권력 토대'를 확고히 하고 '후계체계를 구축'하는 '통치전략'의 유용한 기제로 활용했다. '선군정치'를 표방하고 '군사 부문'에 대한 현지지도가 상대적으로 큰 비중을 차지했으며, '당과 군' 관련 인물의 현지지도 수행 비중도 높았다. 김일성 '현지지도 사적비'와 같은 정치적 선전물 건립, 예술영화 창작에 진력했고 '소수 측근'에 의한 정치를 추구했다.

이 외에도 김정일의 현지지도 '수행 인물'의 분석에서 나타나는 특징은 2006~2008년 사이 '최대 수행 인원'이 10여 명으로 축소되고 '평균 수행인원' 또한 2005~2009년 6~14명 정도로 감소하는 경향을 보였다. 이것은 북한이 처한 '대내외 상황'과 경제 및 군사 부문의 '주요 정책 추진 방향'이 '현지지도'와 연계되어 나타나는 현상임을 알 수 있었다. 결국, 김정일은 현지지도를 통해 '우리식 경제건설 사상과 정책'을 추진하면서 '자력갱생'을 통한 '사회주의 경제건설'의 정책 방향을 견지하고 있음을 확인할 수 있었다.

특히 '당·군·정 엘리트'의 김정일 현지지도 '수행 인물' 분포를 보면 '군 엘리트'는 주로 '전투 동원태세'나 '훈련 현장'보다 '국방공업'이나 군이 건설하는 '경제건설 현장'에 대한 수행 비중이 높았다. '당 엘리트는' 특히 2008년 수행빈도가 증가했는데, 이는 경제사업 추진에서 '당이 중심'이 되고 내각이 지원하는 체제로 노동당의 '중앙집권적 통일적 지도'를 강조한 결과물로 평가된다. '정 엘리트'의 비중은 2005~2007년에 증가하는데, 이는 경제사업에서 '내각의 집중 및 운영의 강화'를 통해 경제관리 개선을 추진하고자 했던 것으로 분석되었다.

그뿐만 아니라 연도별 김정일 현지지도 수행 인물 '순위 분석'을 통해 '당과 군'의 인물이 다수를 차지하고 '혁명 1~2세대'가 주류를 이루고 있으며, 18년 동안 수행 인물의 변화가 크지 않다는 점, 권력 엘리트 내에 '독자적인 집단화'가 이루어지지 않고 있는 점 등을 통해 김정일의 '통치 안정성'을 알 수 있었다.

다음으로, 김정은의 현지지도 '실태와 특징'을 분석하기 위해 김정은 시대를 '권력 과도기'와 '권력 공고화기'로 구분하고 시기별 '대내외 환경'과 '경제발전 전략', '대중동원 방식'의 변화, 시기별 '현지지도'와 '통치전략'의 특징을 도출했다. 특히 현지지도와 통치전략에 대한 '특징과 맥락'은 현지지도의 '행동 궤적', '발언 내용', '수행 인물'에 대한 분석으로 구조화하여 비교 · 평가했다. 이를 통해 김정은 '현지지도'의 이면에 숨겨진 '통치전략'을 과학적으로 설명했다. 즉 김정은이 현지지도를 "누구(수행 인물)와 무엇을(강조 쟁점), 어떻게(기능) 했느냐?"에 따라 김정은의 '통치전략'과 '정책 기조'의 변화를 전망하고, '경제발전전략', '대중동원 방식'과의 연계성을 규명했다.

연구결과를 정리하여 제시하면 다음과 같은 학문적 성과와 정책적 시사점을 제공하고 있다. 첫째, 김정은의 '현지지도' 행태가 '통치전략의 수단'으로써 어떤 영향을 미치는 것인가에 대해 분석했다. 김정은 현지지도의 '행동 궤적' 분석을 통해, '현지지도'는 '통치전략'의 주요한 수단임을 알 수 있었다. 예컨대 '권력 과도기'에는 '군사력 강화활동'이나 '특정 부대'에 대한 반복적인 현지지도 활동을 통해 '군부에 대한 통제력'을 강화하고 '정권의 안정성'을 과시하는 '다목적의 통치전략'을 구사했다. 또한, 김정은이 '최초'로 실시한 현지지도의 '장소와 대상'에 대한 분석을 통해 김정은의 '관심'과 '통치전략의 방향성'을 예측해볼 수 있었다. 그뿐만 아니라 김정일과 김정은 '집권 초기' 3년간의 현지지도 비교를 통해 '권력승계의 안정성'을 확인했고, 향후 김정은 사후 북한의 '권력승계 과정'에서 '권력 안정성'을 진단해볼 수 있는 지표로서 현지지도의 '유용성'을 확인했다.

특히 여기서 주목할 점은 김정은이 중요한 전략 전술의 '변곡점'마다 '특정 장소'를 현지지도 하는 '행보와 패턴'에 대해서도 예의주시할 필요가 있다는 것이다. 권력 세습 이후 김정은의 가장 중요한 과제는 '권위와 정통성'을 확립하는 것이었다. 이를 위해 김정은은 '김일성 흉내내기, 친인민적 이미지 구축, 김일성 · 김정일의 백두혈통 활용' 등의 다양한 정책을 폈다. 실제 김정은은 '백두산과 삼지연'을 북한 주민을 설득할 정치적 '정당성'의 근거로 활용하면서 대외 '메시지'와 새로운 '정치구호'를 제시하는 '정책의 변곡점'마다 이 지역을 현지지도 해왔다. 이를 통해 정권의 '정통성'을 강화하고 주민과 엘리트들로부터 '충성과 결속'을 유도했다.

결국, 김정은의 현지지도 '행태'에서 나타나는 뚜렷한 특징은 '통치전략'과의 밀접한 상관관계 속에서 현지지도가 이루어지고 있다는 점이다. 따라서 향후 김정은의 현지지도 '행태'에 대한 깊이 있는 분석을 통해 북한의 '정책 기조'와 '통치전략' 변화의 징후를 사전에 평가하고 대비하는 것이 매우 중요하다 할 것이다.

둘째, "어떤 메커니즘을 통해 현지지도를 '대중동원' 방식과 연계시키고, '체제 유지'와 '통치수단'으로 활용하고 있는가?"를 살펴보았다. 김일성 시대 '대중동원' 담론은 '천리마 운동'과 같은 경제건설 '속도 운동'을 통해 '사회주의 공업화'를 달성하고자 했다. 반면 김정일의 '대중동원'은 노동당을 중심으로 '위로부터 지도'를 실행하면서 '강계정신', '제2의 천리마 대진군 운동' 등 다양한 '대중동원 방식'과 '선군정치'를 혼합하는 특징을 나타냈다.

김정은 또한 1974년 김정일이 '속도전' 개념을 발전시킬 때와 유사하게 다양한 '속도'를 '대중동원' 방식으로 접목했다. 이른바 '마식령 속도', '조선 속도' 등을 통해 짧은 시간 내에 큰 성과를 거둠으로써 통치의 '정당성'을 확보하는 수단으로 활용했다. 특히 권력 과도기에는 선대와의 '계승성', '정통성'을 강조하면서 '자력자강의 구호'와 '속도전식 동원'을 강조했다면, 권력 공고화기로 갈수록 '내부 생산력 제고'와 '자력갱생'의 기치 아래 '사회주의 경제건설 총력집중'이라는 '신전략노선' 수행을 요구하는 형태로 담론이 차별화되는 특징을 나타냈다.

또 다른 특징으로는 김정은이 현지지도에서 했던 '발언 내용'은 곧바로 '교시'이자 '대중동원'을 위한 '정책'으로 이행되고 있다는 점 또한 확인했다. 예컨대 김정은의 발언은 교시가 되어 하나의 '모범'을 창출해 내고 곧바로 선전선동을 통해 '일반화'를 시도하여 '대중동원'으로 연결되는 논리적 구조를 갖고 있었다.

세 번째 특징은 김정은의 현지지도는 '권력 공고화기'로 갈수록 '인민에 대한 이중적 통제정책'이 강화되는 특징을 나타냈다. 예컨대 김정은은 권력 세습 초기부터 이른바 '이중적 인민 정책'을 실행했다. 노동당 핵심당원을 중심으로 '핵심 지지층'에게는 관대하고 동요 계층 등 '반대자'들은 강력하게 억압하고 통제하는 방식을 활용하는 것이다. 즉 지지층에게는 '인민중시정책'과 '인민대중제일주의'를, 적대계층이나 위협계층에게는 감시와 억압을 통한 '통제'를 강화하는 정책을 추진했다.

실례로 김정은은 당과 간부들에게 "당의 인민중시 · 인민존중 · 인민사랑을 심장에 새기고 인민대중을 주인으로 보고, 인민대중에게 멸사복무하는 충복이 되라"고 요구했다. 초기 이러한 '인민중시정책'은 2016년 제8차 당 대회에서 '인민대중제일주의'로 발전했고 '사회주의 기본 정치방식'으로 규정했다. 결국, 이러한 '이중적 주민 통제' 시스템은 인민의 충성을 유도하고 '백두혈통'과 '친인민적 지도자' 이미지를 주입하여 핵심 지지자들의 지지를 결집하고 반대세력을 통제하면서 정권을 안정시키고자 했다.

셋째, "김정은의 현지지도 연결망에 나타난 당·군·정 엘리트들의 '사회적 관계' 특성은 북한의 '정책변화'에 어떤 영향을 미칠 것인가?"에 대해 분석했다. 김정은은 '권력 엘리트'에 대한 구조조정과 '공포정치'를 통해 당·군·정 엘리트에 대한 균형을 확보하고 '당적 통제'를 강화함으로써 단시간에 '유일 지배체제'를 공고히 했다. 이러한 차원에서 김정은의 현지지도 '수행 인물' 변화를 '권력 과도기'와 '권력 공고화기'로 구분하여 살펴보았다.

우선, '권력 과도기' 김정은 현지지도 수행 인물의 특징은 '사회주의 강성국가' 건설을 위한 '자강력 제일주의'를 강조하며 '조선속도'에 기반한 '주민동원'을 위해 현지지도 수행 인물 대부분이 '당 중심'의 경제관료와 군의 경제 부문 동원을 위한 '군 관련' 인물이라는 점이다.

특히 집권 초기 이른바 '삼지연 8인 그룹'이 김정은의 최측근에서 권력 핵심으로 부상했고, '군 소속' 수행 인물 빈도가 40%를 상회하여 군에 대한 '장악력'을 높이고 '체제 결속'을 강화하려는 조치로 평가했다. 그뿐만 아니라 이 시기 '군사 부문' 현지지도에서 김정은은 단순 이벤트성이 아니라 '실전 전술훈련' 지도에 비중을 높여 '군의 전투력 강화'에 집중했다는 점과 군부대가 주도하는 '건설현장'에 대한 현지지도를 확대하여 '선군정치의 외연'을 확장하는 모습을 보였다. 그러면서 동시에 '혁명 2세대'의 퇴보와 '혁명 3세대'의 중용으로 세대교체를 이루면서 군에 대한 '당의 통제'를 확고히 하려는 움직임이 현지지도 '수행 인물' 분석결과에서 나타났다.

다음으로 '권력 공고화기'에 접어들면서 '당 엘리트' 중심으로 권력 집중이 강화되는 양상을 확인할 수 있었다. '당·군·정' 권력 엘리트는 매우 빠른 속도로 새로운 인물로 교체되었다. 특히 '당 간부'는 행정·경제 분야 전문관료가 다수 발탁되었고 '군부'에서는 야전 지휘경험이 풍부한 인물들이 진입하면서 '핵과 미사일 개발'에 관여한 '과학자 출신'

군인들이 신임되는 특징이 나타났다. 이를 통해 '당·군·정' 엘리트의 균형을 이루고 '당의 통제'라는 특성이 강화되자 '군부의 위상'은 하락하고 상대적으로 '당과 내각'의 위상이 확대되는 관계가 설정되었다.

또한, 행정·경제 분야에서 '박봉주, 김재룡, 김덕훈'의 내각 총리 임명은 내각이 추진하는 '경제사업'과 연관이 있다고 볼 수 있고, '군수 분야' 전문가들의 수행빈도가 높았던 것은 군사 장비를 더욱 첨단장비로 개발하는 임무와 군수공업의 '민수 장비' 개발에 필요한 핵심 임무를 수행하기 위한 것으로 평가할 수 있다.

이처럼 김정은의 '현지지도' 고찰을 통해 북한 체제를 보다 과학적으로 분석하고 전망하는 것은 학문적·정책적으로 매우 중요한 과제라고 할 수 있다. 그러므로 앞으로 북한의 최고 권력자 김정은이 전국의 주요 단위를 대상으로 수시로 행할 현지지도를 "누구와 어디서, 무엇을, 어떤 발언"을 했는지에 대해 주의 깊게 지켜보고 좀 더 다각적인 분석과 깊이 있는 대응을 하는 것이 중요한 현안이라고 할 수 있다.

제2절 연구의 의의와 한계

본 연구는 다음과 같은 정책적 · 학문적 의의가 있다. 첫째, 김정은의 현지지도를 문헌연구에 그치지 않고 텍스트 마이닝과 SNA를 활용해 북한 연구 방법의 확장을 꾀했다. 김정은 집권 시기(2012~2022)에 현지지도와 발언 내용에 대한 텍스트 자료를 통치 시기별 분석과 SNA 분석을 망라하여 종합적으로 분석했다. 그동안 '북한 체제'와 북한 최고 권력자의 '현지지도'에 대해 '내용분석'보다는 '형식 중심'의 연구가 주를 이루는 상황에서 본 연구는 기존 연구의 확장에 기여하고 북한의 정책적 행보와 대북정책 수립에 효용성을 높였다는 데 큰 의의가 있다.

즉, 김정은의 현지지도를 '문헌연구'에 그치지 않고 '텍스트 마이닝'(Text Mining)과 'SNA'(Social Network Analysis)를 활용해 북한 연구 방법의 확장을 꾀했는데, 특히 2012년부터 2022년까지 김정은 집권 시기에 이루어진 현지지도 '행동 궤적'과 '발언 내용', '수행 인물'에 대한 텍스트 자료를 통치 시기별 분석과 SNA 분석을 망라하여 종합적으로 분석했다. 이는 북한 최고 권력자의 '통치전략 요체'를 공개활동인 '현지지도' 텍스트 속에 내재한 '맥락'까지 '최초'로 연구할 수 있었던 학문적 시도로 평가할 수 있을 것이다.

둘째, 도출된 김정은 현지지도의 특징과 패턴을 김정은의 통치전략과 연결한 최초의 연구다. '질적 분석'과 '양적 분석'을 '혼합'하여 연구하면서 '구조적인 분석의 틀'을 활용하여 '현지지도'가 '통치전략의 수단'으로서 기능하고 있음을 구체적으로 제시한 연구로 평가할 수 있을 것이다. 이런 점에서 본 연구는 학술적으로나 정책적으로도 매우 유의미한 연구 성과물로 평가할 수 있다. 특히 단순히 현지지도의 특징이나 성격 변화 고찰에 그치지 않고 '현지지도'가 '통치전략'에 미치는 영향, '현지지도'와 '권력 엘리트의 연결망'을 분석하여 북한 권력과 '통치전략'의 향방을 깊이 있게 조망했다.

앞으로 김정은 체제는 '유일 영도체계'를 보다 공고하게 구축하기 위해 대내적으로는 '핵 · 경제 병진노선'을 통해 주민들의 체제 결속을 도모하고 대외적으로는 '핵보유국' 지위 확보를 위해 치밀하고 계획적인 전략과 노선을 견지해나갈 것이다. 이런 점에서 지난 10여 년간 김정은이 실시한 현지지도를 과학적인 방법론을 적용하여 체계적으로 구조화하여 분석한 이 책과 같은 연구물이 앞으로 북한의 '정치행태'나 '정책 기조', '통치전략'의 추세와 경향 등을 체계적으로 파악할 수 있는 매뉴얼을 작성하는 데 적지 않은 도움을 줄 것으로 판단된다.

그러나, 다음과 같은 한계로 인해 후속연구의 필요성이 제기된다. 이 책은 북한 최고 권력자의 현지지도를 조사할 때 『로동신문』, 『조선중앙년감』, 『북한 동향』 등의 자료를 활용했으나 북한 정보와 자료 수집의 제한성으로 인한 한계가 여전하다는 점이다. 따라서 북한 연구에 있어 보다 체계적이고 과학적인 연구를 위해 북한 정보에 대한 정부의 적극적인 공개와 활용방안이 강구되기를 기대한다. 특히 북한의 '현지지도'와 '도발 행태', '현지지도'와 '정책 기조' 변화 등에 대한 패턴을 보다 정교하게 '범주화'하는 연구가 진행된다면 정책적으로 매우 유의미한 결과 도출을 할 수 있을 것이다.

또한, 본 연구에서는 다양한 북한의 자료를 기초로 문헌연구와 텍스트 마이닝 및 SNA 기법을 활용하여 과학적인 방법으로 북한의 현지지도와 통치전략을 분석했으나, 분석결과에 대한 검증에는 일정한 한계가 존재할 수 있다. 실례로 이 책에서는 현지지도 '행동 궤적' 분석을 통해 김일성 시대 가장 큰 국가전략과제가 '경제발전'이었으며 '사회주의 경제건설'이 최대 현안 과제였다는 점을 도출했으나 실제 김일성의 통치전략이 이에 집중되었는지에 대한 검증에는 한계가 존재한다. 따라서 이러한 한계를 극복할 수 있는 북한 정보의 공개와 과학적 연구방법에 기초한 후속연구가 중요하며, 특히 빅데이터 분석결과 이면에 감춰진 북한의 다양한 행태에 대해서도 북한 연구자나 대북정책 수립 시에 간과해서는 안 될 유의점이라 할 것이다.

끝으로, 지금까지 북한에 관한 연구 경향은 '문헌연구'를 중심으로 하는 '질적 분석'에 머물렀다. '질적 분석'과 빅데이터를 활용한 '양적 분석'을 병행하고 '구조화된 분석 틀'을 활용한 연구가 이어진다면 더욱 좋은 연구가 되리라 판단된다. 이 책은 질적 분석과 양적 분석을 '혼합'하고 그 결과를 '통치전략'과 연계하여 분석하는 구조를 활용했지만, 북한에 대한 제한된 정보를 바탕으로 했다는 점에서 다분히 간주관적일 수 있다. 따라서 이러한 한계를 극복하기 위해서는 보다 '광범위한 정보'를 바탕으로 빅데이터와 다양한 '양적 분석' 기법을 혼합하여 과학적인 분석을 해낼 수 있는 심도 있는 후속연구가 필요하다고 할 수 있다.

참고문헌

1. 국내 단행본

곽기영(2017).『소셜 네트워크 분석』. 서울: 청람.

곽길섭(2019).『김정은 대해부』. 서울: 선인.

국토통일원(1988).『조선로동당 대회자료집』제3권. 서울: 국토통일원.

김엘렌(2018).『김정은 체제: 변한 것과 변하지 않는 것』. 서울: 한울엠플러스.

김영우(2021).『쉽게 배우는 R텍스트마이닝』. 서울: 이지스퍼블리싱.

김용학(2014).『사회연결망 분석』. 서울: 박영사.

김일평(1990).『북한 정치경제입문』. 서울: 한울.

김정호(2020).『김정은의 통치전략과 딜레마』. 성남: 북코리아.

박형중(1997).『90년대 북한체제의 위기와 변화』. 서울: 민족통일연구원.

백학순(2015).『김정은 시대의 북한정치(2012~2014): 사상 · 정체성 · 구조』. 성남: 세종
    연구소.

서동만(2005).『북조선 사회주의체제성립사(1945~1961)』. 서울: 선인.

세종연구소(2011).『북한의 당 · 국가기구 · 군대』. 파주: 한울.

안희창(2016).『북한의 통치체제』. 서울: 명인문화사.

오경섭 · 김진하 · 홍석훈 · 이지순 · 한기범 · 이해정 · 이혜진(2020).『김정은 정권 통치
    담론과 부문별 정책변화』. 서울: 통일연구원.

이관세(2009).『현지지도를 통해 본 김정일의 리더십』. 서울: 전략과 문화.

이교덕(2002).『김정일 현지지도의 특성』. 서울: 통일연구원.

이남인(2014).『현상학과 질적 연구: 응용현상학의 한 지평』. 서울: 한길사.

이상우(2008).『북한 정치』. 파주: 나남출판.

이정락·정재훈·유호웅·이윤경·김지은(2022).『빅데이터와 텍스트 네트워크 분석』. 영남대학교 출판부.

유용원·신범철·김진아(2013).『북한군 시크릿 리포트』. 서울: 플래닛미디어.

전정환 외(2018).『김정은 시대의 북한 인물 따라가 보기』. 서울: 선인.

통일부(2013).『북한지식사전』. 서울: 늘품플러스.

_____(2005).『1995~2005년간 북한 신년사 자료집』. 서울: 통일부.

_____(2021).『북한 주요인물 정보 2021』. 서울: 웃고문화사.

_____(2022).『2022 북한이해』. 서울: 늘품플러스.

_____(2022).『북한 권력기구도』. 서울: 통일부 정세분석국.

_____(2022).『2022 북한백서』. 서울: 통일부.

한국은행(2020).『북한 경제성장률 추정: 1956~1989년』. 서울: 한국장애인문화인쇄협회.

한국학중앙연구원(2000).『한국민족문화대백과사전』. 서울.

함택영(1992).『북한 사회주의 건설의 정치경제』. 서울: 경남대 극동문제연구소.

2. 국내 학술논문 및 연구보고서

강영은(2009). "북한 김정일 정권의 권력 엘리트 구조에 관한 연구". 건국대 대학원 박사 학위 논문.

강채연(2022). "김정은 집권 10년 통치담론의 동학: 계승성과 독자성, 도전요인".『국제 정치연구』제25집 3호.

고재홍(2007). "김정일의 북한 군부대 시찰 동선(動線)분석".『군사논단』겨울호.

_____(2021). "김정은 집권 이후 군 관련 공개활동 특징과 전망".『INSS 전략보고』No. 108.

고지수(2001). "최고지도자의 정책지도법 현지지도".『민족21』통권 제3호.

김갑식(2012). "북한 군부의 세대교체와 향후 전망".『이슈와 논점』제496호, 국회입법 조사처.

_____(2016). "조선노동당 제7차대회 분석".『Online Series』CO16-12, 통일연구원.

김남식(1972). "북한의 공산화 과정과 계급노선".『북한 공산화 과정 연구』, 서울: 고려 대 아세아문제연구소.

김보연(2021). "빅데이터를 통해서 본 COVID-19 이후 유아 원격 관련 이슈 분석을 통

한 지원방향: 키워드와 연결·근접·매개중심성을 중심으로". 『한국지식정보기술학회 논문지』 제16권 제3호, 한국기술정보기술학회.

김상기(2001). "김정일 경제부문 현지지도 분석". 『KDI 북한경제 리뷰』, 서울: 한국개발연구원.

김성환(2021). "텍스트 마이닝과 네트워크 분석 기반의 트렌드 분석 아키텍처에 관한 연구". 서울시립대학교 박사학위 논문.

김수현·이영준·신진영·박기영(2019). "경제분석을 위한 텍스트 마이닝". 『BOK 경제연구』 제2019-18호.

김연천(1996). "북한의 산업화 과정과 공장관리의 정치(1953~1970)". 성균관대학교 대학원 박사학위 논문.

김우영·안경모(2018). "김정은 시대 북한 사회통제 유형에 관한 연구". 『현대북한연구』 제21권 제3호.

김인수(2017). "북한 권력엘리트의 김정은 친화성 지수 개발-장성택 숙청 이후 현지지도 수행 인원의 변화를 중심으로". 『통일과 평화』 제9집 제1호.

김일기(2021). "북한의 개정 당규약 분석과 시사점". 『INSS 전략보고』 No. 12, 국가안보전략연구원.

김준현(2015). "네트워크 텍스트 분석결과 해석에 관한 소고". 『인문사회과학연구』 Vol.16 No.4.

김태구(2019). "김정은 위원장 집권 이후 군부 위상 변화 연구". 『통일과 평화』 제11집 제2호.

김호홍(2021). "김정은 공개연설을 통해 본 북한의 대남·대미전략". 『INSS 전략보고』 No. 124, 국가전략연구원.

김효은(2021). "북한의 사상과 인민대중제일주의 연구". 『통일정책연구』 제30권 제1호.

류길재(1992). "천리마운동과 사회주의경제건설". 『북한 사회주의 건설의 정치경제』, 서울: 경남대 극동문제연구소.

류승주(2022). "북한의 민족문화전통과 항일혁명전통 수립(1945~1967)". 한양대학교 대학원 박사학위 논문.

민경희·김희경·배영목·최영출(1996). "청주 지역사회의 권력 구조에 관한 연구". 『한국사회학』 제30집.

박성열·정원회·한지만(2022). "북한의 상징정치: 김정은 시대 삼지연 중심으로". 『통일정책연구』 제31권 제1호.

박소혜(2020). "김정은 시대 현지지도 특징 연구: 영상자료 분석을 중심으로". 『통일부 신진연구자 정책연구과제』.

박영민(2009). "북한 당·정 관계의 성격 변화와 그 인식에 관한 연구". 『동북아연구』 제 24권 제1호.

_____(2010). "고난의 행군 이후 김정일 현지지도 패턴 분석". 『동북아연구』 Vol. 25, 조선대 동북아연구소.

박영자(2009). "북한의 권력 엘리트와 Post 김정일 시대". 『통일정책연구』 제18권 제2호, 통일연구원.

_____(2009). "북한의 권력 엘리트와 Post 김정일 시대". 『통일정책연구』 제18권 제2호, 서울: 통일연구원.

박정진(2018). "김정은 국무위원장의 현지지도 분석을 통한 지배와 통치, 병진노선의 구현과 전망". 『북한연구학회보』 제22권 제2호.

박정하(2021). "북한 역대 최고지도자의 현지지도 특성 연구: 김정은 시대를 중심으로". 고려대학교 일반대학원 박사학위 논문.

박종윤·임도빈(2020). "승자연합 네트워크 분석을 통해 본 김정은 정권의 안정성 평가". 『국방정책연구』 Vol. 36, No. 3.

박종희·박은정·조동준(2015). "북한 신년사(1946~2015)에 대한 자동화된 텍스트 분석". 『한국정치학회보』 제49권 제2호.

박지연(2020). "김정은 위원장은 왜 현지지도를 하는가? 승리연합 관리를 위한 현지지도 활용의 가설과 검증". 『아시아연구』 제23권 제3호, 한국아시아학회.

배영애(2015). "김정은 현지지도의 특성 연구". 『통일전략』 제15권 제4호, 한국통일전략학회.

배인교(2015). "북한 선군음악 정치의 지향-은하수관현악단을 중심으로". 『한국음악연구』 제57집.

서동만(1997). "김정일의 경제지도에 관한 연구". 『통일경제』 vol.35.

서재진(2006). "김일성 항일무장투쟁의 신화화 연구". 『통일연구원 연구총서』.

손용정(2017). "사회연결망 분석을 이용한 항만 경제학 분야 공동연구의 중심성에 관한 연구". 『韓國島嶼研究』 제29권 제1호.

송유계(2023). "텍스트마이닝을 활용한 김정은의 정책기조 변화 분석: 로즈노(J. Rosenau)의 연계이론(Linkage Theory)을 중심으로". 『한국콘텐츠학회』 제23권 제3호.

신광수(2017). "사찰방문에서 나타난 북한 현지지도사업의 특성과 종교정책의 변화". 『북한학연구』 제13권 제1호.

신명숙(2019). "북한 최고인민회의 제14기 1차 회의 결과: 엘리트 변화와 대외정책에 대한 함의". 『주요국제문제분석』 2019-08, 서울: 국립외교원.

안진희(2020). "북한 통치수단으로서 경관의 활용방식 연구: 노동신문 현지지도 보도를 중심으로". 『국토연구』 제104권.

오창은(2020). "김정은 시대 북한 소설에 나타난 평양 공간 재현 양상 연구". 『한민족문화연구』 Vol.71.

유판덕(2021). "김정은의 고난의 행군과 자력갱생 노선 선택 의도 및 미칠 영향". 『접경지역통일연구』 제5권 제1호.

유호열(1994). "김일성 현지지도 연구: 1980~1990년대를 중심으로". 『통일연구논총』 제3권 제1호.

이계성(2008). "북한 미디어 보도분석을 통한 김정일 현지지도 연구". 경기대학교 박사학위 논문.

이기동(2002). "김정일 현지지도에 관한 계량 분석". 『신진연구논문집 IV』, 서울: 통일부.

이기라(2016). "막스 베버 이론에서의 지배의 이중성". 『인문사회과학연구』 제17권 제4호, 부경대학교 인문사회과학연구소.

이상숙(2019). "북한 최고인민회의 제14기 1차 회의결과". 『주요국제문제분석』, 2019-08, 서울: 국립외교원.

이성봉(1999). "북한의 자립적 발전전략과 김일성 체제의 공고화 과정(1953-70)에 관한 연구". 고려대학교 대학원 박사학위 논문.

이성춘(2020). "김정은 체제하의 북한 신년사에 관한 연구". 『인문사회21』 제12권 제2호.

이승열(2020). "북한 당 중앙위 제7기 제5차 전원회의 주요 내용과 2020년 남북관계 전망". 『이슈와 논점』, 국회입법조사처.

이유정(2022). "텍스트 마이닝 기반 한·중 관객의 영화 수용 특성 연구". 고려대학교대학원 박사학위 논문.

이정민(2017). "무용학의 지적 구조 분석 연구". 성균관대학교 박사학위논문.

이종석(1999). "북한의 권력구조 재편과 대남전략". 『국가전략』 제5권 제1호, 서울: 세종연구소.

장동국(2018). "우리 국가제일주의를 높이 들고 나가는 데서 나서는 중요 요구". 『철학, 사회정치학 연구』, 동국대북한학연구소, 제154호.

정병호(2010). "극장국가 북한의 상징과 의례".『통일문제연구』제22권 제2호, 평화문제연구소.

정성장(2010). "김정은 후계체제의 공식화와 북한 권력체계 변화".『북한연구학회보』제14권 제2호.

정영철(2020). "북한의 우리국가제일주의: 국가의 재등장과 체제 재건설의 이데올로기".『현대북한연구』제23권 제1호.

정유석(2015). "김정은 현지지도에 나타난 북한의 상징정치".『현대북한연구』제18권 제3호.

정유석·곽은경(2015). "김정은 현지지도에 나타난 북한의 상징정치".『현대북한연구』제18권 제3호, 북한대학원대학교 북한미시연구소.

정창현(1997). "현지지도".『통일경제』제36호.

진희관(2016). "북한의 로작 용어 등장 과정과 김정은 로작 분석".『북한연구학회보』제21권 제2호.

최은주(2020). "2020년 김정은 위원장 공개활동 특징과 함의".『세종논평』, No. 2020-35.

최준택(2008). "김정일의 정치리더십 연구: 현지지도를 중심으로". 건국대학교 대학원 박사학위 논문.

통일부 북한정보포털(2022). "주간북한동향". https://nkinfo.unikorea.go.kr. 검색일: 2022. 8. 4.

통일연구원(2017). "2017년 북한 신년사 분석".『KINU 통일나침반』, 17-02, 서울: 통일연구원.

_____(2017). "2017년 북한 신년사 분석 및 대내외 정책 전망".『Online Series』, 제17-01.

_____(2008). "2008년도 북한 신년 공동사설 분석".『통일정세분석 2008-01』, 서울: 통일연구원.

_____(2009). "2009년도 북한 신년 공동사설 분석".『통일정세분석 2009-01』, 서울: 통일연구원.

_____(2010). "2010년도 북한 신년 공동사설 분석".『통일정세분석 2010-01』, 서울: 통일연구원.

_____(2011).『김정일 현지지도동향 1994~2011』. 서울: 통일연구원.

표윤신·허재영(2019). "김정은 시대 북한의 국가 성격은 변화하고 있는가?: 당·정·군 현지지도 네트워크 분석". 『한국과 국제정치』 제35권 제3호, 통권 106호.

한국은행. "북한 GDP 관련 통계". https://www.bok.or.kr/portal/mail/contents
.do?menuNo =200091. 2021년 8월 발표(검색일: 2022. 12. 3.)

홍민(2001). "북한 현지지도 기원에 관한 이론적 검토". 『東院論集』 제14권.

_____(2019). "2019년 김정은 신년사 분석과 정세전망". 『KINU Insight 2019 No 1』,
서울: 통일연구원.

_____(2021). "북한 조선노동당 제8차 대회 분석". 『KINU Insight』 No. 1.

_____(2021). "북한 제7기 제4차 당 중앙군사위원회 확대회의 분석". 『Online Serise』.
서울: 통일연구원.

홍민 · 강채연 · 박소혜 · 권주현(2021). "김정은 시대 주요 전략 · 정책용어 분석". 『KINU
Insight』, 21-02.

황재준(2001). "북한의 현지지도: 끝나지 않은 군중노선의 이상". 『경제와 사회』 제49권,
한국산업사회학회.

3. 국내 신문기사 및 인터넷 자료

강민선. "김정은, 또 건강 이상설? … 뒷통수에 하얀 테이프 자국". 『세계일보』, 2022년 1
월 6일.

김지현. "北 노동당원 650만 명 추정 … 당 중심 통치 강화 영향". 『뉴시스』, 2021년 1월
6일.

김민순. "올해 10차례 … 대중연설 확 늘린 김정은 통치철학 주입 · 애민정신 선전 '두 토
끼'". 『한국일보』, 2021년 10월 18일, A06면.

김범수. "金 아바타 조용원, 권력 핵심 … 김여정, 장기 실세로 군림". 『세계일보』, 2021
년 12월 22일.

김영은. "北, 초대형방사포 시험사격 성공 … 김정은, 무기개발 지시". 『KBS』, 2019년 8
월 25일.

남민우. "정부, UN 안보리 통해 北 통치자금 더 조인다". 『조선일보』, 2013년 2월 12일.

박병수. "김정은 핵무력 완성 선언 … 북 대화국면 전환 가능성". 『한겨레』, 2017년 11월
29일.

박은경. "김정은, 평양 송화거리 준공식 참석해 직접 테이프 커팅". 『경향신문』, 2022년
4월 13일.

박홍두. "김정은, 북한군 간부 40% 이상 교체". 『경향신문』, 2015년 7월 14일.

서재준. "백두의 칼바람 맞으라는 북한 … 몸으로 하는 사상전". 『뉴스1』, 2022년 12월 4일.

_____. "北, 김정은 집권 후 체육·위락시설 건설 늘어나". 『뉴스1』, 2013년 10월 9일.

왕선택. "김정은 위원장 두문불출 … 평양 수상한 움직임 포착". 『YTN』, 2019년 10월 26일.

윤일건. "북한군 장성들, 수영하고 총쏘고 힘들다 힘들어". 『연합뉴스』, 2014년 7월 2일.

이현정. "김정은 3년상 치르며 유훈통치로 권력 다질 듯". 『서울신문』, 2011년 12월 20일.

임은진. "北 박봉주 당중앙군사위 포함 … 병진노선 경제측면 지원". 『연합뉴스』, 2016년 5월 10일.

정다슬. "전술핵 공언한 北 김정은 … 한반도 긴장 더욱 격화. 『이데일리』, 2022년 4월 26일.

정영교·박현주. "김정은 최근 삼지연 갔다 … 이번에도 중대결정하나". 『중앙일보』, 2022년 12월 27일.

조선노동당 규약 전문. 2021년 1월, https://peacemaker.seoul.co.krWPK_reg_full.

하종훈. "김정은 목선 타고 서해 전방 시찰". 『서울신문』, 2013년 8월 20일.

"김정은 제1비서 7차당대회 중앙위원회 사업총화보고 전문". 『오마이뉴스』, http://www.ohmynews.com/NWS_Web/View/at_pg.aspx?CNTN_CD=A0002207576

"북 현지지도에 담긴 정치학". 『KBS』, 2015년 3월 21일.

4. 북한 문건

『경제사전』 1권(1985).

과학백과전출판사(1991). 『조선전사년표 II』. 평양: 과학백과사전출판사.

근로자 특간호(2016). 『조선로동당 제7차 대회 결정서』. "경애하는 김정은 동지를 우리 당의 최고수위에 높이 추대할 데 대하여". 평양: 근로자사.

근로자사(1957). "전후 3개년 인민경제 계획의 예비적 총화와 1957년 인민경제발전 계획에 대하여". 『근로자』 제1호, 평양: 근로자사.

_____(1969). "김일성 동지의 위대한 현지지도방법을 따라 배우자". 『근로자』 제11호, 평양: 근로자사.

김동익(1970). "일반적 지도와 개별적 지도를 결합하는 것은 우리 당의 혁명적 사업방법". 『근로자』 제7호.

김일성(1953).『김일성 선집』, 제1판 제1권. 평양: 조선로동당출판사.

_____(1954).『김일성 선집』, 제1판 제1권. 평양: 조선로동당출판사.

_____(1979).『김일성 저작집』, 제3권. 평양: 조선로동당출판사.

_____(1979).『김일성 저작집』, 제4권. 평양: 조선로동당출판사.

_____(1980).『김일성 저작집』, 제5권. 평양: 조선로동당출판사.

_____(1980).『김일성 저작집』, 제10권. 평양: 조선로동당출판사.

_____(1983).『김일성 저작집』, 제22권. 평양: 조선로동당출판사.

_____(1984).『김일성 저작집』, 제26권. 평양: 조선로동당출판사.

_____(1994).『김일성 저작집』, 제40권. 평양: 조선로동당출판사.

김정일(1991).『주체사상에 대하여』. 평양: 조선로동당출판사.

_____(1998). "자강도의 모범을 따라 경제사업과 인민생활에서 새로운 전환적 국면을 일으키자",『김일성 선집 14』. 평양: 조선로동출판사.

김철우(2000).『김정일 장군의 선군정치』. 평양: 평양출판사.

리근모(1978). "경애하는 수령님의 현지지도 방법은 공산주의적 령도방법의 위대한 모범".『근로자』제4호.

리성준(1980). "주체사상과 군중노선".『근로자』제7호.

박영근(1996). "당의 혁명적 경제전략을 계속 철저히 관철하는 것은 인민 생활을 높이며 자립적 경제토대를 반석같이 다지기 위한 확고한 담보".『경제연구』제2호, 평양: 사회과학출판사.

백명일(2018).『인민대중제일주의의 성스러운 력사를 펼쳐가시는 위대한 령도』. 평양: 과학백과사전출판사.

사회과학원 력사연구소(1967).『조선전사년표 Ⅲ』. 평양: 과학백과사전출판사.

사회과학원 철학연구소(1985).『철학사전』. 평양: 사회과학출판사.

손영규(1985).『위대한 주체사상 총서10 령도예술』. 평양: 사회과학출판사.

조선로동당 당력사연구소(1964).『조선로동당 력사교재』. 평양: 조선로동당출판사.

조선중앙통신사(1980).『조선중앙년감 1980』. 평양: 조선중앙통신사.

_____(2017).『조선중앙연감 2017』. 평양: 조선중앙통신사.

조선출판물수출입사(2017).『조선민주주의인민공화국경제개발』. 정평인쇄소.

최춘황(1987). "3대혁명붉은기쟁취운동은 사회주의, 공산주의 건설을 다그치는 전인민적 대중운동". 『근로자』 제2호.

평양(1968). "조선로동당 제4차 대회에서 한 중앙위원회 사업총화 보고". 『김일성 저작
　　　선집 3』, 평양: 조선로동당출판사.

_____(1982). "사회주의 건설의 위대한 추동력인 천리마작업반운동을 더욱 심화발전
　　　시키자". 『백과전서』 제5권, 평양: 백과사전출판사.

_____(1985). 『철학사전』. 평양: 사회과학출판사.

_____(1991). 『조선사년표 II』. 평양: 과학백과사전출판사.

_____(1992). 『조선말대사전 1권』. 평양: 사회과학출판사.

_____(2001). 『조선대백과사전』 제24권. 평양: 백과사전출판사.

_____(2001). "김일성과 김정일의 현지지도 사적내용을 돌에 글로 새겨 세운 기념비".
　　　『조선대백과사전』 제24권, 평양: 백과사전출판사.

한재만(1994). 『김정일: 인간·사상·령도』. 평양: 평양출판사.

한창렬(1997). "농사를 짓는데 선차적인 힘을 넣을 데 대한 우리 당의 방침의 정당성".
　　　『근로자』 제8호.

"강계정신으로 제2의 천리마 대진군을 힘차게 다그치자". 『로동신문』, 1999년 9월 28일.

"경애하는 김정은 동지께서 조선로동당 제4차 세포비서대회에서 하신 연설". 『로동신
　　　문』, 2013년 1월 30일.

"경애하는 김정은동지께서 전국경공업대회에서 하신 연설". 『로동신문』, 2013년 3월
　　　19일.

"김일성-김정일주의는 당 대회의 기본정신이며 영원한 지도사상". 『로동신문』, 2016년
　　　5월 13일.

"김일성대원수님 탄생 100돐 경축 열병식에서 한 연설". 『로동신문』, 2012년 4월 16일.

"김정은 군 최고사령관 추대 7주년 기념". 『로동신문』, 2018년 12월 30일.

"김정은 동지께서 원산구두공장을 현지지지도 하시었다". 『로동신문』, 2018년 12월 3일.

"김정은 동지의 지도 밑에 조선로동당 중앙위원회 제7기 제3차전원회의 진행". 『조선중
　　　앙통신』, 2018년 4월 21일.

"김정은, 경공업 발전에 역량을 집중할 것 지시". 『조선중앙통신』, 2013년 3월 19일.

"김정일 애국주의를 구현하여 부강조국 건설을 다그치자-조선로동당중앙위원회 책임
　　　일군들과 한 담화". 『로동신문』, 2012년 8월 3일.

"당결정 관철에서 무조건성의 혁명정신을 발휘하여 5개년계획 수행의 관건적인 올해를 빛나게 결속하자".『로동신문』 사설, 2022년 11월 28일.

"마식령 속도를 창조하여 사회주의건설의 모든 전선에서 새로운 전성기를 열어나가자".『조선중앙TV』, 2013년 6월 5일.

"민족적 자존심이 강한 인민은 불패이다".『로동신문』, 2001년 6월 21일.

"백두산지구 혁명전적지 답사를 통한 혁명전통 교양 활발히 진행-성, 중앙기관 당조직들에서".『로동신문』, 2020년 3월 24일.

"백두산지구 혁명전적지, 혁명사적지 답사 활발히 진행-량강도에서".『로동신문』, 2019년 12월 16일.

"어버이수령님께서 보여주신 정력적인 현지지도의 위대한 모범".『근로자』, 1974년 제4호.

"오늘의 천리마 정신".『로동신문』, 1998년 7월 7일.

"온 사회의 김일성-김정일주의화는 우리 당의 최고강령".『로동신문』, 2016년 5월 17일.

"우리 국가활동과 인민대중제일주의".『민주조선』, 2019년 5월 3일.

"우리 당의 선군정치는 필승불패이다".『로동신문』, 1999년 6월 16일.

"우리 당이 백두산지구 혁명전적지 답사 열풍을 세차게 일으키도록 한 것은 항일의 나날에 발휘된 혁명정신으로 전대미문의 시련과 난관을 정면 돌파해 나가기 위해서다".『로동신문』, 2020년 3월 16일.

"위대한 김정일 동지를 우리 당의 영원한 총비서로 높이 모시고 주체혁명위업을 빛나게 완성해나가자".『로동신문』, 2012년 4월 19일.

"위대한 김정일 동지의 유훈을 받들어 2012년을 강성부흥의 전성기로 펼쳐지는 자랑찬 승리의 해로 빛내이자".『로동신문』, 2012년 1월 1일.

"위대한 김정일 동지의 현지말씀을 빛나게 관철하여 강성대국 건설을 힘있게 다그치자".『로동신문』, 2002년 2월 20일.

"인민군 창건 71주년 맞이 인민무력성 방문".『로동신문』, 2019년 2월 8일.

"인민대중제일주의를 구현해 나가는 것은 정권기관 일군들의 중요과업".『민주조선』, 2016년 3월 30일.

"정론: 강성대국".『로동신문』, 1998년 8월 22일.

"조선로동당 제6차 세포비서대회에서 결론《현시기 당세포강화에서 나서는 중요과업에 대하여》를 하시였다".『로동신문』, 2021년 1월 9일.

"조선로동당 제7차 대회에서 한 당중앙위원회 사업총화보고".『로동신문』, 2016년 5월

8일.

"조선로동당 제8차 대회에서 한 결론".『로동신문』, 2021년 11월 13일.

"조선로동당 제8차 대회에서 한 중앙위원회 사업총화 보고".『로동신문』, 2021년 11월 9일.

"조선로동당 중앙위원회 제7기 제4차전원회의에 관한 보도".『조선중앙통신』, 2019년 4월 11일.

"최고인민회의 제14기 제1차 회의 김정은 시정연설".『로동신문』, 2019년 4월 12일.

"20세기를 대표하는 절세위인의 거룩한 자욱".『로동신문』, 2002년 4월 13일.

"2012년 신년 공동사설".『로동신문』, 2012년 1월 1일.

"2014년 신년사".『로동신문』, 2014년 1월 1일.

"2015년 신년사".『로동신문』, 2015년 1월 1일.

"2016년 신년사".『로동신문』, 2016년 1월 1일.

"2017년 신년사".『로동신문』, 2017년 1월 1일.

"3대혁명 붉은기쟁취운동은 제2천리마 대진군의 추동력".『로동신문』, 1999년 9월 12일.

『로동신문』, 1991년 11월 22일.

_____, 1998년 2월 16일.

_____, 2001년 7월 26일.

_____, 2002년 2월 20일.

_____, 2008년 12월 25일.

_____, 2012년 1월 20일.

_____, 2013년 10월 23일.

_____, 2014년 5월 26일.

_____, 2014년 6월 20일.

_____, 2014년 7월 2일.

_____, 2017년 11월 20일.

_____, 2019년 2월 6일.

_____, 2021년 1월 6일.

『로동신문』 사설, 2020년 2월 8일.

『민주조선』. 2019년 5월 4일.

『조선신보』, 2016년 5월 17일.

『조선중앙방송』, 2002년 2월 8일; 2003년 6월 18일.

_____, 2002년 4월 13일.

_____, 2002년 6월 18일.

_____, 2012년 2월 12일.

『조선중앙통신』, 2002년 4월 13일.

_____, 2012년 1월 1일.

_____, 2012년 8월 24일.

_____, 2012년 4월 15일.

_____, 2016년 5월 8일.

_____, 2021년 7월 28일.

『조선중앙TV』, 2014년 1월 20일.

「조선로동당 규약(초안) 해설」, 『로동신문』, 1956년 2월 3일.

5. 국외 단행본 및 학술논문

Barbara Geddes (2003). *Paradigms and Sand Castles: Theory Building and Research Designing Comparative Politics*. Ann Arbor: University of Michigan Press.

Barbara Geddes, Joseph G. Wright, and Erica Frantz (2018). *How Dictatorships Work: Power, Personalization and Collapse*. New York: Cambridge University Press.

Emirbayer and Goodwin (1994). "Network Analysis, Culture, and the Problem of Agency." *American Journal of Sociology* 99, No. 6.

Ezra E. Vogel (1970). "Politicized Bureaucracy: Communist China." Fred W. Riggs ed., *Frontiers of Development Administration*, Durham: Duke University Press.

John F. Padgett and Christopher K. Ansell (1993). "Robust Action and Rise of the Medici, 1400-1434." *American Journal of Sociology* 98, No. 6.

John Skvorets and David Willer (1993). "Exclusion and Power: A Test of Four Theories of Power in Exchange Networks." *American Sociological Review* 58.

Mark S. Granovetter (1973). "The Strength of Weak Ties." *American Journal of Sociology* 78, No. 6.

Mustafa Emitbayer and Jeff Goodwin (1994). "Network Analysis, Culture, and the Problem of Agency." *American Journal of Sociology* Vol. 99. No. 6.

Richard Lachmann (1990). "Class Formation Without Class Struggle: An Elite Conflict Theory of the Transition to Capitalism." *American Sociological Review* 55.

Robert A. Scalapino and Chong-Sik Lee (1972). *Communism in Korea*. Berkeley: University of California Press.

Samuel P. Huntington (2018). *The Third Wave: Democratization in the Late Twentieth Century*. Norman: University of Oklahoma Press.

Ursula Hoffmann-Lange (1987). "Surveying National Elites in the Federal Republic of Germany." in Moyser and Wagstaffe (eds.), *Research Methods for Elite Studies*. London: Allen & Unwin.

Wasserman, S. & Faust, K. (1994). *Social Network Analysis: Methods and Applications*. New York: Cambridge.

Weber, M. (2002). *Le savant et le politique*. translated by Freund Julien. Paris: Editions.

Abe, Shinzo (2012). "Asia's Democratic Security Diamond." *the Website of the Project Syndicate* 27 December.

Arnott, Ralph E. & Graffney, William A. (1985). "Naval Presence Sizing the Force." *Naval War College Review,* March-April.

Arreguin-Toft, Ivan (2001). "How the Weak Win Wars: A Theory Asymmetric Conflict." *International Security,* Vol. 26, No. 1.

별지 1: 권력 과도기 발언내용 네트워크 속성

NETWORK COHESION

Input dataset: (C:\Users\권력과도기 발언내용\정제 4차 분석\매트릭스 빈도)

Output dataset: (C:\Users\UCINET data\매트릭스 빈도-coh)

Ignore direction of ties: NO(C:\Users\UCINET data\NO)

Ignore reflexive ties: YES (C:\Users\UCINET data\YES)

Network Sheet 1 was valued. For the purposes of this analysis, it has been dichotomized.

Whole network measures

		1 매트릭스 빈도
1	# of nodes	50
2	# of ties	2442
3	Avg Degree	48.840
4	Indeg H-Index	48
5	K-core index	47
6	Deg Centralization	0.003
7	Out-Centralization	0.003
8	In-Centralization	0.003
9	Indeg Corr	-0.105
10	Outdeg Corr	-0.105
11	Density	0.997
12	Components	1
13	Component Ratio	0

14	Connectedness	1
15	Fragmentation	0
16	Transitivity/Closure	0.997
17	Avg Distance	1.003
18	Prop within 3	1
19	SD Distance	0.057
20	Diameter	2
21	Wiener Index	2458
22	Dependency Sum	8
23	Breadth	0.002
24	Compactness	0.998
25	Small Worldness	1.353
26	Mutuals	0.997
27	Asymmetrics	0
28	Nulls	0.003
29	Arc Reciprocity	1
30	Dyad Reciprocity	1

30 rows, 1 columns, 1 levels.

Notes

K-core index is always calculated on the underlying graph (i.e., direction of ties ignored)

When the graph is disconnected, avg dist is based on connected pairs only.

Small world index is not calculated when the graph is disconnected.

Running time: 00:00:01 seconds.

Output generated: 12 5 23 18:43:20

UCINET 6.759 Copyright (c) 2002-2022 Analytic Technologies

별지 2: 권력 과도기 군사분야 네트워크 속성

NETWORK COHESION

Input dataset: (C:\Users\권력과도기 군부대 언론보도\4차분석\매트릭스)
Output dataset: (C:\Users\UCINET data\매트릭스-coh)
Ignore direction of ties: NO (C:\Users\UCINET data\NO)
Ignore reflexive ties: YES (C:\Users\UCINET data\YES)

Network Sheet 1 was valued. For the purposes of this analysis, it has been dichotomized.

Whole network measures

		1
		매트릭스
1	# of nodes	50
2	# of ties	326
3	Avg Degree	6.520
4	Indeg H-Index	9
5	K-core index	5
6	Deg Centralization	0.605
7	Out-Centralization	0.593
8	In-Centralization	0.593
9	Indeg Corr	0.334
10	Outdeg Corr	0.334
11	Density	0.133
12	Components	1
13	Component Ratio	0

14	Connectedness	1
15	Fragmentation	0
16	Transitivity/Closure	0.331
17	Avg Distance	2.187
18	Prop within 3	0.977
19	SD Distance	0.681
20	Diameter	4
21	Wiener Index	5358
22	Dependency Sum	2908
23	Breadth	0.485
24	Compactness	0.515
25	Small Worldness	2.593
26	Mutuals	0.133
27	Asymmetrics	0
28	Nulls	0.867
29	Arc Reciprocity	1
30	Dyad Reciprocity	1

30 rows, 1 columns, 1 levels.

Notes

K-core index is always calculated on the underlying graph (i.e., direction of ties ignored)

When the graph is disconnected, avg dist is based on connected pairs only.

Small world index is not calculated when the graph is disconnected.

Running time: 00:00:01 seconds.

Output generated: 12 5 23 18:55:15

UCINET 6.759 Copyright (c) 2002-2022 Analytic Technologies

별지 3: 권력 과도기 행정·경제 분야 네트워크 속성

NETWORK COHESION

Input dataset: (C:\Users\권력과도기 행정경제 언론보도\4차 분석\매트릭스)
Output dataset: (C:\Users\\UCINET data\매트릭스-coh)
Ignore direction of ties: NO (C:\Users\UCINET data\NO)
Ignore reflexive ties: YES (C:\Users\UCINET data\YES)

Network Sheet 1 was valued. For the purposes of this analysis, it has been dichotomized.

Whole network measures

		1 매트릭스
1	# of nodes	50
2	# of ties	256
3	Avg Degree	5.120
4	Indeg H-Index	8
5	K-core index	4
6	Deg Centralization	0.359
7	Out-Centralization	0.352
8	In-Centralization	0.352
9	Indeg Corr	0.312
10	Outdeg Corr	0.312
11	Density	0.104
12	Components	2
13	Component Ratio	0.020

14	Connectedness	0.960
15	Fragmentation	0.040
16	Transitivity/Closure	0.297
17	Avg Distance	2.549
18	Prop within 3	0.793
19	SD Distance	0.949
20	Diameter	6
21	Wiener Index	996
22	Dependency Sum	3644
23	Breadth	0.557
24	Compactness	0.443
25	Small Worldness	
26	Mutuals	0.104
27	Asymmetrics	0
28	Nulls	0.896
29	Arc Reciprocity	1
30	Dyad Reciprocity	1

30 rows, 1 columns, 1 levels.

Notes

K-core index is always calculated on the underlying graph (i.e., direction of ties ignored)

When the graph is disconnected, avg dist is based on connected pairs only.

Small world index is not calculated when the graph is disconnected.

Running time: 00:00:01 seconds.

Output generated: 12 5 23 19:27:55

UCINET 6.759 Copyright (c) 2002-2022 Analytic Technologies

별지 4: 권력 과도기 군사분야 인물 네트워크 속성

NETWORK COHESION

Input dataset: (C:\Users\권력과도기 군부대 인물\매트릭스 빈도)
Output dataset: (C:\Users\UCINET data\매트릭스 빈도-coh)
Ignore direction of ties: NO (C:\Users\UCINET data\NO)
Ignore reflexive ties: YES (C:\Users\UCINET data\YES)

Network Sheet 1 was valued. For the purposes of this analysis, it has been dichotomized.

Whole network measures

		1 매트릭스 빈도
1	# of nodes	50
2	# of ties	1672
3	Avg Degree	33.440
4	Indeg H-Index	32
5	K-core index	27
6	Deg Centralization	0.310
7	Out-Centralization	0.303
8	In-Centralization	0.303
9	Indeg Corr	-0.245
10	Outdeg Corr	-0.245
11	Density	0.682
12	Components	1
13	Component Ratio	0

14	Connectedness	1
15	Fragmentation	0
16	Closure	0.800
17	` Avg Distance	1.318
18	Prop within 3	1
19	# w/in 3	2450
20	SD Distance	0.466
21	Diameter	2
22	Wiener Index	3228
23	Dependency Sum	778
24	Breadth	0.159
25	Compactness	0.841
26	Small Worldness	1.291
27	Mutuals	0.682
28	Asymmetrics	0
29	Nulls	0.318
30	Arc Reciprocity	1
31	Dyad Reciprocity	1

31 rows, 1 columns, 1 levels.

Notes

K-core index is always calculated on the underlying graph (i.e., direction of ties ignored)

When the graph is disconnected, avg dist is based on connected pairs only.

Small world index is not calculated when the graph is disconnected.

Running time: 00:00:01 seconds.

Output generated: 12 10 22 19:49:06

UCINET 6.735 Copyright (c) 2002-2021 Analytic Technologies

별지 5: 권력 과도기 행정·경제 분야 인물 네트워크 속성

NETWORK COHESION

Input dataset: (C:\Users\권력과도기 행정경제 인물\매트릭스 빈도)
Output dataset: (C:\Users\매트릭스 빈도-coh
Ignore direction of ties: NO (C:\Users\UCINET data\NO
Ignore reflexive ties: YES (C:\Users\UCINET data\YES

Network Sheet 1 was valued. For the purposes of this analysis, it has been dichotomized.

Whole network measures

		1 매트릭스 빈도
1	# of nodes	50
2	# of ties	1976
3	Avg Degree	39.520
4	Indeg H-Index	37
5	K-core index	31
6	Deg Centralization	0.202
7	Out-Centralization	0.197
8	In-Centralization	0.197
9	Indeg Corr	-0.259
10	Outdeg Corr	-0.259
11	Density	0.807
12	Components	1
13	Component Ratio	0

14	Connectedness	1
15	Fragmentation	0
16	Closure	0.864
17	Avg Distance	1.193
18	Prop within 3	1
19	# w/in 3	2450
20	SD Distance	0.395
21	Diameter	2
22	Wiener Index	2924
23	Dependency Sum	474
24	Breadth	0.097
25	Compactness	0.903
26	Small Worldness	1.262
27	Mutuals	0.807
28	Asymmetrics	0
29	Nulls	0.193
30	Arc Reciprocity	1
31	Dyad Reciprocity	1

31 rows, 1 columns, 1 levels.

Notes

K-core index is always calculated on the underlying graph (i.e., direction of ties ignored)

When the graph is disconnected, avg dist is based on connected pairs only.

Small world index is not calculated when the graph is disconnected.

Running time: 00:00:01 seconds.

Output generated: 12 10 22 19:51:30

UCINET 6.735 Copyright (c) 2002-2021 Analytic Technologies

별지 6: 권력 공고화기 발언내용 네트워크 속성

NETWORK COHESION

Input dataset: (C:\Users\권력공고화기 발언내용\공고화기 정제 3차 분석\매트릭스

Output dataset: (C:\Users\UCINET data\매트릭스-coh

Ignore direction of ties: NO (C:\Users\UCINET data\NO

Ignore reflexive ties: YES (C:\Users\UCINET data\YES

Network Sheet 1 was valued. For the purposes of this analysis, it has been dichotomized.

Whole network measures

		1 매트릭스
1	# of nodes	50
2	# of ties	2418
3	Avg Degree	48.360
4	Indeg H-Index	46
5	K-core index	45
6	Deg Centralization	0.014
7	Out-Centralization	0.013
8	In-Centralization	0.013
9	Indeg Corr	-0.068
10	Outdeg Corr	-0.068
11	Density	0.987
12	Components	1
13	Component Ratio	0

14	Connectedness	1
15	Fragmentation	0
16	Transitivity/Closure	0.988
17	Avg Distance	1.013
18	Prop within 3	1
19	SD Distance	0.114
20	Diameter	2
21	Wiener Index	2482
22	Dependency Sum	32
23	Breadth	0.007
24	Compactness	0.993
25	Small Worldness	1.344
26	Mutuals	0.987
27	Asymmetrics	0
28	Nulls	0.013
29	Arc Reciprocity	1
30	Dyad Reciprocity	1

30 rows, 1 columns, 1 levels.

Notes

K-core index is always calculated on the underlying graph (i.e., direction of ties ignored)

When the graph is disconnected, avg dist is based on connected pairs only.

Small world index is not calculated when the graph is disconnected.

Running time: 00:00:01 seconds.

Output generated: 12 5 23 21:49:38

UCINET 6.759 Copyright (c) 2002-2022 Analytic Technologies

별지 7: 권력 공고화기 군사분야 네트워크 속성

NETWORK COHESION

Input dataset: (C:\Users\권력공고화기 군부대 언론보도\6차분석\매트릭스
Output dataset: (C:\Users\UCINET data\매트릭스-coh
Ignore direction of ties: NO (C:\Users\UCINET data\NO
Ignore reflexive ties: YES (C:\Users\UCINET data\YES

Network Sheet 1 was valued. For the purposes of this analysis, it has been dichotomized.

Whole network measures

		1 매트릭스
1	# of nodes	50
2	# of ties	256
3	Avg Degree	5.120
4	Indeg H-Index	8
5	K-core index	5
6	Deg Centralization	0.444
7	Out-Centralization	0.435
8	In-Centralization	0.435
9	Indeg Corr	0.245
10	Outdeg Corr	0.245
11	Density	0.104
12	Components	4
13	Component Ratio	0.061

14	Connectedness	0.882
15	Fragmentation	0.118
16	Transitivity/Closure	0.360
17	Avg Distance	2.424
18	Prop within 3	0.796
19	SD Distance	0.869
20	Diameter	6
21	Wiener Index	5240
22	Dependency Sum	3078
23	Breadth	0.577
24	Compactness	0.423
25	Small Worldness	
26	Mutuals	0.104
27	Asymmetrics	0
28	Nulls	0.896
29	Arc Reciprocity	1
30	Dyad Reciprocity	1

30 rows, 1 columns, 1 levels.

Notes

K-core index is always calculated on the underlying graph (i.e., direction of ties ignored)

When the graph is disconnected, avg dist is based on connected pairs only.

Small world index is not calculated when the graph is disconnected.

Running time: 00:00:01 seconds.

Output generated: 15 5 23 19:32:35

UCINET 6.766 Copyright (c) 2002-2023 Analytic Technologies

별지 8: 권력 공고화기 행정·경제 분야 네트워크 속성

NETWORK COHESION

Input dataset: (C:\Users\권력공고화기 행정경제 언론보도\5차분석\매트릭스

Output dataset: (C:\Users\UCINET data\매트릭스-coh

Ignore direction of ties: NO (C:\Users\UCINET data\NO

Ignore reflexive ties: YES (C:\Users\UCINET data\YES

Network Sheet 1 was valued. For the purposes of this analysis, it has been dichotomized.

Whole network measures

		1 매트릭스
1	# of nodes	50
2	# of ties	210
3	Avg Degree	4.200
4	Indeg H−Index	7
5	K−core index	5
6	Deg Centralization	0.251
7	Out−Centralization	0.246
8	In−Centralization	0.246
9	Indeg Corr	0.147
10	Outdeg Corr	0.147
11	Density	0.086
12	Components	4
13	Component Ratio	0.061

14	Connectedness	0.882
15	Fragmentation	0.118
16	Transitivity/Closure	0.365
17	Avg Distance	3.115
18	Prop within 3	0.566
19	SD Distance	1.339
20	Diameter	8
21	Wiener Index	6734
22	Dependency Sum	4572
23	Breadth	0.645
24	Compactness	0.355
25	Small Worldness	
26	Mutuals	0.086
27	Asymmetrics	0
28	Nulls	0.914
29	Arc Reciprocity	1
30	Dyad Reciprocity	1

30 rows, 1 columns, 1 levels.

Notes

K-core index is always calculated on the underlying graph (i.e., direction of ties ignored)

When the graph is disconnected, avg dist is based on connected pairs only.

Small world index is not calculated when the graph is disconnected.

Running time: 00:00:01 seconds.

Output generated: 14 5 23 09:20:21

UCINET 6.759 Copyright (c) 2002-2022 Analytic Technologies

별지 9: 권력 공고화기 군사분야 인물 네트워크 속성

NETWORK COHESION

Input dataset: (C:\Users\권력공고화기 군부대 인물\매트릭스 빈도)
Output dataset: (C:\Users\매트릭스 빈도-coh)
Ignore direction of ties: NO (C:\Users\UCINET data\NO)
Ignore reflexive ties: YES (C:\Users\UCINET data\YES)

Network Sheet 1 was valued. For the purposes of this analysis, it has been dichotomized.

Whole network measures

		1 매트릭스 빈도
1	# of nodes	50
2	# of ties	1034
3	Avg Degree	20.680
4	Indeg H-Index	23
5	K-core index	23
6	Deg Centralization	0.389
7	Out-Centralization	0.382
8	In-Centralization	0.382
9	Indeg Corr	-0.326
10	Outdeg Corr	-0.326
11	Density	0.422
12	Components	1
13	Component Ratio	0

14	Connectedness	1
15	Fragmentation	0
16	Closure	0.752
17	Avg Distance	1.625
18	Prop within 3	1
19	# w/in 3	2450
20	SD Distance	0.574
21	Diameter	3
22	Wiener Index	3982
23	Dependency Sum	1532
24	Breadth	0.297
25	Compactness	0.703
26	Small Worldness	1.754
27	Mutuals	0.422
28	Asymmetrics	0
29	Nulls	0.578
30	Arc Reciprocity	1
31	Dyad Reciprocity	1

31 rows, 1 columns, 1 levels.

Notes

K-core index is always calculated on the underlying graph (i.e., direction of ties ignored)

When the graph is disconnected, avg dist is based on connected pairs only.

Small world index is not calculated when the graph is disconnected.

Running time: 00:00:01 seconds.

Output generated: 12 10 22 19:36:55

UCINET 6.735 Copyright (c) 2002-2021 Analytic Technologies

별지 10: 권력 공고화기 행정·경제 분야 인물 네트워크 속성

NETWORK COHESION

Input dataset: (C:\Users\권력공고화기 행정경제 인물\매트릭스 빈도)
Output dataset: (C:\Users\UCINET data\매트릭스 빈도-coh)
Ignore direction of ties: NO (C:\Users\UCINET data\NO)
Ignore reflexive ties: YES (C:\Users\UCINET data\YES)

Network Sheet 1 was valued. For the purposes of this analysis, it has been dichotomized.

Whole network measures

		1 매트릭스 빈도
1	# of nodes	50
2	# of ties	1760
3	Avg Degree	35.200
4	Indeg H-Index	33
5	K-core index	27
6	Deg Centralization	0.272
7	Out-Centralization	0.267
8	In-Centralization	0.267
9	Indeg Corr	-0.297
10	Outdeg Corr	-0.297
11	Density	0.718
12	Components	1
13	Component Ratio	0

14	Connectedness	1
15	Fragmentation	0
16	Closure	0.817
17	Avg Distance	1.282
18	Prop within 3	1
19	# w/in 3	2450
20	SD Distance	0.450
21	Diameter	2
22	Wiener Index	3140
23	Dependency Sum	690
24	Breadth	0.141
25	Compactness	0.859
26	Small Worldness	1.274
27	Mutuals	0.718
28	Asymmetrics	0
29	Nulls	0.282
30	Arc Reciprocity	1
31	Dyad Reciprocity	1

31 rows, 1 columns, 1 levels.

Notes

K-core index is always calculated on the underlying graph (i.e., direction of ties ignored)

When the graph is disconnected, avg dist is based on connected pairs only.

Small world index is not calculated when the graph is disconnected.

Running time: 00:00:01 seconds.

Output generated: 12 10 22 19:47:27

UCINET 6.735 Copyright (c) 2002-2021 Analytic Technologies

송유계(宋有桂)

대한민국 ROTC 31기로 임관해 육군 장교로 재직하면서 전·후방 각급부대 참모, PKO 파병(아이티 단비부대), 학교기관 교관, 감사 및 공보, 국방부 국방정책실 과장 등 다양한 직책에서 30년간 국가안보에 헌신했다. 퇴역 후에는 국방대학교 교수로 활동하고 있다. 이러한 공로로 2012년 '참군인대상(창의)' 육군참모총장 표창, 2012년 안전보장 유공 '대통령 표창', 2020년 '보국훈장 삼일장' 등을 수상했고, 2021년 '국가유공자'로 등록되었다. 2000년 국방대학교 국제관계학 석사학위를 받은 후 20여 년 만에 한남대학교 국제정치학 박사학위를 받았다.

주요 논문

국방부 연구논문 공모전, 우수논문 국방부장관 상장(3회) 수상
군 복무「대학 학점 인정제」도입 연구(국방부장관 상장, 최우수논문)
김정은의 현지지도와 통치전략 연구(박사 논문)
첨단미디어를 활용한 정신교육 활성화 방안(정신전력연구지)
텍스트마이닝 기반의 교육 강화 모델 연구(국방부장관 상장, 우수논문, 2022. 12.)
텍스트마이닝을 활용한 김정은의 정책기조 변화분석(한국콘텐츠학회)
「한남대 대학원 우수학술논문상」우수논문 선정(2023. 6.)